BVT

In seinem kleinen Labor in London war der achtzehnjährige William Perkin 1856 eigentlich auf der Suche nach einem Mittel gegen Malaria. Doch stattdessen kam bei einem seiner Versuche eine dunkle, ölige Substanz heraus, ein Teerderivat, das zu Perkins Überraschung auf Seide ein helles Violett hervorbrachte. Der Farbton war einzigartig und eroberte die Modesalons in London und Paris im Sturm. Mauvein, die erste Anilinfarbe, führte zur Entwicklung und Produktion von mehr als 2000 Farbstoffen und gab den Startschuss für eine sprunghaft wachsende chemische Industrie. Der britische Erfolgsautor Simon Garfield nimmt uns mit in die wundersame Welt der Farben und ihrer Schöpfer und verwebt Biografie, Sozial-, Kultur- und Industriegeschichte zu einer betörenden Erzählung darüber, wie Kohle unser Leben bunt gemacht hat.

Simon Garfield zählt zu den bekanntesten britischen Journalisten. Der ehemalige Herausgeber von *Time Out* und *Independent* hat auch als Autor zahlreicher Sachbücher Furore gemacht. Für *The End of Innocence: Britain in the Time of AIDS* erhielt er den Somerset Maugham Award.

Simon Garfield

Lila

Wie eine Farbe die Welt veränderte

Aus dem Englischen
von Hainer Kober

Berliner Taschenbuch Verlag

Dezember 2002
BvT Berliner Taschenbuch Verlags GmbH, Berlin,
ein Unternehmen der Verlagsgruppe Random House GmbH
Die Originalausgabe erschien 2000 unter dem Titel
Mauve: How one man invented a colour that changed the world
bei Faber & Faber, London

Lektorat und Register: Klaus Pranger, Frankfurt a. M.
Umschlaggestaltung: Nina Rothfos und Patrick Gabler, Hamburg,
unter Verwendung eines Details
aus dem Gemälde »Sir William Henry Perkin«, 1906,
von Sir Arthur Stockdale Cope (1857–1940)
mit freundlicher Genehmigung der National Portrait Gallery, London
Gesetzt durch Ditta Ahmadi, Berlin
Druck und Bindung: Elsnerdruck, Berlin
Printed in Germany · ISBN 3-442-76107-7

Für BJ, Jake und Diane

Inhalt

Die Erfindung

1. Prominent 11
2. Nicht das Land der Wissenschaft 22
3. Neue Substanzen schweben in der Luft! 32
4. Das Rezept 45
5. Hindernisse und Synthesen 63
6. Mauve-Masern 73
7. Scheußlich grell 89
8. Krapp 107
9. Vergiftete Klientel 119

Die Verwertung

10. Freudentage 139
11. Selbstzerstörung 170
12. Neue Anwendungen 189
13. Feiern und Morden 195
14. Fingerabdrücke 210

Schlussbemerkung 228

Danksagung 233

Literatur 235

Register 245

Die Erfindung

KAPITEL EINS

Prominent

Trotz seines immensen Wohlstands reiste Sir William Perkin selten ins Ausland. Er hatte Freunde und Kollegen in Deutschland und Frankreich besucht, und einmal war er in den Vereinigten Staaten gewesen, doch er fand es nur ermüdend und war der Besichtigungen bald überdrüssig. Acht Tage auf dem Atlantik, und keine andere Beschäftigung, als zu lesen oder auf die Wogen zu starren. Manchmal machte ihn das Meer krank.

Doch im Herbst 1906, im Alter von 66 Jahren, entschloss er sich, noch einmal einen Versuch mit dem Reisen zu machen. Am 23. September begab er sich an Bord des königlichen Postdampfers *RMS Umbria*, der ihn mit seiner Frau Alexandrine und zwei seiner vier Töchter nach New York bringen sollte. Den größten Teil der Reise verbrachte er in seiner Kabine erster Klasse und schrieb. Ein paar Tage nach seiner Ankunft sollte er eine Rede halten, und einige Briefe waren auch noch zu beantworten. Unlängst hatte ihn das Schreiben eines Chemikers aus Deutschland erreicht, der ihn für eine Vorlesung um einige biografische Einzelheiten aus seiner Jugend bat. Perkin war berühmt. Jeden Tag flatterten ihm Anfragen zu seiner beruflichen Laufbahn und Einladungen zu irgendwelchen Ehrungen auf den Tisch.

Er antwortete bescheiden und unprätentiös: »1853 bis 1856 arbeitete ich zum ersten Mal in einem öffentlichen Labor. Es war das Royal College of Chemistry in der Oxford Street in

London.« Dort habe es ganz anders ausgesehen als in den modernen elektrischen Labors mit ihren dröhnenden Öfen. »Wir hatten keine Bunsenbrenner – nur kurze Eisenrohre, die mit Drahtgewebe umwickelt waren.« Es war kein angenehmer Arbeitsplatz, nicht selten kam es zu gefährlichen Explosionen.

Während die *Umbria* den Atlantik durchpflügte, verbreiteten die Zeitungen die Nachricht von Perkins Ankunft in ganz Nordamerika. »Berühmter Chemiker kommt zu Besuch«, titelte der *Santa Ana Evening Blade*. »Engländer erobert Rathaus«, hieß es im *New York Globe*. In den meisten Städten reichte die bloße Tatsache, dass Perkin ein Dampfschiff bestiegen hatte, für die Titelseite, doch die Berichterstattung war nichts im Vergleich zum Empfang, der ihm bereitet wurde.

Perkin und seine Familie gingen in New York von Bord, wo sie Professor Charles Chandler von der Columbia University abholte. Auf einem Foto ist festgehalten, wie sie alle in ihren dicken Tweed- und Wollmänteln am Kai stehen und keinen besonders begeisterten Eindruck machen. Müde sei er, erklärte Perkin einem Journalisten, der ihn in der Wohnung von Professor Chandler in Manhattan befragte. Ein paar Tage später verkündete der *New York Herald* vollmundig: »Soeben eingetroffen: Der Alchimist des Steinkohlenteers, der flüssigen Abfall in Gold verwandelte«. In diesem Artikel wird Perkin auf den Olymp der Wissenschaft erhoben und bekommt einen Platz gleich neben Watt und Stephenson, Morse und Bell.

Jeder wollte ihn kennen lernen. Sein Terminkalender platzte aus allen Nähten. Für Samstagabend war im Delmonico's, New Yorks größtem Festsaal, ein Festbankett zu seinen Ehren geplant. Doch zuvor gab es noch viele Hände zu schütteln und manche Besichtigung zu absolvieren. Am Montag waren die Perkins zu Gast bei George F. Kunz, dem Edelsteinexperten von Tiffany's. Anschließend besuchten sie den Zoo, den Botanischen Garten und das Museum of Art. Den nächsten Tag verbrachten sie in Floyd's Neck auf Long Island, wo William J. Matheson, der Repräsentant eines großen deutschen Chemieunternehmens, seinen Landsitz hatte. Am Mittwoch wurden sie von George B. McClellan, dem New Yorker Bürgermeister, empfangen. Am Donnerstag segelte man auf der Yacht von H. H. Rogers den Hudson hinauf, und am folgenden Tag standen die Laurel Hill Chemical Works auf dem Programm. Am Sonntag, nach dem Festbankett, gab es einen gemütlichen Abend im Chemists' Club in der 55. Straße.

Ähnlich ging es auf den nächsten Stationen weiter, in Boston und in Washington, wo Perkin mit Präsident Theodore Roosevelt zusammenkommen sollte. Anschließend sahen die Pläne der Reisegesellschaft die Niagarafälle vor, dann Montreal und Quebec, dann wieder die Vereinigten Staaten, wo dem hohen Gast die Ehrendoktorwürde der Columbia University in New York und der Johns Hopkins University in Baltimore verliehen werden sollte.

Im Delmonico's hatten sich an besagtem Samstagabend um sieben Uhr ungefähr 400 Menschen versammelt. Einer der anwesenden Journalisten schrieb: »Wenn die Beisetzung in Westminster Abbey die höchste posthume Ehrung ist, die einem Sterblichen in der angelsächsischen Welt widerfahren kann, so bezweifeln wir, dass einem berühmten Engländer ein überzeugenderer Beweis seiner Apotheose zu Lebzeiten zuteil werden kann als eine solche Würdigung durch hervorragende Vertreter der amerikanischen Gesellschaft im Delmonico's.«

Der Festsaal mit seinen riesigen Kronleuchtern und vergoldeten Spiegeln war mit englischen, amerikanischen und deutschen Fahnen geschmückt. Führende Repräsentanten (keine Repräsentantinnen) aus allen Bereichen der chemischen und anderer neuen Industrien saßen an vierundvierzig Tischen, tranken Louis Roederer Carte Blanche und gaben Geschichten über boomende Wirtschaftszweige und fantastische Erfindungen zum Besten. Mindestens die Hälfte der Anwesenden trug modische Schnurrbärte. Die Speisekarten, im Prägedruck und mit bunten Quasten geschmückt, zierte ein Bild, auf dem Perkin wie ein freundlicher Landpfarrer aussah. Die goldene Inschrift lautete: »Festbankett zu Ehren von Sir William Henry Perkin von seinen amerikanischen Freunden zur Erinnerung an den 50. Jahrestag seiner Entdeckung«.

Jeder Gast fand an seinem Platz ein Faksimile der Londoner Patentschrift aus dem Jahr 1856. »Hiermit sei kundgetan«, hieß es dort, »dass ich, der unterzeichnete William Henry Perkin, im Folgenden Auskunft gebe über die Natur meiner erwähnten Erfindung und wie sie auszuführen ist …«

Noch vor dem ersten Gang – es gab Austern – konnten sich die Gäste, die mit ihrem Tischnachbarn nicht recht glücklich waren, in die Einzelheiten der Perkinschen Erfindung vertiefen. Die Chemiker unter ihnen dürften wohl überrascht gewesen sein, wie einfach sie war. Aber fünfzig Jahre zuvor wären sie äußerst erstaunt gewesen.

> Ich nehme eine kalte Lösung von Anilinsulfat oder eine kalte Lösung von Toluidinsulfat oder eine kalte Lösung von Dimethylanilinsulfat oder eine beliebige Mischung dieser drei Lösungen und eine hinreichende Menge einer kalten Lösung eines Dichromats, die genügend Base enthält, um die Schwefelsäure in den oben genannten Lösungen in ein neutrales Sulfat umzuwandeln. Dann mische ich die Lösungen und lasse sie zehn bis zwölf Stunden stehen, bis die Mischung aus einem schwarzen Pulver und einem neutralen Sulfat besteht. Dann gieße ich die Mischung durch einen feinen Filter und wasche sie mit Wasser aus, bis sie frei von dem neutralen Sulfat ist. Anschließend trockne ich den auf diese Weise erhaltenen Stoff bei einer Temperatur von 100 Grad Celsius oder 212 Grad Fahrenheit. Ich schließe

ihn wiederholt mit Naphtha auf, bis er frei von einer braunen Substanz ist, die durch das Naphtha extrahiert wird. Durch Verdunstung befreie ich den Rückstand von dem Naphtha und schließe ihn mit Brennspiritus auf, ... der den neuen Farbstoff herauslöst.

Die Gäste applaudierten und riefen Hurra! und Hoch!, als der vollbärtige Chemiker, dem dieses Rezept zu verdanken war, am Ehrentisch Platz nahm und begann, sich durch ein opulentes Menü hindurchzuarbeiten. Nach den Austern kam eine klare grüne Schildkrötensuppe. Die Kellner brachten Rettich und Oliven, dann Schildkröte à la Maryland. Zum Lammrücken Aromatic wurden Rosenkohl und Kastanien gereicht. Das Rebhuhn wurde mit Brotsoße und Johannisbeergelee serviert, und zum Dessert konnten die Gäste zwischen Kuchen, Käse, Kaffee und Nesselrode-Pudding wählen. Erneut floss der Champagner, statt »Louis Roederer« jetzt »Perrier Jouet Brut« und »Pommery Sec«. Gegen zehn Uhr schlug dann die Stunde der Tischreden, und ein kleines Orchester tauchte im Hintergrund des Saals auf.

Vorsitzender des Abends war Professor Chandler, Perkins Gastgeber in Manhattan, der zunächst bekannte, wie bewegt er sei, einen so bedeutenden Mann in dieser Runde zu wissen. Er gab die Stiftung einer chemischen Bücherei im Chemists' Club bekannt, die Perkin Library heißen sollte. In ganz Amerika gebe es noch keine chemische Spezialbibliothek, und eine solche Einrichtung sei weit nützlicher als noch ein Stipendium. Der Professor brachte einen Toast auf den Präsidenten der Vereinigten Staaten, den König von England und den deutschen Kaiser aus. Alle Anwesenden erhoben sich und sangen, so gut sie konnten, »The Star-Spangled Banner«, »Rule Britannia« und »Die Wacht am Rhein«.

Der Abgesandte des Bürgermeisters las einen alten holprigen Reim vor, den er Perkin widmete:

Komm am Abend oder komm am Morgen,
Komm, wann du willst, sei ohne Sorgen,
Du wirst immer Kuss und Willkommen finden für dich,
je öfter du kommst, desto höher schätzen wir dich.

Nun war die Reihe an Dr. Hugo Schweitzer, einem Deutschen, der unter Robert Wilhelm Bunsen in Heidelberg gearbeitet hatte. Schweitzer hatte einen Großteil des Jahres damit verbracht, diese Veranstaltung zu organisieren. Was er über Perkin zu sagen habe, begann er, könne gut und gern fünfzehn Stunden dauern. Die Gäste sahen sich beunruhigt an und fragten sich wohl, was es zum Frühstück gebe. Erleichtert brachen sie in Jubel aus, als Schweitzer ihnen versprach, sich auf fünfzehn Minuten zu beschränken. Eine Woche später hieß es in einer Bostoner Zeitung, durch die Ansprache »sind den Zuhörern die wissenschaftlichen Fortschritte der letzten fünfzig Jahre lebhaft vor Augen geführt worden«.

Schweitzer hatte Perkin im Jahr zuvor auf einer Reise nach London kennen gelernt, und dort hatte er auch erfahren, wie es zu der großen Entdeckung des Engländers gekommen war. »Man kann sich heute kaum noch vorstellen, was für eine bahnbrechende Idee das damals war. Ein echter Geniestreich ...« Perkins Entdeckung, die auf einer bestimmten Behandlung von Steinkohlenteer beruhte, sei nicht nur wegen ihres unmittelbaren und offenkundigen Effekts von Bedeutung, sondern habe auch zu einer Vielzahl von Fortschritten in der Chemie beigetragen, die sie angeregt habe. Indirekt sei Perkin verantwortlich für ganz außerordentliche Entwicklungen in der Medizin, der Parfüm-, Lebensmittel-, Sprengstoff- und fotografischen Industrie, und doch wisse kaum jemand, die Anwesenden ausgenommen, seine Leistung wirklich zu würdigen. Selbst die Zeitungen, die seine Ankunft so groß aufgemacht hätten, seien sich über die Bedeutung seiner Verdienste um die amerikanische Wirtschaft nicht im Klaren.

Immer wieder wurde Schweitzer bei seiner Rede von Hochrufen und Applaus unterbrochen. Vielleicht regte sich auch Neid bei seinen Zuhörern, denn keiner der Anwesenden durfte sich Hoffnung machen, Ähnliches in der Welt zu bewegen wie Perkin. Wie war es möglich, dass ein Mensch allein so viel Energie besaß?

1856 hatte Perkin den ersten Anilinfarbstoff entdeckt, die erste künstliche Farbe, die aus Kohle gewonnen wurde. Aus Kohle: Nun, fünfzig Jahre später, fand das niemand mehr besonders bemerkenswert. Doch einige ältere Festgäste erinnerten sich noch an die anfängliche Aufregung, den ungeheuren Trubel – irgendjemand, ein blutjunger Mensch, hatte entdeckt, wie man Farbe aus Kohle herstellt …

Nun, ein halbes Jahrhundert danach, gab es 2000 künstliche Farbstoffe, die alle auf Perkins Arbeit zurückgingen. Ursprünglich verwendete man seine Farben für Wolle, Seide, Baumwolle und Leinen, doch inzwischen hatten sich neue Möglichkeiten eröffnet.

»Das Haar der Dame ist grau geworden oder hat eine natürliche Farbe, die nicht dem Zeitgeschmack entspricht? Farben aus Steinkohlenteer helfen ihr, jugendlich und schick zu erscheinen«, erklärte Dr. Schweitzer. »Wenn Sie ein appetitliches Wiener Würstchen verspeisen und den köstlich-roten Fleischsaft herauslaufen sehen, dann sollten Sie bedenken, dass die Teerfarben dafür verantwortlich sind. Im Puddingpulver ist das Hühnerprodukt längst durch das Gelb von Teerfarben ersetzt … Leder, Papier, Knochen, Elfenbein, Federn, Stroh, Gras – alles wird gefärbt. Eine der interessantesten Färbemethoden besteht darin, dass man ganze Möbelstücke in Riesentanks taucht, wodurch das Holz ganz nach Ihrem Belieben in Walnuss oder Mahagoni verwandelt wird. So geschieht es zum Beispiel in unseren großen Fabriken in Grand Rapids.«

Sogar zur Gesundung kranker Menschen habe Perkins Entdeckung beigetragen. Teerderivate hätten den deutschen Bakteriologen Paul Ehrlich in die Lage versetzt, Bahnbrechendes auf dem Gebiet der Immunologie und Chemotherapie zu leisten. Robert Koch verdanke ihnen die Entdeckung des Tuberkulose- und Cholerabazillus. Und Perkins Arbeit habe auch die Schmerzbekämpfung bei Krebskranken grundlegend vorangebracht.

Zum Schluss erwähnte Dr. Schweitzer, dass Perkin inzwischen wohl auch weitgehend für den Duft der Frauen verantwortlich sei – schließlich sei er es, der aus Steinkohlenteer Kumarin gewonnen habe, was zunächst zur Herstellung von künstlichem Moschus genutzt worden sei und dann auch für die Aromen von Veilchen, Rosen, Jasmin und den »Duft des Jahres«, das Öl der Gaultheria.

Die gleiche Verbindung, aus der man künstliches Parfüm gewonnen hatte, wurde anschließend mit Nitroglyzerin zur Herstellung eines Sprengstoffs für den Bergbau und die Kriegsführung verwendet (»das rauchlose Schießpulver des Russisch-Japanischen Krieges«). Auch die Soldaten müssten Perkin danken, habe er doch die künstliche Salicyl- und Benzoesäure erfunden, mit denen man Konserven haltbar mache.

Am Anfang des Abends hatte ein Fotograf in einer Saalecke eine Leiter erklommen und die Anwesenden aufgefordert, die Stühle so zu drehen, dass sie ihn alle anblickten. Daher schauten auf dieser Aufnahme fast alle von Perkin fort, dessen Blick auf einen Punkt in mittlerer Entfernung zur Kamera gerichtet war. Er interessierte sich für die Vorrichtungen, die dazu dienten, den Rauch des Magnesiums zu absorbieren, um die Wirkung des Blitzlichts zu erhöhen.

Natürlich hatte Perkin auch die Kunst der Fotografie erheblich vorangebracht. Zum Zeitpunkt des Festessens dienten Teerderivate zur Entwicklung von Filmen und Platten, und Teerfarben verbesserten die Empfindlichkeit der fotografischen Emulsion, so dass alltägliche Schnappschüsse möglich wurden. Im gleichen Jahr führten übrigens Auguste und Louis

Lumière Autochrome-Platten ein, die erste brauchbare Anwendung von Teerfarben in der Fotografie.

Dr. Schweitzers Schlussworte lauteten: »Die Welt braucht diesen außerordentlichen Mann. Möge sie sich noch viele Jahre an ihm erfreuen, Jahre voller Gesundheit und Glück.«

In diesem Ton ging es fort, als Dr. William Nichols, der Präsident der amerikanischen General Chemical Company, dem Ehrengast das erste goldene Exemplar der Perkin-Medaille überreichte, die künftig ein Mal im Jahr den hervorragendsten amerikanischen Chemikern verliehen werden sollte. Beflügelt vom Alkohol und dem Wunsch, alle seine Vorredner zu übertrumpfen, blies Dr. Nichols zum großen Finale. Es sei das Zeitalter der Zerstörung angebrochen, verkündete er, doch die chemische Zunft habe einen Auftrag, und das sei kein Geringerer als »die Welt vor dem Hunger zu erretten«.

»Hochgeehrt von Ihrem König, Ihren Kollegen und der Welt«, sagte Nichols, während er Perkin am anderen Ende des Tisches anblickte, »können Sie der sinkenden Sonne mit der klaren Gewissheit entgegengehen, dass Sie den Anbruch des Goldenen Zeitalters gesehen haben – des Zeitalters der Chemie, jener Wissenschaft, die durch Synthese die Bruchstücke und Abfälle der anderen Dynastien zusammenfügt und aus ihnen die Welt einer Zivilisation errichtet, welche bis ans Ende aller Zeiten Bestand haben wird.«

Damit setzte er sich. Einige Plätze weiter nahm Adolf Kutroff seine Serviette ab. Kutroff war einer der Pioniere der Teerindustrie in den Vereinigten Staaten und hatte heute den Auftrag, Perkin ein achtzigteiliges silbernes Teeservice zu überreichen, wobei auf jedem Teil eine Entdeckung des Engländers in allen Einzelheiten beschrieben wurde.

Ganz am Ende des Festessens, zu dem Zeitpunkt also, da der genossene Alkohol seine eher unerfreuliche Wirkung zu zeitigen begann, das heißt Kopfschmerz und Stumpfsinn verbreitete, erhob sich Sir William selbst, um das Wort zu ergreifen. Daraufhin erhoben sich auch die Gäste wieder und brachen in ohrenbetäubende Hochrufe aus. Während er mit seiner tiefen, tragenden Stimme zu sprechen begann, blinzelte er heftig, vielleicht aus Bescheidenheit und Schüchternheit. Seine unmittelbaren Tischnachbarn hatten bemerkt, dass er keinen Tropfen Alkohol getrunken hatte – er war seit vielen Jahren strikter Abstinenzler. In den Händen hielt er die Rede, die er auf der *Umbria* geschrieben hatte, doch seine ersten Worte waren in erster Linie improvisierte Erwiderungen. Sie hatten ihm gedankt, also musste er ihnen danken – so hätte das noch die ganze Nacht weitergehen können. 24 Jahre zuvor, bei seinem letzten Besuch in New York, sei sein Bekanntheitsgrad deutlich bescheidener gewesen. Die Bibliothek, die Medaille, das Teeservice – all das sei eine große Ehre für ihn. »Ich fühle mich nicht fremd unter Ihnen«, sagte er. »Vielleicht interessiert es Sie, wie alles angefangen hat und wie ich zum Chemiker wurde.«

Zehn Minuten lang berichtete er von seiner Schulzeit, von der großen Entdeckung und den Schwierigkeiten, die er hatte, andere davon zu überzeugen. Und doch, sagte er, habe auch er selbst keine Ahnung gehabt, wie bedeutsam die Entdeckung tatsächlich war. Wie hätte er auch damals, gerade achtzehn Jahre alt, ahnen sollen, welche Schätze dieser schmutzige, dicke Steinkohlenteer barg?

Begeisterungsstürme, als er sich setzte. Noch mehr Trinksprüche. Gequältes Aufstöhnen, als weitere Gäste sich erhoben. Dr. Nicholas Buller, Präsident der Columbia University, erklärte, die Demokratie hänge von den wissenschaftlichen Entdeckungen ab. »Unser Zeitalter braucht den Mann der Erkenntnis. Nur die Nation wird sich durchsetzen, die auf die Männer der Erkenntnis hört. Der Ehrengast des Abends ist ein Mann der Erkenntnis.«

Dr. Ira Remsen schlug vor, zum Abschluss noch »Blessed Be the Tie that Binds« anzustimmen. Das sei doch ein passendes Lied, sagte er, »ein Wortspiel«.

In der Tat hatte der Titel an diesem Abend einen doppelten Sinn. In der Einladung war darauf hingewiesen worden, dass die Gäste im Abendanzug erwartet würden, im schwarzen Smoking also. Die Fliegen aber sollten in der Farbe gehalten sein, mit der für Perkin alles begonnen hatte, die Farbe, die die Welt verändert hatte.

Zwei Wochen vor dem Ereignis hatte jeder der Festgäste einen braunen Umschlag mit einer neuen Fliege erhalten, die extra zu diesem Anlass von einer Fabrik im französischen Saint Denis eingefärbt worden war. Alle hatten sie zu dem Festbankett getragen. Nun gingen sie auseinander, fuhren nach Hause oder in ihr Hotel in Manhattan. Und als sie ihre Fliege abnahmen, dachten sie womöglich daran, sie gut aufzuheben in Erinnerung an einen gelungenen Abend und zu Ehren des Mannes, der die Farbe Mauve erfunden hatte.

KAPITEL ZWEI

Nicht das Land der Wissenschaft

Sugar Ray Leonard glitt aus seinem rotschwarzen Ferrari Boxer Berlinetta, schlenderte durch die Eingangstür von Jamesons Restaurant in Bethesda, Maryland, und ging zur Bar. Egal, wo er ist, Leonard scheint immer der bestaussehende Mann zu sein, vor allem wenn jemand seinen Namen ruft und er sein strahlendes Lächeln aufblitzen lässt. An diesem Augustnachmittag sah er aus, als sei er direkt den Seiten des Männermagazins GQ *entstiegen.*

Er trug eine mauvefarbene Strickjacke, ein Hemd in hellem Mauve, dessen Manschetten sorgfältig um die Manschetten des Pullovers geschlagen waren, und mauvefarbene Hosenträger, die mit kleinen Kupidos verziert waren.

»Mir geht es richtig gut, einfach super«, sagte Leonard.

Porträt des ehemaligen Boxchampions
Sugar Ray Leonard
in *Sports Illustrated*, 1986

Im Mai 1956, genau ein Jahrhundert nach der Entdeckung der Farbe Mauve, warnte die Fachzeitschrift *The Dyer, Textile Printer, Bleacher and Finisher* ihre Abonnenten: »Leser, die sich eine Pilgerfahrt nach Shadwell vorgenommen haben, um Perkins Geburtshaus zu besichtigen, sollten diesen Plan nicht auf die lange Bank schieben. Denn dieses Grundstück ist zur Sanierung vorgesehen.« Sobald die Planer sich ans Werk gemacht hatten, gab es kein Halten mehr. Die Straße ist in den letzten vierzig Jahren drei Mal tiefgreifenden städtischen Sanierungsmaßnahmen unterzogen worden.

Die King David Lane in Upper Shadwell ist eine kurze Straße, in der die Blue Gate School und ein hässliches Bürogebäude liegen. Hier erinnert nichts mehr an die Gegend, in der William Perkin am 12. März 1838 geboren wurde. Der Besucher, der heute in die King David Lane kommt, findet eine Einbahnstraße, vollgestopft mit Verkehrsinseln, Sperrpfosten und Verkehrsschildern. Sie verbindet Cable Street – geprägt vom sozialen Wohnungsbau – mit The Highway, einer röhrenden vierspurigen Ausfallstraße voller Lastwagen und aufheulenden Ford Mondeos. King David Lane Nummer 3, wo Perkin als letztes von sieben Kindern geboren wurde, ist abgerissen worden. Wie im größten Teil des Londoner East End sieht hier nur noch wenig so aus wie vor dem letzten Krieg.

Das älteste Bauwerk ist die Pfarrkirche St. Paul's, ein kleines Gebäude mit einer ungewöhnlich hohen Turmspitze. 1669 wurde sie erbaut, als letzte von fünf Londoner Kirchen, die in der Restaurationszeit entstanden. John Wesley, der Stifter der Methodisten, hat hier gepredigt. Captain James Cook war ein aktives Gemeindemitglied und ließ hier seinen ersten Sohn taufen. Auch Jane Randolph, die Mutter von Thomas Jefferson, wurde in dieser Kirche getauft, genauso wie William Perkin im Jahr 1838. Die Kirche ist von einem kleinen Friedhof umgeben, aber die Inschriften auf den Grabsteinen sind nicht mehr zu entziffern. In der Krypta von St. Paul's befindet sich die Montessori-Schule Green Gables.

Hinter der Kirche führt ein Fußweg zu den umgebauten Hafenanlagen, wo die Bewohner der neuen Luxuswohnungen mit Blick auf die Themse frühstücken können. Darunter befinden sich Sicherheitsdienste und Immobilienbüros. Am Shadwell Basin kann man angeln und paddeln und den Ausblick auf Canary Wharf und den Millennium Dome bewundern.

Vor vierzig Jahren ging Perkins Geburtshaus in den Besitz des Rinder- und Schweineschlachters A. E. Wolfe über. Als das Geschäft schloss, wurde das Gebäude abgerissen und ein neues errichtet. Gegenüber, wo sich heute das Martineau, ein Block des sozialen Wohnungsbaus, befindet, stand einst unter der Adresse King David Fort Nummer 1 ein Haus mit Ställen, das die Perkins mieteten, als William halbwüchsig war. An einer Ecke dieses Gebäudes hat der Stepney Historical Trust ein rundes blaues Schild angebracht: »Sir William Henry Perkin, Mitglied der Royal Society, hat an dieser Stelle im März 1856 in seinem Privatlabor den ersten Anilinfarbstoff entdeckt und in der Folgezeit die chemische Industrie begründet.« Niemand aus der Nachbarschaft weiß heute noch viel über diesen Mann.

Als William Perkin Mitte zwanzig war, reiste er geschäftlich nach Leeds und besichtigte bei der Gelegenheit das Haus seines verstorbenen Großvaters Thomas Perkin, der 1757 in einer Bauernfamilie in Yorkshire geboren worden war. Thomas hatte in der Lederindustrie gearbeitet, aber war daneben auch einem seltenen Hobby nachgegangen, wie der Enkel jetzt gerührt feststellte. Bei der Besichtigung des Hauses in Black Thornton bei Ingleton entdeckte Perkin im Keller einen Raum, der wie ein Labor aussah. Es gab noch einen kleinen Schmelzofen und verschiedene Behälter mit schmutzigen, verbrannten Mixturen. In dieser ländlichen Umgebung war das eine ungewöhnliche Entdeckung. Als Perkin bei den Leuten herumfragte, erfuhr er, dass sein Großvater ein Alchimist gewesen war und versucht hatte, gewöhnliche Metalle in Gold zu verwandeln.

Das Gerberhandwerk hatte Thomas Perkin nach London geführt, wo er anscheinend das Metier gewechselt hatte und Zimmermann und Bootsbauer geworden war. Sein einziger Sohn George Fowler Perkin, geboren 1802, hatte dann denselben Beruf ergriffen, und zwar mit prächtigem Erfolg. Er beschäftigte zwölf Männer, die ausschließlich an den neuen Terrassenhäusern für die einheimischen Schauerleute arbeiteten.

Nach heutigem Maßstab gehörte er zum aufstrebenden Mittelstand.

Nicht lange nach der Geburt des kleinen William zog die Familie in ein größeres, dreistöckiges Haus ganz in der Nähe, ein paar Schritte nördlich der High Street im King David Fort gelegen. Man hatte dort Dienstboten und gehörte zu den wohlhabendsten Familien der Gegend. Das Haus hob sich deutlich von seiner Umgebung ab, denn in Shadwell, besonders im tiefer gelegenen Teil der Docks, befanden sich einige der heruntergekommensten und überfülltesten Slums des East End. Ein Besucher notierte Anfang des neunzehnten Jahrhunderts: »Tausende von tüchtigen Händlern, Handwerkern und Mechanikern wohnen hier, aber ihre Wohnungen und Werkstätten spotten jeder Beschreibung; die Straßen, Höfe, Gassen und Gänge sind alles andere als einladend.«

Viktorianische Schriftsteller ließen sich gern über Londons extreme Gegensätze zwischen Armut und Reichtum, Rechtschaffenheit und Schändlichkeit aus. Als Henry Mayhew Mitte des Jahrhunderts die Stadt aus einem Heißluftballon betrachtete, war er bestürzt über die unmittelbare Nähe von Massenelend einerseits und den großen Institutionen des Handels, der Hochfinanz und des Empire andererseits. In Shadwell gehörten diese Extreme zum Alltag der Perkins. Krankheit war eine ständige Begleiterscheinung ihres Lebens. William Perkin verlor seine älteste Schwester und seinen ältesten Bruder durch Tuberkulose. Es hieß, die Mutter Sarah, eine Frau schottischer Herkunft, die als Kind ins East End von London gezogen war, habe den Verlust ihrer ältesten Kinder nie verwunden.

Die Perkins wuchsen gegenüber dem Polizeirevier auf, wo sie ununterbrochen mit Trunkenheit und Gesetzlosigkeit konfrontiert waren. Im Mittelpunkt des polizeilichen Interesses stand der Pub Paddy's Green, wo die Seeleute Prostituierte fanden und arglose Gäste zum Dienst in der Royal Navy gepresst wurden.

William Perkin besuchte die Privatschule Arbour Terrace in der Commercial Road, ein paar hundert Meter von der häuslichen Wohnung entfernt. Er war ein begabter Schüler mit vielfältigen Interessen, die über den normalen Lehrplan hinausgingen. »Er zeigte eine bemerkenswerte Geschicklichkeit für alle möglichen Steckenpferde«, erinnerte sich sein Neffe Arthur H. Waters. Waters' Mutter war etwa zwei Jahre älter als Perkin. »Die beiden unternahmen lange Wanderungen, und William war besonders beschlagen in Naturkunde und Botanik. Einmal förderte er eine große Pfeife und Tabak zu Tage, und es gelang ihm, mannhaft vor sich hin zu paffen. Doch nach einiger Zeit wurde ihm so grauenhaft schlecht, dass seine Schwester Mühe hatte, ihn nach Hause zu schaffen. Die Besessenheit, mit der William alles untersuchte, vor allem sehr kleine Dinge, zeigt, dass er schon in sehr jungen Jahren von echtem Forscherdrang beseelt war.«

Mit zwölf begann er sich für die Fotografie zu interessieren, und mit vierzehn machte er eine Aufnahme von sich selbst: der Blick versteinert, die breite Stirn und die markanten Züge von dichtem schwarzem Haar eingerahmt. In seinem dunklen Anzug – sein Sonntagsstaat vielleicht – sieht er aus wie zwanzig.

»Ich weiß nicht recht, wo ich beginnen soll«, schrieb er 1891 an seinen Kollegen Heinrich Caro. »Doch da die Umstände meiner Kindheit und Jugend, denke ich, viel mit meiner Einstellung zu praktischen Dingen zu tun haben, erlaube ich mir, Ihnen ein paar Dinge aus dieser Zeit zu Ihrer privaten Information mitzuteilen.«

Caro, der von 1869 bis 1890 Leiter der Forschungsabteilung bei der BASF gewesen war, hatte Perkin um diese Einzelheiten gebeten, denn er bereitete das erste größere Buch über die Geschichte der Farbenindustrie vor. Perkin antwortete ihm allerdings nicht ohne Zögern. »Ich habe für Sie einen Bericht über meine frühen Tage zusammengestellt, was ich nie zuvor getan habe, und fühle jetzt ein gewisses Widerstreben, ihn abzuschicken.« Warum sich das so verhielt, schrieb er nicht, aber er war sein Leben lang ein zurückhaltender, spröder Mann. Auch später sagte er, er glaube, nur seine Arbeit sei wichtig gewesen.

Anfangs, so berichtete Perkin, hatte er keine genaue Vorstellung, was er mit seinem Leben anfangen solle. »Da ich an allem interessiert war, was um mich her vorging, wollte ich eigentlich in die Fußstapfen meines Vaters treten«, schrieb er. Er baute Holzmodelle, unter anderem von den Dampfzügen, die er unweit des elterlichen Hauses vorbeifahren sah. Auch zur Technik fühlte er sich hingezogen, ihm gefielen die Abbildungen von Hebeln und Flaschenzügen, die er in einem Buch mit dem Titel *The Artisan* betrachtete. Es fasste den Entwicklungsstand auf den Gebieten Mechanik, Optik, Magnetismus und Pneumatik zusammen, wie er sich im Erscheinungsjahr 1828 darstellte. All das wurde mit einem Unterton von Staunen und Ungläubigkeit angesichts der rasanten wissenschaftlichen Entwicklung präsentiert.

Doch dann zog es Perkin in eine ganz andere Richtung. »Ich begann mich sehr für die Malerei zu interessieren, und kurze Zeit hatte ich die fixe Idee, Maler zu werden.« Auch die Musik spielte eine Rolle in seinem Leben – er lernte Geige und Kontrabass, und eine Zeit lang dachte er daran, mit seinem Bruder und zwei Schwestern ein Quartett zu bilden und durchs Land zu ziehen.

Kurz vor seinem dreizehnten Geburtstag zeigte ihm ein Freund einige einfache Experimente mit Kristallen, die ihm »höchst wundersam« erschienen. »Die Chemie nahm für mich einen weit höheren Rang ein als irgendein anderes Betätigungsfeld, das ich bisher kennen gelernt hatte«, erinnerte er sich. »Ich dachte, wenn ich bei einem Apotheker in die Lehre gehen könnte, müsste ich einfach glücklich werden.«

In einer anderen Version erzählte Perkin diese Geschichte

etwas nüchterner. »Die Möglichkeit, neue Entdeckungen zu machen, beeindruckte mich sehr. Ich beschloss, nach Möglichkeit Flaschen mit Chemikalien zu sammeln und Experimente durchzuführen.«

Im Alter von dreizehn Jahren besuchte Perkin mit 600 anderen Knaben die City of London School in einer engen Straße unweit der St. Paul's Cathedral. An dieser Schule herrschte ein strenges Regiment mit schmerzhaften Strafen für jedes Fehlverhalten, aber der Lehrplan war recht fortschrittlich. Beglückt erfuhr Perkin, dass es sich um eine der wenigen Schulen des Landes handelte, in denen Chemie unterrichtet wurde, ein Fach, dem man wenig praktischen Nutzen zumaß – jedenfalls weit weniger als Latein oder Griechisch. Der Kursus wurde zwei Mal die Woche während der Mittagszeit von einem gewissen Thomas Hall abgehalten. Perkin überredete seinen Vater, zusätzliche sieben Shilling pro Halbjahr zu opfern, und verzichtete auf das Mittagessen, um daran teilzunehmen. »Thomas Hall bemerkte, welch großes Interesse ich an seinen Vorträgen hatte, und machte mich zu einem der Helfer, die seine Experimente vorbereiteten. Ich empfand es als wunderbare Auszeichnung, … an dem grässlichen Ort arbeiten zu dürfen, der in dieser Schule als Labor bezeichnet wurde.«

Hall schlug Perkin vor, einige der ungefährlichen Experimente zu Hause durchzuführen, und half ihm beim Kauf geeigneter Glasbehälter. Wiederum war Perkins Vater bereit, die Begeisterung seines Sohnes zu finanzieren, obwohl er unmissverständlich erklärte, sein Wunsch sei es, dass sein Sohn Architekt würde. Die Chemie mochte ja faszinierend sein, aber es war kein Geld mit ihr zu verdienen.

Außerhalb der Schule besuchte Perkin die Chemie-Vorträge, die Henry Letheby am London Hospital in der Whitechapel Road hielt. Sowohl Letheby als auch Hall forderten Perkin auf, an ihren Freund Michael Faraday zu schreiben und ihn um die Erlaubnis zu bitten, seine wunderbaren Vorlesungen in der

Royal Institution besuchen zu dürfen. Faraday antwortete eigenhändig, was Perkin tief beeindruckte, und so kam es, dass an den Samstagnachmittagen ein vierzehnjähriger Junge als jüngster Zuhörer den Ausführungen des Meisters über die neuesten Entwicklungen in der seltsamen Lehre von der Elektrizität lauschte.

Einige Jahre zuvor hatte der Chemiker Justus Liebig seinen britischen Kollegen gegenüber ein niederschmetterndes Urteil gesprochen. »England ist nicht das Land der Wissenschaft«, erklärte er 1837 auf der Tagung der British Association in Liverpool. »Hier gibt es nur einen verbreiteten Dilettantismus. Den Chemikern ist ihre Berufsbezeichnung peinlich, weil sie von den verachteten Apothekern in Anspruch genommen wird.«

Im Gegensatz dazu wurde Liebig für sein Lehrlabor an der Universität Gießen von allen Kollegen beneidet. Die Studenten kamen aus aller Herren Länder, um sich in einem Fach ausbilden zu lassen, das in ihrer Heimat als brotlose Kunst galt. Es gab sowohl in Oxford als auch in Cambridge Lehrstühle für Chemie, aber die Vorstellung, dass der Gegenstandsbereich im Labor gelehrt und gelernt werden könnte, galt als abwegig. Es gab nur Veranstaltungen zur Chemiegeschichte als Teil eines allgemeinen wissenschaftlichen Grundkurses. Thomas Thomson von der University of Glasgow hat wahrscheinlich als Erster sein Labor für die praktische Unterweisung von Studenten geöffnet. Und Thomas Graham, den Liebig als rühmliche Ausnahme eines fortschrittlich gesinnten Gelehrten pries, folgte 1830 in der Londoner Andersonian Institution diesem Beispiel. Doch als Perkin geboren wurde, gab es im ganzen Land noch kein College, das einen Studiengang in Chemie anbot.

Liebig war ein begnadeter Redner, und als er Anfang der vierziger Jahre eine Vortragsreise durch England unternahm, überzeugte er einige einflussreiche Männer davon, dass London eine spezielle Ausbildungsstätte für die Chemie brauche. Selbst der Premierminister Sir Robert Peel brachte Liebig gegenüber sein persönliches Interesse zum Ausdruck, weil seine Familie im Kattundruck tätig war. Ursprünglich beabsichtigte man, das Davy College of Practical Chemistry in die Royal Institution einzugliedern, doch als dieser Plan scheiterte, riefen Sir James Clark, der Leibarzt der Königin, Michael Faraday und der Prinzgemahl, der seit Jahren ein unermüdlicher Förderer der wissenschaftlichen Forschung war, eine private Stiftung zur Finanzierung des Royal College of Chemistry ins Leben. Sie brachte fast 5000 Pfund zusammen und zählte Peel und den späteren Premierminister William Gladstone zu ihren Geldgebern.

Bei seiner Eröffnung im Jahr 1845 wurde das College vorübergehend in der Nähe des Hanover Square untergebracht. Ein Jahr später fand es auf der Südseite der Oxford Street seinen endgültigen Sitz. Schon bald tummelten sich sechsundzwanzig Studenten in dem Gebäude, das allerdings so klein war, dass die Vorlesungen im Museum of Practical Geology in der Jermyn Street gehalten werden mussten. Hier hörte Thomas Hall, Perkins Lehrer, zum ersten Mal den jungen Direktor des College, August Wilhelm von Hofmann.

Hofmann, 1818 in Gießen geboren, hatte zunächst Mathematik und Physik studiert, bevor er Chemie bei Liebig belegte. Seine Berufung ans Royal College fand die nachdrückliche Unterstützung von Prince Albert, denn der glaubte, Hofmann würde Entdeckungen von unmittelbarem Nutzen für die Landwirtschaft machen. Und es gab noch einen zweiten Grund: Im Sommer 1845 hatten die Queen und Prince Albert Bonn besucht, um der Einweihung des Beethoven-Denkmals beizuwohnen. Queen Victoria vermerkte das Ereignis in ihrem Tagebuch und berichtete auch, was anschließend geschah: »Wir fuhren mit dem König und der Königin [von Preußen] zu dem kleinen Haus, in dem Albert einst gelebt hat. Es war eine solche Freude für mich, dieses Haus besichtigen zu können. Wir haben es uns von oben bis unten angesehen, und es war noch wie einst …« Dass sich so wenig verändert hatte, war August Hofmann zu verdanken, der jetzt dort lebte und gelegentlich in einem der Zimmer chemische Experimente durchführte.

Thomas Hall war der Meinung, Perkin solle sich mit fünfzehn am Royal College einschreiben, aber Perkins Vater war entschieden dagegen. Warum machte es William nicht wie sein älterer Bruder Thomas, der sich zum Architekten ausbilden ließ? Doch Hall überredete den Vater zu einem Treffen mit Hofmann, der dem alten Perkin die außergewöhnlichen Möglichkeiten von Benzol und Anilin in den lebhaftesten Farben schilderte.

»Er führte etliche Gespräche mit meinem Vater«, erinnerte sich Perkin. »Und das Ende vom Lied war, dass ich Chemie bei Dr. Hofmann studieren durfte.«

Das war im Jahr 1853. Fünf Jahre später hatte Perkin sein Glück gemacht.

KAPITEL DREI

Neue Substanzen schweben in der Luft!

Wanderte durch die Stadt, zu Museum und Zoo. Rekonstruktionen von Haussa- und Songhay-Dörfern – Kombination von Indigoblau und heller Kalebasse. Ein buckliger Junge mit Stab und Schale und malvenfarbenem Pullover, der sich wie eine Landschaft über seinen völlig verformten Körper spannt ... Ein Gartenrestaurant. Ich trank ein Bier an einem Tisch mit rotgepunktetem Tischtuch. Moskitos stachen mir in die Schwielen an meinen Fingern.

Bruce Chatwin, *Auf Reisen. Photographien und Notizen*

Wenn Perkin abends das College verließ und die Oxford Street entlangschlenderte, wurde sein Weg vom Gaslicht erhellt. Ganz London erstrahlte in dem neuen Glanz: Häuser, Fabriken und Straßen wurden seit dem Anfang des Jahrhunderts auf diese Weise erleuchtet. In Perkins Labor fand das Gas noch andere Verwendung.

Doch die steigende Nachfrage führte zu erheblichen Problemen. Gas wurde durch die Destillation von Kohle gewonnen. Um den gewaltigen Bedarf zu decken, wurden pro Jahr Millionen von Tonnen verarbeitet. Bei dem Herstellungsprozess – der auf der stark feuergefährlichen Erhitzung von Kohle in geschlossenen Behältern unter Sauerstoffabschluss beruhte – fielen auch einige nutzlose und gefährliche Nebenprodukte an: faulig riechendes Wasser, verschiedene Schwefelverbindungen und eine große Menge an öligem Teer.

Viele Jahre lang galten diese Stoffe als Abfall. Man fragte

sich nicht, wie man sie verwenden, sondern, wie man sie loswerden könnte. Der Schwefel wurde mit Kalk und Sägespänen entfernt, während das Gaswasser und der Teer in Flüsse geleitet wurden, wo sie das Wasser verseuchten und die Fische vergifteten. Doch in den Jahren unmittelbar vor Perkins Geburt fand man allmählich neue Verwendungszwecke für diese Nebenprodukte.

Im Gaswasser entdeckte man große Mengen von Ammoniak, und die Schwefelverbindungen ließen sich zur Herstellung von Schwefelsäure verwenden. In den zwanziger Jahren entwickelte Charles Macintosh in Glasgow eine Methode zur Imprägnierung von Regenbekleidung mit Hilfe von Steinkohlenteer. Mit dem Teer stellte er eine spezielle Gummilösung her, die er auf zwei Lagen Mantelstoff auftrug. Er nannte das so entstandene Kleidungsstück einen Regenmantel, doch der Volksmund bezeichnete es bald als Macintosh. Der Teer wurde auch als Holzschutzmittel eingesetzt und fand weithin Anwendung beim Ausbau des neuen Eisenbahnnetzes. In Verbindung mit Kreosot bildete es auch eine dicke Schutzschicht für Holz und Metall, und in der Abwassertechnik wurde es als Desinfektionsmittel verwendet. Einige Patente aus den vierziger Jahren des neunzehnten Jahrhunderts schlugen sogar schon die Verwendung von Teer und Teerpech als Straßenbelag vor.

Als das Royal College of Chemistry zum ersten Mal seine Tore öffnete, wusste man bereits, was für ein außerordentlich komplexes Material der Kohleteer war. Schon die ersten Studenten erkannten, dass er aus den Elementen Kohlenstoff, Sauerstoff, Wasserstoff, Stickstoff und ein wenig Schwefel besteht, und sie wussten, dass sich aus diesen Kombinationen eine Reihe interessanter Stoffe herstellen lässt.

Die moderne Chemie steckte noch in den Kinderschuhen – erst 1788 hatte Antoine Lavoisier nachgewiesen, dass Luft ein Gemisch aus Gasen ist, die er Sauerstoff und Stickstoff nannte –, und jedes Jahr wurden wichtige neue Fortschritte erzielt. Stoffe wie das Lösungsmittel Naphtha waren bereits in den zwanziger Jahren des neunzehnten Jahrhunderts in Steinkohlenteer entdeckt worden, doch die große Aufgabe bestand jetzt darin, die Elemente nachzuweisen, aus denen die Verbindung bestand, und nach Möglichkeiten zu suchen, andere Verbindungen aus ihnen zu bilden. Man stellte fest, dass Naphtha Benzol enthält, und fand in einem mühsamen Prozess fraktionierter Destillation weiterhin heraus, dass sich im Benzol Alkalien wie Toluidin und Anilin befinden. Häufig kannten die Chemiker auch die atomare Zusammensetzung der einzelnen Verbindungen – wie viele Teile Kohlenstoff, Sauerstoff oder Wasserstoff enthalten sind –, aber nicht, wie sie sich zusammenfügen. Es sollte noch mehrere Jahrzehnte dauern, bis man die Verkettungen und Bindungen zwischen den Atomen durchschaute und die anschaulichen Gebilde aus Holzkugeln und Metallstangen bauen konnte, neben denen die Chemiker so gern für Fotografen posierten.

Die Studenten des Royal College mussten also einen Großteil ihrer Pionierarbeit ohne Karte und Kompass leisten, was einige von ihnen teuer bezahlten. Charles Mansfield, einer von Hofmanns hoffnungsvollsten Schülern, war der umfangreichen, gefährlichen Teerexperimente im Royal College eigentlich überdrüssig, setzte das Projekt in einem Gebäude in der Nähe des Bahnhofs King's Cross aber trotzdem fort. Als er 1855 eine große Menge Benzol für eine internationale Ausstellung bereitete, brach ein Feuer aus, dem er und sein Assistent zum Opfer fielen.

Professor Hofmann selbst war vor allem vom Anilin fasziniert. Er hatte einen Großteil seiner Labortätigkeit in Deutschland damit verbracht, die Möglichkeiten dieses Stoffes zu ergründen, und damit fuhr er jetzt in der Oxford Street fort. Vor allem aber gelang es ihm, seinen Studenten die eigene Begeisterung zu vermitteln.

»Seine Vortragsweise war außerordentlich lehrreich und

klar«, hob Lord Playfair in einer Gedenkrede zu Hofmanns Ehren hervor, die er 1893, ein Jahr nach dem Tod des Lehrers, hielt. »Er stellte seine Argumente mit großer Sorgfalt zusammen und entwickelte aus ihnen Schlussfolgerungen, die ein Höchstmaß an Überzeugungskraft besaßen und jedem seiner Studenten das Gefühl vermittelte, er werde von dem Lehrer eines besonderen Vertrauens gewürdigt.«

Frederick Abel, der Miterfinder des Kordit, fragte einmal: »Wer würde nicht bis zur Selbstverleugnung für Hofmann arbeiten?« Bevor sich Abel mit Sprengstoffen befasste, hatte er eine Analyse des Mineralwassers von Cheltenham vorgenommen und untersucht, wie sich verschiedene Stoffe auf Anilin auswirken (unter anderem das Giftgas Cyan, von dem seine Augen eine dauerhafte Schädigung davontrugen). Ein anderer Student von Hofmann bestimmte die Luftzusammensetzung auf dem Montblanc.

Für einen Chemiker war Hofmann erstaunlich ungeschickt; einmal gestand er Abel, als junger Mann habe er kein Reagenzglas in die Hand nehmen können, ohne es »kaputtzumachen«. »Es war ein unbeschreibliches Erlebnis, mit Hofmann zu arbeiten«, erinnerte sich Abel, »zu beobachten, mit welchem Entzücken er ein neues Ergebnis aufnahm oder in welche Verzweiflung er vorübergehend gestürzt wurde, wenn sich das Resultat nicht mit der Theorie deckte. ›Wieder ein Traum geplatzt‹, sagte er dann mit einem tiefen Seufzer.«

Offenbar besaß Hofmann die große Gabe, den richtigen Studenten für die richtige Aufgabe auszuwählen und eine große Fülle von Forschungsansätzen zu entwickeln. In den ersten fünf Jahren wurden am Royal College 36 verschiedene Projekte in Angriff genommen. Die Queen und der Prinzgemahl waren häufige Besucher der Labors, und Hofmann hielt mehrere Vorträge in Windsor Castle. 1856 entzückte Hofmann Prince Albert und andere hochgestellte Persönlichkeiten mit einer Demonstration, bei der er Krocketkugeln und Stäbe verwendete. Vielleicht fand die königliche Familie auch seine eigenartigen wörtlichen Übersetzungen deutscher Redewendungen amüsant, mit Sicherheit aber war sie an der Arbeit seiner Studenten über Böden und Pflanzen interessiert – überhaupt an allem, was praktischen Nutzen versprach.

William Perkin schilderte, wie sein Mentor mehrmals am Tag einen Rundgang durch die Labors machte und sich mit seinen Studenten unterhielt, als sei jedes einzelne Forschungsprojekt eine Sache von ungeheurer Bedeutung. Gelegentlich war ihre Arbeit wirklich wichtig, doch meist war sie unerheblich oder zum Scheitern verurteilt. Und fast immer schien Hofmann die Experimente schon vorher selbst durchgeführt zu haben. »Ich kann mich noch gut erinnern, dass er eines Tages, als die Arbeit befriedigend vorankam und wir mehrere neue Produkte entdeckt hatten, damit begann, ein Ergebnis der Nitrierung von Phenol zu untersuchen, das einer der Studenten durch Wasserdampfdestillation erzielt hatte. Er gab ein bisschen von dem Stoff auf ein Uhrenglas, behandelte es mit Alkalihydroxid und erhielt mit einem Mal ein herrlich scharlachrotes Salz. Er richtete den Blick in der für ihn typischen begeisterten Manier nach oben und rief aus: ›Gentlemen, neue Substanzen schweben in der Luft!‹«

Ein anderer Rundgang verlief weniger erfreulich. Bei dieser Gelegenheit hielt Hofmann eine Glasflasche mit etwas Wasser in der Hand und forderte einen Studenten auf, Schwefelsäure hineinzugießen. Die Hitze ließ das Glas zerspringen, und die Säure spritzte vom Fußboden in Hofmanns Augen. »Hofmann wurde mit einer Droschke nach Hause gebracht«, berichtete Perkin, »und musste mehrere Wochen das Bett hüten.« Trotz seiner misslichen Lage war sein Interesse an der Arbeit ungebrochen. Seine Studenten mussten ihn in seinem abgedunkelten Krankenzimmer aufsuchen, von ihren Fortschritten berichten und neue Anweisungen entgegennehmen.

Wie nicht anders zu erwarten, war Perkin ein außerordentlich fleißiger Student und fand den Vorkurs sehr einfach. Er saß in der Nähe eines Fensters, von dem aus man auf die Kutschen in der Oxford Street blickte, und ihm gegenüber saß ein junger Mann namens Arthur Church, mit dem er gemeinsam einem anderen Hobby nachging. »Beide liebten wir die Malerei und dilettierten ein bisschen darin«, schrieb Church später. »Er lud mich zu sich nach Hause ein, und wir begannen, zusammen ein Bild zu malen. Das muss kurz nach der Ausstellung der Royal Academy im Jahr 1854 gewesen sein, wo ich ein Bild hängen hatte.«

Auch Church hatte sich zu Hause ein kleines Labor in einem umgebauten Vogelhaus eingerichtet, daher war er sehr an dem improvisierten Arbeitszimmer interessiert, das sich sein Kommilitone im obersten Stockwerk in King David Fort für seine Experimente geschaffen hatte. An den Abenden und Wochenenden nahm Perkin gern Arbeit mit nach Hause, vor allem, als ihn Hofmann nach Beendigung des Grundkurses zu seinem jüngsten Assistenten ernannt hatte. »Die Studenten, die an Forschungsprojekten arbeiteten, erschienen mir wie höhere Wesen«, meinte Perkin.

Zunächst wurde er mit der Herstellung von organischen Basen aus Kohlenwasserstoffen betraut, doch weit mehr war er an den Ergebnissen seines nächsten Auftrags interessiert. Anfang Februar 1856 reichte Perkin zusammen mit Arthur Church bei den *Proceedings of the Royal Society* eine seiner ersten Veröffentlichungen ein: »On some new Colouring Matters« (»Zu einigen neuen Farbstoffen«). »Diese neue Substanz zeigt einige bemerkenswerte Eigenschaften«, schrieben die beiden. Der Stoff, den sie Nitrosophenylin nannten, war das Ergebnis eines Experiments mit Wasserstoff und einer Benzoldestillierung. Sie erzeugte ein helles Karmesinrot, löste sich in Alkohol mit orangeroter Färbung auf und nahm einen gelblichbraunen Farbton an, wenn sie mit Alkali verdünnt wurde. Die beiden kamen zu dem Schluss, die Substanz habe »eine

Farbschattierung, die dem Murexid ähnelt«, dem kräftigen Purpur,[1] das ursprünglich aus Guano hergestellt wurde.

Zwar legte Hofmann großen Wert darauf, dass seine Studenten veröffentlichten (und hatte den erwähnten Aufsatz sogar eigenhändig an die Zeitschrift geschickt), maß aber der farbigen Entdeckung wenig Wert bei. In gewisser Hinsicht hatte er damit auch Recht, denn Perkin und Church konnten keine praktische Anwendung für ihre neue Farbe vorschlagen und wandten sich daher anschließend anderen Aufgaben zu. Trotzdem bleibt bemerkenswert, dass die beiden Hobbymaler Resultaten Bedeutung beigemessen haben, die andere als bloßen Zufall abtaten.

Hofmann hatte mit ganz anderen Problemen zu kämpfen. Viele der wohlhabenden Geldgeber seines College befürchteten, die Chemie werde keine Ergebnisse hervorbringen, die zur Mehrung ihres Wohlstands beitragen könnten. Und all die Großgrundbesitzer, die Liebigs Kreuzzug enthusiasmiert hatte, zeigten sich rasch enttäuscht, dass ihnen die Institution, die sie unterstützten, nicht den erhofften reichen Segen bescherte. Die Zuschüsse flossen spärlicher, so dass das College gezwungen war, sich mit der School of Mines zu vereinigen. In Perkins drittem Studienjahr schrieben sich einige Studenten ein, die kein anderes Ziel hatten, als die Kohleförderung zu verbessern.

Noch 1856 gab es erhitzte Debatten und viele Zweifel an dem Nutzen der reinen Chemie. Die erfolgverwöhnten Praktiker misstrauten den Wissenschaftlern. Die Weltausstellung von 1851 mit dem prächtigen Kristallpalast hatte triumphal

[1] Hier und im Folgenden wird das englische »purple« meist mit »Purpur« übersetzt. Der deutsche Leser sollte aber bedenken, dass damit ein blaustichiges Rot gemeint ist, das bis zum Lila reichen kann (was es im heutigen Sprachgebrauch in der Regel auch bedeutet). Perkins »aniline purple« wurde in Deutschland als »Anilinpurpur« oder als »Anilinviolett« bezeichnet. (A. d. Ü.)

vor Augen geführt, zu welchen Leistungen die Mechanik im Stande war. Der Fortschritt schien allein von der unbegrenzten Anwendung der kostengünstigen und reichlich vorhandenen Dampfkraft abzuhängen. Dagegen konnte die chemische Grundlagenforschung nur selten Ergebnisse vorweisen, die auch nur im Entferntesten nützlich waren.

Im Jahresbericht des Royal College von 1849 bekannte August Hofmann, sein höchstes Ziel sei der Nachweis, dass die Chemie natürliche Stoffe künstlich herstellen könne. Dazu brauche es nicht nur ein großes Maß an Geduld, sondern auch eine gehörige Portion Glück. Er und seine Studenten seien bei der Verfolgung dieses hehren Vorhabens mit geübten Malern zu vergleichen, die mit unerprobten Materialien arbeiteten.

Um 1830 stellte sich heraus, dass alle Stoffe, die man aus pflanzlichen oder tierischen Quellen isolierte, die Elemente Kohlenstoff, Wasserstoff und Sauerstoff enthielten, häufig auch Stickstoff und Schwefel. Eine einfache chemische Verbindung ließ sich durch die Kombination ihrer Elemente beschreiben. In der Schule dürfte Perkin die Grundlagen gelernt haben: Die Elemente werden durch chemische Symbole wie C (Kohlenstoff), H (Wasserstoff), O (Sauerstoff) und S (Schwefel) dargestellt, wobei ein Element ein Stoff ist, der mit anderen zu Verbindungen zusammentritt, selbst aber nicht in einfachere Stoffe zerlegt werden kann. Wenn sich zwei oder mehr Elemente verbinden, dann schließen sich die Atome der verschiedenen Elemente zu Molekülen zusammen. Jedes Molekül einer Verbindung enthält die gleiche Anzahl von Atomen. Nehmen wir ein denkbar einfaches Beispiel: H_2O ist das chemische Symbol für Wasser und zeigt an, dass das Wassermolekül aus zwei Wasserstoffatomen und einem Sauerstoffatom besteht. Noch wusste man nicht, dass bei einigen Elementen – etwa dem Sauerstoff der Luft – die Atome sich zu Molekülen verbinden können, ohne dass andere Elemente beteiligt sind.

Eine der Substanzen, die Hofmann gerne in seinem Labor hergestellt hätte, war Chinin. Chinin hatte sich als einziges wirksames Mittel gegen die Malaria erwiesen, gegen eine Krankheit, die Mitte des neunzehnten Jahrhunderts über Gedeih und Verderb von Kolonialreichen entscheiden konnte.

Schon in der Antike bedrohte Malaria die Existenz ganzer Kulturen. Die Geschicke Roms und der Campagna kann man nach der Häufigkeit dieser Krankheit bemessen. Nach dem Zweiten Punischen Krieg, um 200 v. Chr., breitete sie sich aus und ging in den Tagen des Römischen Reichs bis zum Ende des vierten Jahrhunderts n. Chr. zurück. Doch dann nahm sie epidemische Ausmaße an und verhinderte jede Form der Kolonisation, bis sie im Spätmittelalter wieder eingedämmt werden konnte.

Der Begriff Malaria – die irreführende wörtliche Übernahme der italienischen Bezeichnung für »schlechte Luft« – wurde in England wahrscheinlich zum ersten Mal in den vierziger Jahren des siebzehnten Jahrhunderts verwendet, als Horace Walpole »ein entsetzliches Ereignis« beschrieb, »welches mal'aria genannt wird, Rom jeden Sommer heimsucht und die Menschen zu Tode bringt«. Zuvor war es meist unter der Allerweltsdiagnose von Fieber oder Wechselfieber subsummiert worden.

Zu Hofmanns Zeit grassierte die Malaria nicht nur in Asien und Afrika, sondern auch in Frankreich, Spanien, Holland und Italien, obwohl sich dort nicht mit absoluter Sicherheit bestimmen ließ, wie viele Todesfälle auf andere Fiebererkrankungen, wie zum Beispiel Cholera, zurückgingen. Auch in Russland, in den westlichen Territorien Australiens und in den Sümpfen von Carolina, Florida und New Orleans trat die Malaria verstärkt auf. Während des amerikanischen Bürgerkriegs war sie die häufigste Todesursache in den Südstaaten, und es gab Hunderttausende von Fällen in New York und Philadelphia. Erst als das Land zunehmend gerodet und erschlossen wurde, besserte sich die Situation.

In England, wo Männer wie Jakob I. und Oliver Cromwell der Malaria zum Opfer gefallen sein sollen, wütete die Krankheit ebenfalls noch Mitte des neunzehnten Jahrhunderts. Am schlimmsten betroffen waren die »Fens« in Cambridgeshire und die Sümpfe in Essex. In dem Roman *Große Erwartungen* schildert Charles Dickens das Sumpffieber, das in der Nachbarschaft von Pip in Medway in der Grafschaft Kent grassiert. Zwischen 1850 und 1860 wurden Zehntausende von Patienten mit der Diagnose Wechselfieber (Malaria) in das St. Thomas's Hospital eingeliefert. 1853 gingen sogar 50 Prozent der Einweisungen auf das Konto dieser Krankheit.

Für die britischen Imperialisten erwies sich die Malaria als das größte Hindernis ihrer Kolonisationsbestrebungen.

David Livingstone kamen die Moskitos in Kilimane »entsetzlich« vor. Er habe beobachten können, »wie das Fieber als langsames Gift wirkt. Zunächst fühlten sich die Opfer nur unwohl, doch allmählich wurden sie blass, blutarm und ausgezehrt, dann immer schwächer und schwächer, bis sie hinsanken wie Rinder unter dem Biss der Tsetsefliege – zwei äußerst ähnliche Krankheitsbilder, wie mir scheinen will.«

In Indien, wo riesige Landstriche wegen der Malaria brachlagen, war in den Berichten der britischen Armee von zahllosen Todesfällen unter den Einheimischen die Rede. Man vertrat die Auffassung, dass die Krankheit eine natürliche Form der Bevölkerungskontrolle sei. 25 Millionen Erwachsene litten unter den chronischen Malaria-Symptomen wie Schüttelfrost, Krämpfen, Fieberanfällen, Muskelschmerzen, Übelkeit, Erbrechen und Delirium. Zwei Millionen starben jedes Jahr. Die Engländer machten natürlich die Eingeborenen dafür verantwortlich, obwohl sie selbst durch die Praxis der Leibeigenschaft und die Bodenpolitik der Ostindischen Kompanie das Problem verschärften.

Mitte des neunzehnten Jahrhunderts wusste noch niemand mit Sicherheit zu sagen, wodurch Malaria verursacht wurde.

Es gab viele Theorien, in denen es überwiegend um Sümpfe und Luftübertragung ging, doch eine wissenschaftliche Verbindung zwischen der Krankheit und den Moskitos hatte noch niemand hergestellt.

Die Behandlungsmethoden waren recht rabiat und in ihrer Wirkung oft ungewiss. Noch im neunzehnten Jahrhundert verordneten viele Ärzte drei Tage Aderlass, Quecksilber oder drei Flaschen Brandy. Einem verbreiteten Aberglauben zufolge sollte sogar eine Spinne, die man in einer Nussschale bei sich trug oder verzehrte, Heilung bringen.

Doch dann brach das Zeitalter des neuen Alkaloids an. 1820 gelang es den französischen Pharmazeuten Pelletier und Caventou erstmals, aus der Chinarinde Chinin zu isolieren. Auch die Zweige und Blätter des Chinarindenbaums enthielten diesen Wirkstoff sowie das verwandte Cinchonin. In den nächsten zwanzig Jahren wurden noch zwei weitere Alkaloide aus dem Baum isoliert: Chinidin und Chinchonidin. Jede Substanz hatte eine etwas andere Molekularstruktur, aber keine war so wirksam gegen Malaria wie reines Chinin. Gleichwohl verkaufte man sie allesamt unter dieser Bezeichnung. Im gleichen Zeitraum isolierten die Franzosen auch das Strychnin aus dem Samen des Brechnussbaumes, während andere Chemiker weitere Alkaloide entdeckten – das Koffein in Kaffeebohnen und Kodein in Opium.

Chinin gab es nur in begrenzten Mengen, daher war es kostspielig. Der Chinarindenbaum, etwa so groß wie ein Pflaumenbaum, kommt fast ausschließlich in Bolivien und Peru vor. 1852 wendete die indische Regierung mehr als 7000 Pfund für Chinarinde und 25 000 Pfund für reines Chinin auf, die Ostindische Kompanie gab jährlich sogar rund 100 000 Pfund aus. Natürlich waren diese Mittel nicht für die Behandlung der Armen bestimmt, und sie reichten bei weitem nicht für die 750 Tonnen Chinarinde, die die britische Armee allein in Indien benötigt hätte.

Der Chininbedarf der Kolonialmächte war enorm, daher unternahmen England und Holland kostspielige Versuche, Chinchonabäume in Indien und Java anzusiedeln. Die ursprünglichen Anpflanzungen misslangen, weil man häufig den falschen Samen an der falschen Stelle einpflanzte. Einige verdienten allerdings ein Vermögen mit der Krankheit, so zum Beispiel John Sappington, der sein Malariamittel im Mississippital vertrieb und sogar die Geistlichen dazu bewog, am Abend die Glocken zu läuten, um an die Einnahme von »Dr. Sappington's Pills« zu erinnern. Sappington schlug Kapital aus einer grundlegenden Eigenschaft des Chinins – seiner Knappheit. Er mengte seinen Pillen wirkungslose Substanzen bei, um seine Chininvorräte zu strecken. In London und Paris lag der Preis für ein halbes Kilogramm Chinarinde bei ungefähr einem Pfund, aber man brauchte etwa ein Kilogramm für einen Patienten – nur die Wohlhabenderen konnten sich also die Heilung leisten. Als schließlich in den vierziger und fünfziger Jahren des neunzehnten Jahrhunderts Chinin auch zur Prophylaxe in Gebrauch kam, war es zum wohl begehrtesten Medikament der Welt geworden.

In seinem Arbeitszimmer in der Oxford Street hatte August Hofmann eine Theorie entwickelt, wie man Chinin im Labor herstellen könnte. Ihm ging es dabei offenbar nicht so sehr um das Vermögen, das mit einer solchen Entdeckung zu machen gewesen wäre. Er wusste, wie sich Naphtha, das er den »schönen« Kohlenwasserstoff nannte und das in großen Mengen bei der Herstellung von Kohlengas anfiel, durch einen relativ einfachen Prozess in das kristalline Alkaloid Naphthalidin umgewandelt werden kann. Dieser Stoff enthält zwanzig Äquivalente Kohlenstoff, neun Äquivalente Wasserstoff und ein Äquivalent Stickstoff.

Kohlengas enthält mehr als 200 verschiedene chemische Verbindungen, zum einen Kohlenwasserstoffe (zu denen Naphthalin, Benzol und Toluol gehören), zum anderen sauerstoffhaltige Verbindungen (deren wichtigste Phenol oder Karbolsäure ist). Hofmann und seine Studenten kannten damals allerdings nur einige wenige davon.

Da sich die Formel für Chinin von der des Naphthalidins nur durch zwei zusätzliche Moleküle Wasserstoff und Sauerstoff unterscheidet, glaubte Hofmann, man könne Chinin aus dieser Verbindung herstellen, indem man einfach Wasser hinzugab. »Wir können natürlich nicht erwarten, dass das Wasser Eingang findet, wenn wir die beiden Verbindungen einfach in Kontakt bringen«, schrieb er. »Aber ein glückliches Experiment führt uns vielleicht zur Entdeckung dieses Umwandlungsprozesses.«

William Perkin war elf, als Hofmann seine Theorie veröffentlichte, und er las sie erst, als er 1853 zum Royal College zugelassen worden war. Rasch erkannte er die Bedeutung der Idee. »Ich war ehrgeizig genug, um mich dieser Aufgabe widmen zu wollen«, berichtete er. Drei Jahre später wurde er noch durch die Bemerkung Hofmanns bestärkt, die Herstellung von künstlichem Chinin würde wohl nicht mehr lange auf sich warten lassen. Er konnte allerdings nicht wissen, dass sich hinter der scheinbaren Einfachheit der Teilelemente die höchst komplexe Architektur des Chinins verbarg. Das »glückliche Experiment«, das sein Mentor erhoffte, sollte nicht stattfinden, oder zumindest nicht in der erwarteten Form.

KAPITEL VIER

Das Rezept

Sie hatte es angekündigt, und wahrhaftig, am Donnerstag war es soweit. Als erste Staatssekretärin des Staates Missouri hat Judi Moriarty dem Handbuch für Regierungsbedienstete eine neue Farbe verliehen: Mauve.

Für alle, die es nicht wissen: Mauve ist eine elegante Schattierung von Lila.

»Ich brauchte eine aussagekräftige Farbe, die meine Persönlichkeit repräsentiert«, erklärte Moriarty, als sie das neue Handbuch vorstellte. »Sie ist sehr geschmackvoll und ansprechend.«

St. Louis Post-Dispatch, 1994

In den ersten Monaten des Jahres 1856 begann Gustave Flaubert mit der Arbeit an *Madame Bovary*, Karl Bechstein gründete seine Klaviermanufaktur, in einer Gießerei von Whitechapel wurden die Pläne für Big Ben gezeichnet, und Queen Victoria stiftete das Viktoriakreuz. In den Osterferien dieses Jahres reiste August Hofmann zu einem Kurzbesuch nach Deutschland, während William Perkin sich zur Arbeit in das oberste Stockwerk des elterlichen Hauses zurückzog. Sein Heimlabor war mit einem kleinen Tisch und einigen Regalen für Flaschen möbliert. Im Kamin hatte er einen Schmelzofen gebaut. Es gab weder fließendes Wasser noch einen Gasanschluss, und erhellt wurde das Zimmer nur durch alte Spirituslampen. Es war das Labor eines Amateurs, die Ausrüstung eines Laien: fleckige Glasbecher, gebrauchte Reagenzgläser und simple Chemikalien. Der Raum roch nach Ammoniak.

Der Tisch war übersät mit Flecken, die von früheren Versuchen kündeten und vermutlich auch von Tinte herrührten. An den Wänden hingen Landschaftsbilder und fotografische Aufnahmen. Krüge und Kannen standen herum, allerlei Hausrat, der sich in einem Labor ebenso fremd ausnahm wie Kristallsoda in einem Haus dieser verräucherten Wohngegend. Es war ein ungewöhnlicher Schauplatz für einen der folgenreichsten Augenblicke in der Geschichte der Chemie.

Rückblickend beschrieb Perkin die Ereignisse in eher beiläufigem Ton. »Ich bemühte mich, eine künstliche Base in das natürliche Alkaloid Chinin zu verwandeln, doch an Stelle des farblosen Chinins kam bei meinem Experiment ein rötliches Pulver heraus. In dem Wunsch, dieses Resultat etwas besser zu verstehen, wählte ich eine andere Base von einfacherer Zusammensetzung – Anilin – und erhielt nun ein vollkommen schwarzes Produkt. Als ich es, gereinigt und getrocknet, mit Weingeist aufschloss, entstand der Farbstoff.«

Tatsächlich konnte er zu diesem Zeitpunkt noch nicht ahnen, wie stark die Entdeckung einer scheinbar einfachen chemischen Verbindung eines Tages die Entwicklung von Wissenschaft und Industrie beeinflussen würde. Von dem Zimmer im väterlichen Haus schaute er auf die Schiffe im Londoner Hafen und die Eisenbahnstrecke nach Blackwall – ein Anblick, der an ferne Länder und technische Errungenschaften gemahnte und der dennoch keine Vorstellung vermitteln konnte von dem zukünftigen Ruhm, der Perkin erwartete, keine Ahnung von den Fabriken in Lancashire, die schon bald dröhnend und ratternd das Potenzial seiner Erfindung umsetzen würden.

Chemisch gesehen war es eine ganz simple Sache und beruhte auf der damals beliebten »Additions- und Subtraktionsmethode«: Man finde eine Verbindung, die derjenigen, die man herstellen möchte, ähnlich sieht – in diesem Fall wählte Perkin Allyltoluidin –, und wende zwei Standardverfahren an, Destillation und Oxidation, um die Substanz durch Hinzufügung von Sauerstoff und Entfernung von Wasserstoff (in Form von Wasser) zu verändern. Ein naives Verfahren.

Die meisten Chemiker, vor allem diejenigen, die ihre Ausbildung bei Hofmann im Royal College erhalten hatten, hätten das rote Pulver in den Mülleimer geworfen und von vorn angefangen. Perkin aber konnte seinem Forscherdrang im heimischen Labor freien Lauf lassen. Er setzte die Experimente fort und untersuchte die Auswirkungen dieses Verfahrens auf Anilin. Sein Geschick zeigte sich darin, dass er bei der Analyse des rohen schwarzen Produkts in der Lage war, die fünf Prozent zu isolieren, die die Farbe ausmachte.

Schon seit dreißig Jahren hatte man Anilin mit Farbstoffen und farberzeugenden Reaktionen in Verbindung gebracht. Entdeckt wurde die Flüssigkeit 1828 durch den preußischen Chemiker Otto Unverdorben, als er natürliches Pflanzenindigo destillierte. Einige Jahre später gewann der Chemiker Friedlieb Runge bei der Destillation von Steinkohlenteer Anilin und stellte fest, dass es eine blaue Farbe ergab, wenn man es mit Kalziumchlorid zusammenbrachte. Doch man maß diesen Farben keinen praktischen Wert bei. Falls wirklich einmal ein Wissenschaftler auf die Idee gekommen wäre, dass man damit Frauenkleider färben könnte, hätte man solche Gedanken sicher sogleich als lächerlich verworfen, als unvereinbar mit der Standesehre.

Perkin dagegen fand das unerwartete Ergebnis hochinteressant. Chemiker scheitern täglich mit ihren Experimenten, das gehört zu ihrem Beruf. Doch nur gelegentlich führen ihre Fehler sie auf eine interessante Spur. Perkin färbte ein Seidentuch mit seinem Produkt, eigentlich nur, um sich an dem neuen Farbton zu erfreuen. Wie er feststellte, blieb die Farbe leuchtend und intensiv, selbst als er das Tuch wusch und längere Zeit dem Licht aussetzte. »Nachdem ich den Farbstoff einigen Freunden gezeigt hatte, riet man mir, ihn möglicherweise in großem Maßstab zu produzieren.«

Gemeinsam mit Arthur Church überlegte Perkin, ob man überhaupt mehr als einen kleinen Becher dieser Farbe herstellen könnte. Denn flüssiges Anilin war nur schwer in größeren Mengen zu erhalten und kostspielig. Perkin hatte noch nie einen Fuß in eine Fabrik gesetzt und hatte keine Ahnung, wie Chemikalien außerhalb des Labors produziert wurden. Er kannte auch niemanden aus der Textil- oder Farbbranche, den er hätte um Rat fragen können.

Perkin und Church wussten natürlich, dass ihr Mentor alle Pläne missbilligen würde, die nicht unmittelbar mit der Forschung zu tun hatten. Daher beschlossen sie, Hofmann nichts vom Mauvein zu erzählen, als er aus Deutschland zurückkehrte, jedenfalls nicht, bevor Perkin die genauen Eigenschaften des Stoffes ermittelt und weitere Experimente durchgeführt hatte.

Zu diesem Zweck bezog Perkin ein etwas geräumigeres Labor in einer Hütte im Garten. Mit der Unterstützung seines Bruders Thomas stellte er mehrere Proben Mauvein her, eine reiner und konzentrierter als die andere. Durch einen Freund seines Bruders erfuhr Perkin von einer angesehenen Farbenfabrik in Schottland und schickte dem Eigentümer einige Stoffproben. Mitte Juni erhielt er eine höchst ermutigende Antwort.

»Wenn Ihre Entdeckung nicht zu einer erheblichen Verteuerung der Waren führt, ist sie mit Sicherheit eine der wichtigsten Entwicklungen seit langer Zeit. Dieser Farbton ist in vielen Warenkategorien äußerst gefragt. Mit den vorhandenen Mitteln lässt sich Seide mit ihm gar nicht und Baumwolle nur unter großen Kosten einfärben. In Großbritannien ist nur eine einzige Fabrik, Andrews in Manchester, dazu in der Lage. Sie kann jeden Preis dafür verlangen, aber selbst ihre Farbe ist nicht sehr beständig. In den Tests schneidet sie schlechter ab als Ihre Farbe und verblasst an der Luft.«

Robert Pullar, Besitzer der Farbenfabrik in der Mill Street in Perth, war erst kurz zuvor zum königlichen Hoflieferanten ernannt worden. Der 28-jährige Unternehmer war stets auf der

Suche nach Neuerungen und Verbesserungen – er zitierte gern Faraday: »Ohne Experiment bin ich nichts; man muss es immer wieder versuchen, denn wer weiß, was möglich ist.« Perkin hatte Glück mit der Wahl seines Ratgebers. Später sollte er feststellen, dass nicht alle Farbhersteller und Kattundrucker so aufgeschlossen waren.

Bevor man die Kosten der Farbe beziffern könne, müsse man sie in einer Küpe, einem Färbekessel, testen, erklärte Pullar. »Wenn die Menge Garn oder Tuch, die in einer Gallone Ihrer Flüssigkeit eingeweicht wird, alle Farbstoffe dieser Gallone aufnähme, wären die Kosten viel zu hoch, denke ich ...« Dann würde es ungefähr fünf Shilling kosten, ein Pfund Seide oder Baumwolle zu färben – »weit mehr, als irgendein Hersteller zahlen könnte«.

Der junge Fabrikbesitzer erbot sich, Perkin in jeder erdenklichen Weise zu helfen, und bedauerte, nicht näher an London zu wohnen und ihn persönlich kennen lernen zu können. »Wir sind hier sehr an jeder Neuerung interessiert, da unsere Produktion sehr aufwendig ist und eine neue Farbe in unserer Branche große Bedeutung hat.«

Perkin zeigte den Brief Arthur Church, der ihm riet, seine Entdeckung sofort patentieren zu lassen. Allerdings war er mit seinen achtzehn Jahren noch nicht volljährig, doch er holte juristischen Rat ein und erfuhr, dass das Alter keine Rolle spielen dürfte, da die Patente von der Krone verliehen wurden. Also reichte Perkin Ende August 1856 seinen Patentantrag ein. Schon bald kamen ihm allerdings Zweifel: Welchen Nutzen hatte er davon? Was war eine neue Farbe wert?

Zufallsentdeckungen, die zu neuen Farben führten, hatte es seit der Antike gegeben, und manch hübscher Mythos rankte sich um ihre Entstehung. Ein Hirtenhund des Herkules etwa stieß am Strand von Tyrus auf eine Purpurschnecke, und als er in sie hineinbiss, verfärbte sich seine Schnauze wie geronnenes

Blut: Das war der spätere tyrische oder Königspurpur, durch den die Stadt Tyrus um 1500 v. Chr. zu großem Reichtum kam. Jahrhundertelang blieb er der exklusivste tierische Farbstoff, der für Geld zu haben war, und wurde zum Symbol für höchste Verdienste und absolute Macht. Bei den Juden wurde Purpur für den Besatz von Gebetschals verwendet, und in der Armee bezeichnete man den militärischen Rang durch purpurne Wollstreifen. Purpurfarben war auch Kleopatras Barke, und Julius Caesar verfügte, dass die Farbe nur vom Imperator und seinem Gefolge getragen werden dürfe.

Das Drüsensekret der Purpurschnecke – *Murex brandaris* an der italienischen Küste oder *Murex trunculus*, die zunächst an der phönizischen Küste vorkam – war außerordentlich kostbar, denn es mussten Tausende der Weichtiere getrocknet werden, um ein einziges Gewand zu färben. Plinius beschreibt, wie sie im Herbst und Winter zerstampft, drei Tage lang in Salzwasser gelegt und dann zehn Tage lang gekocht wurden. Die gewonnene Farbe habe »dem Meer, der Luft und einem klaren Himmel geähnelt«, woraus zu schließen ist, dass der tyrische Purpur nicht nur einen einzigen Farbton aufwies, sondern ein vielfältiges Spektrum von Blau bis Schwarz umfasste. Der Herstellungsprozess unterschied sich von Stadt zu Stadt, wobei vielfach Wasser oder Honig zugesetzt wurden, um verschiedene Farbtöne zu erzielen.

Ein anderer tierischer Farbstoff ist die Cochenille, der scharlachrote Farbstoff einer auf Kakteen lebenden Schildlaus. Er wurde im siebzehnten Jahrhundert von den Spaniern aus Mexiko nach Europa eingeführt und fand große Verbreitung als Farbstoff für Kleidung, für die Palette von Malern und – sehr viel später – für Lebensmittel. Auch hier war die Herstellung aufwändig: Rund 17 000 Insekten mussten für knapp 30 Gramm des Farbstoffs getrocknet werden. Die wohl erste englische Cochenille-Färberei wurde 1643 in Bow, im Osten von London, gegründet.

Pflanzliche Farbstoffe waren in der Regel kostengünstiger und in größeren Mengen vorhanden, vor allem der rote Krapp und das blaue Indigo, die von alters her zum Kleiderfärben und für kosmetische Zwecke verwendet wurden. Krapp, aus den Wurzeln der gleichnamigen Pflanzen, die in etwa 35 Arten in Europa und Asien verbreitet sind, hat man schon in der Kleidung ägyptischer Mumien gefunden. Auch Herodot erwähnt ihn, und Alexander der Große ließ seine Armee damit bespritzen, um die Perser in dem Glauben zu wiegen, seine Soldaten seien in einer vorherigen Schlacht schwer verwundet worden. In seiner Dichtung »The Former Age« beschwört Geoffrey Chaucer um 1374 die Vorstellung von der einstigen Unschuld des Menschen mit den Worten:

> No mader, welde, or wood [woad] no litestere [dyer]
> Ne Knew; the flees [fleece] was of his former hewe.

Indigo wurde nicht nur als Färbemittel und Farbe verwendet, sondern auch als Adstringens. Man gewann den Stoff aus den Blättern des Busches *Indigofera tinctoria*, die in Wasser eingeweicht und dann mit Bambusstöcken geschlagen wurden, um die Oxidation zu beschleunigen. Wenn die Flüssigkeit dann erhitzt, gefiltert und zu einer Paste geformt wurde, veränderte sie ihre Farbe von Dunkelgrün zu Blau. Vor der Kolonisation Amerikas kam Indigo in Form von Farbkuchen aus Indien. Daran hatte sich noch nichts Wesentliches geändert, als Perkin die Farbe in den Modeläden des Londoner West End bewundern konnte.

Es gab noch weitere pflanzliche Färbemittel – Saflor (*Carthamus tinctorius*), Färberwaid, Safran, Rotholz und Kurkumawurzel (Gelbwurz) –, doch insgesamt hatte man nur ein schmales Farbspektrum zur Verfügung, das sich auf Rot, Blau, Gelb, Braun und Schwarz beschränkte. Färberwaid, der ebenfalls bei Plinius erwähnt und von den Ureinwohnern Britanniens zur Gesichts- und Körperbemalung benutzt wurde, enthält einen ähnlichen Farbstoff wie Indigo, hat aber nur ein Zehntel der Färbekraft.

Während des achtzehnten Jahrhunderts wurden bereits einige Fortschritte in der Färbetechnik erzielt, zumeist in Frankreich, doch zwischen 1794 und 1818 gelangen dem Amerikaner Edward Bancroft, der in London arbeitete, viele wichtige Verbesserungen. Bancroft ließ drei neue natürliche Farbstoffe patentieren, darunter das Gelb der Färbereiche, und schrieb die erste wissenschaftliche Abhandlung über das Färben in englischer Sprache: *Experimental Researches Concerning the Philosophy of Permanent Colours*. In dieser Schrift verband er exakte chemische Beobachtungen mit persönlichen Anekdoten. Beispielsweise berichtete er, dass seine purpurrote Lieblingsjacke kaum verblasst sei, obwohl er sie schon mehrere Wochen trage. Bancroft ist uns nicht nur als Farbenkenner im Gedächtnis geblieben: Während der amerikanischen Revolution wurde er als Doppelagent entlarvt, da er sowohl für die englische Regierung wie auch für Benjamin Franklin gearbeitet hatte.

Trotz allem hatte sich der Prozess des Tuchfärbens im Laufe der Jahrhunderte kaum verändert, und die Meister des Gewerbes gaben ihre umständlichen und gut gehüteten Verfahren von einer Generation an die nächste weiter. 1823 veröffentlichte William Partridge *A Practical Treatise on Dyeing of Woollen, Cotton and Sein Silk, with the Manufacture of Broadcloths and Cassimeres Including the Most Improved Methods in the West of England*, eine Schrift, die für die nächsten dreißig Jahre zum Standardwerk avancierte. Denn hier wurden die Rezepturen der beliebtesten Farbstoffe wie Zauberformeln offenbart. Um beispielsweise das beständigste Blau herzustellen, brauchte man eine englische Küpe mit »fünf Mal hundertundzwölf Pfund vom besten Färberwaid, fünf Pfund dunklem Krapp, einem Viertelscheffel Kleie, Weizenschrot, vier Pfund Vitriol und ein Viertel eines Viertelscheffels zerstoßenen Kalkstein«.

Detailliert wurde beschrieben, wie der Kalk zu bereiten, der Färberwaid mit dem Spaten in kleine Stücke zu zerteilen und eine Zutat nach der anderen in 95 Grad Celsius heißes Wasser zu geben sei. Die Anweisungen gingen über mehrere Seiten. »Die Küpe ist gegen vier oder fünf Uhr am Nachmittag anzusetzen und muss um neun Uhr am gleichen Abend kontrolliert und abermals umgerührt werden«, bevor sie abkühlte. Zu diesem Zeitpunkt sollte der Sud flaschengrün sein. Der Färber wurde um fünf Uhr morgens wieder zu seiner Küpe zitiert, um Kalk oder Indigo hinzuzugeben, damit die Farbe heller werde. Blasen, Hautbildung und zunehmende Dickflüssigkeit würden auf gute Fermentierung schließen lassen. Dann musste die Flüssigkeit erneut aufgekocht und abgekühlt werden, aufgekocht und abgekühlt, weiterer Kalk wurde hinzugegeben, bis es schließlich Zeit für das Eintauchen der Wolle war. Und hier wurde die Sache erst richtig kompliziert. Denn tatsächlich brauchte man zwei Küpen mit Färberwaid, die eine zwei Monate alt, die andere jüngeren Datums, und die Wolle sollte abwechselnd eingetunkt werden. Die Temperatur sollte konstant zwischen 51 und 54 Grad gehalten werden, über Nacht abkühlen, wieder auf 68 bis 74 Grad erwärmt werden, dann sollte man weiteren Färberwaid hinzufügen, noch mehr Kalk, Kleie, Krapp und Indigo. Bei fachgerechter Handhabung der Küpen sollte man damit jede Woche 220 Pfund Wolle färben können. Nach sechs Wochen hatte der Färber vierhundert Pfund dunkelblaue Wolle, zweihundert mittelblaue und zweihundert hellblaue Wolle – aber nur, wenn er Färberwaid und Indigo von allerbester Qualität verwendete, und das war nicht einfach: »Wahrscheinlich gibt es keinen Artikel, der in seiner Färbekraft und Qualität so unzuverlässig ist wie Färberwaid«, schrieb Partridge. Er riet zum Kauf hervorragender Stoffe, da »jede größere Schwankung in dieser Hinsicht äußerst nachteilig für den Schaffenden ist, mag er noch so geschickt in seinem Beruf sein, und den Anfänger vollkommen scheitern lassen wird«.

Wie bei der Chinarinde war die Gewinnung von Farbstoffen häufig auf bestimmte Gebiete beschränkt und wurde zusätzlich begrenzt durch die Versuche einzelner Staaten, die Produktion zu monopolisieren. Textilhersteller waren gezwungen, die Farben zu verwenden, die in den Küpen der Färber vorhanden waren. Die Farbmoden wurden weniger vom Geschmack bestimmt als vom Kriegsglück und der Kapazität der Überseehäfen. Es war sonnenklar, dass eine Farbe, die in beliebigen Mengen mit gleichbleibender Färbekraft und Reinheit in einem heimischen Labor hergestellt werden konnte, eine Menge Geld wert war.

Ursprünglich nannte Perkin seine Erfindung tyrischen Purpur, um ihren Wert zu unterstreichen. Seine Kritiker jedoch, die die Entdeckung für bedeutungslos hielten, sprachen von »Purpurschlamm«. Zu ihren Wortführern gehörte August Hofmann, der nach den Sommerferien von der neuen Farbe und den betrüblichen Zukunftsplänen seines Schützlings erfuhr. Perkin teilte ihm mit, er beabsichtige, das Mauvein kommerziell herzustellen, und müsse dazu das Royal College of Chemistry verlassen. »Das schien ihn sehr zu verärgern«, berichtete Perkin auf einem Treffen zum Gedenken an Hofmanns Tod im Jahr 1892. Es kam zu einem ernsthaften Zerwürfnis zwischen den beiden – wahrscheinlich die ersten Widerworte, die sie wechselten. »Hofmann rechnete wohl damit, dass das Unternehmen misslingen würde, und es tat ihm in der Seele weh, dass ich so töricht war und meine wissenschaftliche Arbeit für ein derartiges Projekt aufgeben wollte, zumal ich ein Bürschchen von achtzehn Jahren war. Ich muss tatsächlich gestehen, dass zu meinen größten Bedenken bei dem Eintritt in die technische Welt die Befürchtung gehörte, ich könnte nicht mehr in der Lage sein, meine Forschungen fortzusetzen …«

Die Einwände, die Hofmann gegen Perkins neue Leidenschaft erhob, waren wohl nicht so sehr darauf zurückzuführen, dass er etwas gegen die praktische Anwendung seiner Wissenschaft hatte, denn er selbst war an etlichen solcher Projekte beteiligt: 1854 analysierte er das Wasser von Harrogate für die dortige Verwaltung; er saß in dem chemischen Unterausschuss, der die Gründe für den Zerfall der Kalkstein- und Dolomitmauern des Parlamentsgebäudes in London ermitteln sollte; und 1859 wurde er von der Arbeitsaufsicht der Hauptstadt beauftragt, die Möglichkeiten der Desodorierung zu erkunden.

Hofmann und seine Kollegen konnten allerdings nicht nachempfinden, dass jemand eine hoffnungsvolle wissenschaftliche Karriere aufgeben wollte, nur weil er auf eine neue Farbe gestoßen war. Das kam schließlich fast jede Woche vor, und normalerweise taten die Chemiker es als unerwünschten oder belanglosen Nebeneffekt ihrer Arbeit ab. Außerdem hatte man schon früher künstliche Farbstoffe hergestellt, mit denen sich Seide und Wolle hervorragend färben ließen, man hatte aber nicht versucht, diese Stoffe in wirtschaftlich erheblichen Mengen zu produzieren. So hatte Peter Woulfe 1771 aus Indigo und Salpetersäure die Pikrinsäure entwickelt, die Seide hellgelb färbte. 1834 hatte Friedlieb Runge aus Phenol den roten Farbstoff Aurin hergestellt, während Pittakal, ein tiefes Blau, aus Holzteer gewonnen wurde. Über den Ursprung anderer Farben kursierten fantastische Geschichten; so hieß es vom Murexid, das Mitte des neunzehnten Jahrhunderts in kleinen Mengen in den Färbereien von Manchester auftauchte, es werde aus Schlangenexkrementen produziert (und nicht, wie es der Wahrheit entsprochen hätte, aus Vogelkot). Doch insgesamt wurden synthetische Farbstoffe Mitte des neunzehnten Jahrhunderts so selten verwendet, dass sie in den umfangreichen Berichten zur Weltausstellung von 1851 überhaupt nicht erwähnt wurden.

Auch dem hellen Karmesinrot, das Perkin und Church entdeckt hatten, hätte man vielleicht keinen besonderen Wert beigemessen, wäre nicht das ermutigende Schreiben von Robert Pullar aus Perth gewesen.

Die Dimensionen von Pullars Farbenwerken müssen für einen jungen Mann, der mit der industriellen Fertigung nicht vertraut war, überwältigend gewesen sein. Die Anwesenheit von Wissenschaftlern war jedoch nichts Neues in Kattundruckereien. Teilweise beschäftigten diese Betriebe schon seit 1815 ihre eigenen Textilchemiker. Perkin kam mit seiner Entdeckung genau zur richtigen Zeit: Die Produktion in der britischen Textilindustrie verzeichnete enorme Zuwächse. Zwischen 1851 und 1857 nahmen die Exporte in der Kattunindustrie beispielsweise um das Vierfache zu – von rund 6,5 Millionen auf 27 Millionen Stück. Die Zahl der Beschäftigten in der Seidenindustrie verdoppelte sich zwischen 1846 und 1857 auf 150 000. Auf einer Gedenkfeier der Society of Chemical Industry zu Ehren von Perkins Entdeckung erklärte der Chemiker C. J. T. Cronshaw: »Es muss eine gute Fee sein, der Perkin den Zeitpunkt seiner Entdeckung verdankt, denn er hätte keinen geeigneteren und verheißungsvolleren Moment finden können.«

Das galt ebenso für den Stand der chemischen Wissenschaft zu dieser Zeit. Einerseits hatte nur wenige Jahrzehnte vor Perkins Geburt der Chemiker John Dalton aus Cumberland die Theorie entwickelt, dass Atome sich in bestimmten feststehenden Zahlenverhältnissen verbinden, und damit die Voraussetzung für die chemischen Formeln geschaffen. Andererseits führte Perkin seine frühen Experimente zu einem Zeitpunkt durch, wo vieles noch unbekannt war, was ihm den Spielraum für seinen produktiven Irrtum hinsichtlich der Chininsynthese ließ. Wäre Perkin zwanzig Jahre später geboren worden, hätte er gewusst, wie sinnlos seine Suche war, und wäre nicht in jene Sackgasse geraten, in der das Mauvein auf ihn wartete. John Dalton starb übrigens zwölf Jahre vor Perkins Entdeckung, doch er hätte sowieso kein Auge für ihre Schönheit gehabt, denn 1794 hat er als Erster die Farbenblindheit beschrieben – seine eigene.

August Hofmann war wohl vor allem deshalb so wenig begeistert von Perkins Entdeckung, weil er von ihr kaum überrascht gewesen sein dürfte. Noch bevor er nach London kam, hatte er Liebig prophezeien hören, dass man eines Tages künstliche Farben aus Stoffen wie Anilin gewinnen werde. Doch ein tieferer Grund für seine Missbilligung lag in der damaligen Beziehung zwischen reiner und angewandter Wissenschaft, was im Prinzip auf die Beziehung zwischen Wissenschaft und Industrie hinauslief, zwei Welten, zwischen denen einfach aus Unkenntnis Gegensätze konstruiert wurden.

1852 hatte Lord Lyon Playfair auf Bitten des Prinzgemahls eine Reise durch Deutschland und Frankreich unternommen, um sich vor allem über den dortigen Stand der wissenschaftlichen und technischen Ausbildung zu informieren. Sein Fazit war niederschmetternd: Die großen Universitäten auf dem europäischen Festland arbeiteten bereits eng mit der Industrie zusammen, während in England nur eine »überhebliche Wertschätzung der Praxis und Nichtachtung der Wissenschaft« zu vermerken sei. Im Wesentlichen machte er dafür grundlegende Mängel in den Lehrplänen verantwortlich. Playfair fürchtete um Englands Wettbewerbsfähigkeit für den Fall des Freihandels: »Wenn die Rohstoffe, die jetzt auf ein Land beschränkt sind, bei nur noch geringen Preisunterschieden für alle frei verfügbar werden, dann muss der industrielle Wettbewerb zu einem geistigen Wettbewerb werden.«

Die Weltausstellung von 1851 brachte eine Vielzahl von Vorträgen, die von der Society of Arts organisiert wurden. Einige der Redner entdeckten eine ganz besondere Ironie an der damaligen Situation: Während England die Welt einerseits mit seiner industriellen Entwicklung beeindruckte, so war es andererseits praktisch das einzige Land in Europa, in dem es keine institutionalisierte technische Ausbildung gab.

Im selben Jahr wurde das Owens College in Manchester eröffnet, und bei seinem Gründungsfest erklärte Edward Frankland, der Chemieprofessor des College, die englische Textilindustrie sei schlecht gerüstet für die Zukunft. Seine Vorherrschaft auf dem industriellen Sektor könne das Land nur durch eine engere Verbindung zur Wissenschaft behaupten. »Die Vorteile, die die chemische Wissenschaft für die Chemiebetriebe, Färbereien und Kattundruckereien zu bieten hat, sind so offenkundig, dass es keiner weiteren Erläuterung bedarf«, sagte er. »Diese industriellen Prozesse lassen sich nicht ohne eine gewisse Kenntnis unseres Wissensgebietes durchführen, doch mit Ausnahme einiger weniger Firmen ... handelt es sich zu häufig um nur oberflächliche Kenntnisse, die zwar genügen, um krasse Schnitzer und fatale Verluste zu vermeiden, aber nicht ausreichen, um die zahlreichen Hinweise zu erfassen und zu nutzen, die es in fast allen Herstellungsprozessen gibt und die sich zu ihrer Verbesserung verwenden ließen.«

Die Mitglieder der 1841 gegründeten Chemical Society rekrutierten sich aus Industrie und Wissenschaft und rühmten sich der guten Beziehungen zwischen beiden Bereichen. 1853 wies Frank Daubeny, der Präsident der Gesellschaft, mit Erleichterung darauf hin, dass die Arbeit von Professor Robert Bunsen über Vulkanausbrüche ein »unwiderleglicher Beweis für die Nützlichkeit unserer Tätigkeit ist«. Vier Jahre später stellte der neue Präsident W.A. Miller das Gleiche von der Erfindung des Mauvein fest. »Von einem unserer Mitglieder, Mr. Perkin, lässt sich die erfolgreiche Anwendung abstrakter Wissenschaft für einen konkreten praktischen Zweck vermelden.«

Tatsächlich ließ die Umsetzung seiner Erfindung noch Monate auf sich warten, und selbst dann war sie zunächst nicht dazu angetan, die Kritiker umzustimmen. Noch 1862 schien Hofmann den Durchbruch seines ehemaligen Schülers nur sehr widerwillig zu akzeptieren und äußerte nach einem Besuch der Weltausstellung den Wunsch, dass »die Mühe und Zeit, die ein Unterfangen von solcher Größenordnung verlangt, Perkin nicht vom Weg der wissenschaftlichen Forschung abbringt, für den er eine so hervorragende Eignung mitbringt«. Eine derart kompromisslose Einstellung stand im Widerspruch zum zentralen Anliegen des industriellen Zeitalters: dem Streben nach Reichtum.

Offenbar hat Perkin selbst gewisse Zweifel in Bezug auf seine wirtschaftlichen Ambitionen gehegt, wenn auch nicht aus Furcht, für geldgierig gehalten zu werden. Er betrachtete seinen Ausflug in die Industrie nur als Mittel zum Zweck. In einem späteren Brief an seinen Freund Heinrich Caro schrieb er, dass es zur Zeit der Entdeckung »unter der Würde eines Wissenschaftlers war, sich mit industrieller Herstellung abzugeben«. Perkin befürchtete, dass es für ihn keinen Weg zurück gäbe, falls seine Pläne scheiterten. »Sogar der arme Mansfield hat, sobald er Fabrikant wurde, seine wissenschaftlichen Instrumente verkauft (ich habe seine Waage von ihm erstanden), offenbar weil er der Überzeugung war, dass die Tage der Forschung für ihn vorbei waren. »Die öffentliche Meinung und dieses Beispiel ließen mich zögern, in die Industrie zu gehen, weil die Forschung das wichtigste Anliegen in meinem Leben war, und ich war in tiefster Seele entschlossen, die Wissenschaft nicht aufzugeben, ganz gleich, was ich tat.«

Damals ließ er jedoch kein Wort über diese Absicht verlauten und stieß bei vielen Fachkollegen auf Verachtung. »Es hieß, durch mein Beispiel hätte ich der Wissenschaft Schaden zugefügt und den Sinn junger Menschen von der reinen zur angewandten Wissenschaft gelenkt, und es mag auch sein, dass sich manch einer kurzzeitig tatsächlich aus anderen als rein wissenschaftlichen Gründen für das Studium der Chemie entschied.« Perkins Entdeckung wirkte sich also auf den gesamten Bereich der wissenschaftlichen Forschung aus: Zum ersten Mal wurde den Menschen klar, dass das Studium der Chemie reich machen konnte.

Zubereitung von Mauvein:
Ein modernes Verfahren

Vorsicht: Petroläther ist außerordentlich feuergefährlich. Alle Verdampfungen sollten unter Abdeckhauben vorgenommen werden. Bitte keine offenen Flammen im Labor. Die Entsorgung chemischer Abfallstoffe muss vorschriftsmäßig erfolgen.

Man nehme:
3,3 ml Wasser in einem konischen 5-ml-Fläschchen, gebe dazu
52 µl Anilin
60 µl o-Toluidin
122 mg p-Toluidin
600 µl 2N Schwefelsäure

Mit einem großen Blattrührer so lange umrühren, bis die Reagenzien sich – wenn erforderlich unter leichtem Erwärmen – aufgelöst haben. Danach 30 mg Kaliumdichromat in 160 µl Wasser hinzufügen.

Zwei Stunden rühren. Schon bald nach der Zugabe von $K_2Cr_2O_7$ nimmt die Lösung einen intensiven lila Farbton an. Am Ende der Reaktionszeit den flüssigen Teil mit einer Pasteurpipette entfernen und wegschütten.

Geben Sie die Trockenmasse in einen Keramikfilter mit eingelegtem Filterpapier. Waschen Sie die dunkle Trockenmasse mit destilliertem Wasser durch Vakuumfiltration, bis das Wasser klar ist. Die zurückgebliebene Substanz 30 Minuten lang in einem Trockenschrank bei 110 Grad Celsius trocknen, dann mit Petroläther waschen, bis die Waschflüssigkeit klar ist, und abermals zehn Minuten bei 110 Grad trocknen.

Waschen Sie die verbliebene Trockensubstanz mit einer 25-prozentigen Methanol-Wasser-Lösung, bis die Flüssigkeit klar ist, und achten Sie sehr sorgfältig darauf, dass das Ergebnis nicht verunreinigt wird. Verdampfen Sie die wässrig-alkoholische Lösung, geben Sie sie in ein konisches 5-ml-Becherglas, sobald das Gesamtvolumen es erlaubt. Nach der vollständigen

Verdampfung 300 µl 100-prozentiges Methanol zur verbliebenen Trockenmasse hinzufügen, schütteln, bis sich alle löslichen Stoffe auflösen, und mit einer Pasteurpipette in einen sauberen 3-ml-Glasbecher füllen. Verdampfen Sie die Flüssigkeit vorsichtig auf ein Volumen von 30 µl oder weniger. Während sich das Volumen der Flüssigkeit verringert, müsste die lila Farbe intensiver werden. Diese letzte Lösung enthält das Endprodukt – 2 mg Mauvein.

Das ist nicht viel. Um mehr zu erhalten, sollten Sie alle ihre Freunde oder die Mitglieder eines eifrigen Chemiekurses bitten, das gleiche Experiment durchzuführen, und dann alle Methanollösungen vor dem Verdampfen zusammenschütten. Dann können Sie ein Stück Baumwolltuch in die Lösung tauchen, es mit Wasser ausspülen und trocknen. Auf diese Weise erhalten Sie ein hübsches Taschentuch. Sie können aber auch drei dünne Frackschleifen damit färben.

Zubereitung eines Nesselrode-Puddings: Ein traditionelles Verfahren

Der Nesselrode-Pudding, ein gefrorener Turm aus Kastanie, Obst, Eierkrem und Schlagsahne, ist die Kreation eines gewissen Monsieur Mouy, seines Zeichens Küchenchef beim Grafen Nesselrode, einem russischen Staatsmann, der uns vor allem durch seine Rolle bei der Entstehung der Heiligen Allianz im Gedächtnis geblieben ist. In Prousts Romanwerk *Die Suche nach der verlorenen Zeit* löst der Pudding, als er während eines längeren Abendessens aufgetragen wird, Beifallskundgebungen aus, aber inzwischen hat er – wohl aus Gesundheitsrücksichten – an Popularität verloren.

Jemand beschrieb den Nesselrode einmal als »Zwei-Tage-Unternehmen, der Abend mit der Orangenschale nicht gerechnet«. Ein Tag davon findet in der Gefrierkammer statt.

Man nehme (für 6 Personen):
1/2 Tasse Kastanienpüree
1/4 Tasse glasierte Kirschen
1/2 Tasse kandierte Orangenschale
1/2 Tasse Marsala
1/2 Tasse Korinthen und Sultaninen
1 kräftiger Schuss Maraschino
2 Tassen Schlagsahne

Für die Eierkrem:
2 Tassen Milch, 5 Eier, 3/4 Tassen Zucker

Die kandierten Früchte klein schneiden und mit dem Marsala vermischen. Die Korinthen und Sultaninen in warmem Wasser einweichen und trocknen. Die Milch zum Kochen bringen. Eier trennen, Eigelb mit Zucker in eine Schüssel geben und kräftig schlagen, bis es schaumig ist. Milch darüber gießen und den Inhalt der Schüssel dann in einen Kochtopf geben. Eierkrem unter häufigem Rühren köcheln lassen, bis sie sich verdickt, dann durch ein Sieb passieren. Kastanienpüree, Maraschino und Eierkrem gut mischen, dann alle Früchte hinzugeben. Sahne steif schlagen und unterheben. In eine mit Wachspapier ausgelegte oder gut gefettete Form füllen. Mit Folie abdecken und einen Tag lang einfrieren.

Diese kostspielige und aufwändige Speise setzt jedem Festessen ein Glanzlicht auf. Zur Verzierung und Beschriftung lassen sich noch unzählige Farben auf der Oberfläche auftragen. Versuchen Sie es mit Annatto, Chinolingelb, Fast Green, Orangerot Nr. 2, E160c, E100, E150d und E129.

KAPITEL FÜNF

Hindernisse und Synthesen

Patrick mischte Farben – ein zartes, schattiges Mauve, ein Scharlachrot, ein intensives Blau, ein blasses, krasses Grün. Die Bilder, wenn sie dann auf der Leinwand erschienen, entstanden plötzlich und rasch. Ich verfolgte die Ereignisse mit großer innerer Anteilnahme. Patrick zeigte stets ein kleines, entschuldigendes Lächeln. Beide lachten wir nervös, dann nahm sein Gesicht einen entrückten, etwas wilden Ausdruck an, und er setzte einen ersten harten Strich. Gleich darauf machte er sich entfesselt über die Leinwand her.

Ein eckiger Kopf erschien, ein dekoratives Blütenspalier. Verschiedene Gesichter, angedeutet in dem zarten Mauve, tauchten auf und wurden wieder übermalt. Ich war fasziniert, wie die Geister der ausgelöschten Formen fortbestanden und den nachfolgenden Versionen Substanz und Tiefe verliehen. Lila ist Patricks Lieblingsfarbe. Die meine nicht. Doch die schattigen Halbtöne dieses unverwechselbaren Mauve, die sich über die Leinwand zogen, nahmen mich gefangen.

A.S. Byatt über Patrick Heron,
Modern Painters, 1998

Als William Perkin im Frühwinter 1856 in Perth eintraf, plagten ihn sorgenvolle Gedanken. Wie er Robert Pullar erläuterte, hatte er erhebliche Zweifel an seiner Entscheidung, die zuverlässige Welt der Forschung zu verlassen, um sein Glück in der Wirtschaft zu versuchen. Er befürchtete, sich nicht gegen die Konkurrenz durchsetzen zu können, und diese Unsicherheit führte zu noch grundsätzlicheren Bedenken: Welchen Wert hatte das Mauvein tatsächlich? Wie würden die Färber auf dieses völlig neue Mittel reagieren? Würden sie bereit sein, ihre althergebrachten Techniken für neue Verfahren aufzugeben? Und warum ließ sich Seide mit Mauvein gut färben, Baumwolle aber so viel schlechter?

Viele Jahre später nannte Laurence Morris in der Zeitschrift *The Dyer* sechs Gründe, die Perkins späteren Erfolg zunächst einmal behinderten, eine große Hypothek für einen Achtzehnjährigen: 1. Es war fraglich, ob sich genügend Kapital für das Unternehmen würde auftreiben lassen. 2. Es gab keine Garantie dafür, dass genügend Färbereien und Kattundruckereien die Farben verwenden würden, um den Bau einer Fabrik zu rechtfertigen. 3. Für die Mauveinproduktion brauchte man größtenteils Chemikalien, die nur in geringen Mengen vorhanden waren. 4. Es gab keinen Standort für den Bau einer Fabrik. 5. Die Verfahren zum Färben der meisten Textilien mussten für den neuen Farbstoff erst noch entwickelt werden. 6. Perkin hatte keinerlei Erfahrung auf dem Gebiet, auf das er sich wagen wollte. Eine neue Farbe herzustellen war eine Sache, die Welt von ihr zu überzeugen eine ganz andere.

Um sich gegenseitig Mut zu machen, verbrachten Perkin und Pullar etwas mehr als zwei Wochen miteinander, in denen sie Experimente durchführten und schottische Färbereien besuchten. Die Ergebnisse waren enttäuschend. Das Mauvein färbte Baumwolle nicht ohne einen Beizstoff, ein zusätzliches Fixierungsmittel. Im Gegensatz zu den vorhandenen pflanzlichen Farbstoffen war Mauvein aber nicht sauer, und alle Beizstoffe, über die Pullar verfügte, versagten bei einem synthetischen Mittel. Auf Baumwolle verblasste Mauvein nach jedem Waschgang unübersehbar. Die konservativen Kattundrucker und Färber, mit denen sie in Glasgow sprachen, äußerten sich ausnahmslos ablehnend und verächtlich. »Diesmal täuschen Sie sich, Mr. Robert«, erklärte ihnen ein Kattundrucker, »glauben Sie wirklich, irgendwas könnte Krapp ersetzen?«

»Es war ein sehr entmutigender Tag«, notierte Perkin mit zunehmendem Pessimismus. »Zwar hat man die Farben bewundert, aber immer wieder wurde dieses schreckliche ›Wenn‹ bezüglich der Kosten vorgebracht.« Nach seiner Schätzung würde er gereinigtes, festes Mauvein nicht für weniger als 3 Pfund pro Unze liefern können – und das zu einer Zeit, als eine Unze Platin knapp über 1 Pfund kostete. Das Problem bestand darin, dass er für eine Unze Mauvein rund 180 Kilogramm Kohle brauchte.

Für das Mauvein sprach, dass es der intensivste Farbstoff war, den die schottischen Färber und Kattundrucker je gesehen hatten. In einem Experiment wies Perkin nach, dass ein Teil Mauvein 630000 Teile Wasser färbte. »Trotzdem waren die Kattundrucker, die es ausprobierten, nicht sehr begeistert«, konstatierte er und befürchtete, er könnte allmählich die Unterstützung seines Gastgebers verlieren. »Selbst Mr. Pullar schien mir nicht mehr mit der einstigen Entschiedenheit zur Errichtung einer Fabrik zu raten.«

Perkin kehrte nach London zurück, wo er eine seltsame Nachricht von August Hofmann erhielt. Offenbar war dem Professor klar geworden, dass sein früherer Student ihm in Zukunft vielleicht die Stoffe liefern könnte, die er selbst für seine Forschung brauchte. »Mein lieber Mr. Perkin«, hieß es in dem Schreiben. »Da Sie nun Anilin in ziemlich großem Maßstab herstellen werden, könnten Sie mir da nicht zwei oder drei Quart überlassen? Natürlich lege ich größten Wert darauf, Sie dafür zu bezahlen. Ich bin sehr daran interessiert und wäre Ihnen für eine baldige Erwiderung dankbar.« Wir wissen nicht, was Perkin darauf geantwortet hat, aber entgegen Hofmanns Annahme hatte er schon Schwierigkeiten, sich genügend Anilin für seine eigenen Zwecke zu beschaffen.

Kurz nach Weihnachten erhielt Perkin einen weiteren Brief, der zur Abwechslung positive Nachrichten enthielt. Robert Pullar hatten einen Färber aufgetrieben, der ihr Vorhaben möglicherweise unterstützen wollte. »Da ich selbst nicht in der Lage war [die Anwendung von Mauvein] zu befördern«, erinnerte sich Pullar später, »habe ich Sir William mit meinem Freund Mr. Keith in Bethnal Green bekannt gemacht, der damals die größte Seidenfärberei in London hatte.«

Thomas Keith, der auf der Weltausstellung von 1851 großes Aufsehen mit seinen Seidenstoffen erregt hatte, bot Perkin zwei Dinge an, die die schottischen Färber nicht gehabt hatten: Zuversicht und Mut. »Er glaubte von Anfang an daran«, sagte Pullar. Keith stellte selbst einige Experimente mit Mauvein an, und Pullar meinte, diese neuen Farbtöne seien »sicherlich die besten, die ich je gesehen habe«. Kurz danach fanden Pullar wie Perkin unabhängig voneinander eine Tanninbeize, die dafür sorgte, dass sich Baumwolle wasser- und lichtbeständig mit Mauvein einfärben ließ. In einem zweiten Schreiben an Perkin schlug Pullar einen triumphierenden Ton an: »Ich glaube, nun sind Sie endgültig entschlossen, Ihr Vorhaben auszuführen, denn nach allem, was ich dort gesehen habe, scheint kein Zweifel an dem Erfolg zu bestehen.« Doch der Optimismus war verfrüht.

»Es ist unmöglich, alle Schwierigkeiten aufzuführen, die der Gründung der neuen Industrie im Wege standen«, schrieb Perkin einige Jahre später. »Tatsächlich war es alles Pionierarbeit.« Niemand war zunächst bereit, seine Firma zu finanzieren. Perkin hatte keinerlei Erfahrung im Bankgeschäft, und auch seine älteren Freunde waren nicht in der Lage, Kapital für sein Projekt aufzutreiben, das von den Investoren für verrückt und »überflüssig« gehalten wurde. Nachdem Perkin einige Monate lang nichts als Absagen erhalten hatte, beschloss sein Vater, die Sache selbst in die Hand zu nehmen. »Obwohl ihn mein Entschluss, Chemiker zu werden, enttäuscht hatte«, erinnerte sich der Sohn, »hatte er doch so viel Vertrauen in mein Urteil, dass er höchst großzügig den größten Teil des Kapitals riskierte, das er im Laufe eines arbeitsreichen Lebens zusammengetragen hatte, um die Fabrikanlage für die Farbenproduktion zu errichten ...« Auch Perkins älterer Bruder Thomas Dix Perkin gab sein Architekturstudium auf, um bei der Errichtung der Fabrik zu helfen, die jetzt folgerichtig als »Perkin and Sons« ins Handelsregister eingetragen war. Gemeinsam suchten die drei nach einem geeigneten Standort. Ihre ursprüngliche Absicht, ein Grundstück im East End zu erstehen, opferten sie ihren hoch fliegenden Plänen. Rund 6000 Pfund konnten sie anlegen für ein weitläufiges, offenes Gelände mit ausreichender Wasserversorgung und guter Verkehrsanbindung, das dazu noch die Möglichkeit zu stetiger Expansion bieten sollte. Doch überall stießen sie auf die Bedenken der lokalen Baubehörden, die die Risiken eines neuen Chemiewerks scheuten. Die Zeitungen waren voll mit Berichten über ausströmende Giftgase und vergiftete Flüsse. So sahen sich die Perkins immer weiter nach Norden gedrängt, mussten sich bei ihrer Suche immer weiter von zu Hause entfernen.

Ihre Enttäuschung fand Erwähnung in einem Brief, den William Perkin im Mai 1857 von John Pullar, Roberts Bruder, erhielt. Er war ebenfalls im Färbereigeschäft tätig, und zwar bei Bridge of Allan, einer der Fabriken, die Perkin auf seiner Reise nach Schottland besichtigt hatte. »Ich hoffe aufrichtig, dass Sie schon bald einen geeigneten Standort zu vernünftigen Bedingungen finden – aber ich fürchte, Sie werden, wie Sie selbst sagen, in der Nähe von Manchester oder Glasgow suchen müssen, wo ein chemisches Werk kein solches Schreckgespenst ist wie für die verblödeten Einwohner in der Nähe Londons.«

In einem vorausgegangenen Schreiben an Pullar hatte Perkin mitgeteilt, Thomas Keith habe einige Freundinnen gefragt, was sie von der Farbe Mauve hielten, und sie hätten geradezu überschwänglich reagiert. Pullar täuschte sich wohl über die Größe der Stichprobe. »Ich freue mich, zu hören, dass in dem wichtigsten Teil unserer Gesellschaft – bei den Ladies – die Begeisterung über Ihre Farbe ausgebrochen ist. Wenn die Damen erst einmal Feuer gefangen haben und Sie der Nachfrage gerecht werden können, brauchen Sie sich um Ihr weiteres Geschick keine Gedanken mehr zu machen.«

Nur eine Woche nach Empfang dieses Briefes konnten Perkin and Sons wenigstens einen geeigneten Standort ihr Eigen nennen, aber er lag in einer Gegend, die ihnen nicht vertraut war – Greenford Green bei Harrow in Middlesex, im Nordwesten von London. Es handelte sich um eine Wiese in der Nähe des Grand Junction Canal. Knapp zweieinhalb Hektar groß, bot sie genügend Platz für einen späteren Ausbau des Betriebes. Trotzdem war es ein bescheidener Ausgangspunkt für eine Farbrevolution.

Die Perkins hatten das Gelände durch die Anzeige einer gewissen Hannah Harris gefunden, die es von ihrem Ehemann Ambrose geerbt hatte, dem Besitzer des Pubs Black Horse am Rande des Grundstücks. Mrs. Harris knüpfte nur eine Bedingung an den Verkauf: Es durfte kein anderes Gasthaus auf dem Land erbaut werden.

Ende Juni 1857 begann Perkins Vater mit dem Bau, der sechs Monate dauerte. Sie hatten berechnet, dass für die Produktion von Mauvein sieben kleine, niedrige Gebäude erforderlich seien, drei für die direkte Herstellung und die anderen als Lager, Büro, Labor und für das Personal. Während der Bauphase zogen die Perkins von Shadwell vorübergehend in ein Haus, das nur einen kurzen Fußweg von der Baustelle entfernt lag. William brachte seine chemischen Gerätschaften in einer kleinen Waschhütte hinter dem Haus unter und führte neue Experimente zur Synthese verschiedener Säuren durch. Diese Arbeit beschrieb er als »sehr schwierig und mühsam«. Wegen der schlechten Lüftung musste er sie oft unterbrechen, wenn die Dämpfe überhand nahmen.

Der nahe Bach trat oft über die Ufer und überflutete die Wiese, doch andererseits brauchten sie große Mengen Wasser für die Farbherstellung. Und auf dem nahe gelegenen Kanal würden, wie die Perkins hofften, schon bald Lastkähne mit der Mauveinpaste zu den eleganten Kattundruckereien in London und auf den Kontinent fahren.

Während die Fabrik errichtet wurde, reiste William Perkin auf der Suche nach geeigneten Rohstoffen durchs Land. Da vorher noch niemand in so großem Maßstab mit Anilin gearbeitet hatte, musste er es, so seine Schlussfolgerung, selbst herstellen. Die Methode, der er die Entdeckung verdankte, war für große Mengen allerdings zu kostspielig und auch zu kompliziert. So entschloss er sich, das Anilin aus Nitrobenzol herzustellen, das man aus Kohlenteer gewann.

»Benzol wurde damals nur in sehr begrenztem Umfang hergestellt, weil man kaum Verwendung dafür hatte«, berichtete er. Nach einigem Suchen bestellte er seine Vorräte überwiegend bei einem Werk in Glasgow, fünf Shilling die Gallone. »In der Anfangsphase des Herstellungsprozesses war es absolut notwendig, behutsam vorzugehen«, schrieb er, »denn die meisten Verfahren erforderten neue Geräte.« Daher mussten sein Bruder und er eigene Maschinen entwerfen, und die ersten Modelle waren dann auch primitiv und äußerst feuergefährlich. Eine von Perkins Zeichnungen zeigt einen Zylinder aus Gusseisen, der bis zu 200 Litern enthielt. Am einen Ende war ein Rührwerkzeug befestigt, am anderen ein Deckel durch eine Querstange. Der Deckel enthielt zwei Öffnungen, die eine für die Einleitung von Benzol, die andere, um Stickoxide entweichen zu lassen. Bezeichnenderweise blieb Perkins Ausrüstung achtzig Jahre lang maßgebend für die europäischen Färbereien. »Die Nitrierung von Benzol ist natürlich nicht ganz gefahrlos«, schrieb Laurence Morris später, »und es ist ein Wunder, dass Perkin in dieser frühen experimentellen Produktionsphase nicht sich und Greenford Green in die Luft gejagt hat.«

Im Dezember 1857 wurden schließlich in der Färberei von Thomas Keith die ersten Seidenstoffe mit Mauvein gefärbt.

1858 verband Perkin eine Reise nach Leeds mit einem Besuch der Jahrestagung der British Association. In seiner Eröffnungsrede vermeldete Richard Owen, der Präsident, große Veränderungen in der Welt der Chemie. Die moderne Chemie sei im Begriff, unerhörte Fortschritte zu machen. »Schon heute sind wir in der Lage, bei der Herstellung von einigen organischen Verbindungen natürliche Prozesse durch kostengünstigere künstliche zu ersetzen ... Es ist noch gar nicht abzusehen, in welchem Ausmaß die Chemie eines Tages bei der Herstellung notwendiger Produkte die Lebensenergien der Natur ersetzen wird.«

Perkin selbst hielt einen Vortrag mit dem Titel »On the Purple Dye Obtained from Coal Tar«, in dem er sein neues Färbemittel vorstellte. Er zeigte den versammelten Wissenschaftlern ein Stück Seide, dann einen Strang Wolle und erntete begeisterte Reaktionen.

Ein Jahr später sprach Perkin am Neujahrstag vor der Society of the Arts. Auch dieser erlauchten Zuhörerschaft erläuterte er den komplexen, zwei Tage dauernden Prozess der Mauveinherstellung. Dabei würden Anilin, Schwefelsäure und Kaliumdichromat zu einer feinen schwarzen Lösung zusammengebracht, aus der ein pechschwarzes Pulver herausgefiltert werde. Das enthalte neben dem Mauvein noch verschiedene Stoffe, von denen am störendsten eine braune harzige Substanz sei, die mit Naphtha und Brennspiritus entfernt werden müsse. Auch für diesen Vorgang musste Perkin Spezialapparate entwerfen, wobei ihm die Verbindungsstellen und Dichtungsmassen besondere Schwierigkeiten machten: »Es ist schon bemerkenswert, wie viel Probleme und Mühe sie bereiten.«

Die Substanz, die er schließlich gewinne, komme in einen Destillierapparat, wo der Spiritus herausdestilliert werde. Die verbleibende Flüssigkeit werde gefiltert, mit kaustischem Soda und Wasser gewaschen und abermals gefiltert. Übrig bleibe eine Paste von sehr dunklem Mauve. Auf einer Tafel zeigte Perkin, wie viel Kohle erforderlich war, um eine geringe Menge Mauvein herzustellen: Aus 100 Pfund Kohle (etwa 45 Kilogramm) wurden 10 Pfund 10 Unzen (5 Kilogramm) Kohlenteer gewonnen, dann 8 1/2 Unzen (240 Gramm) Kohlenteer-Naphtha, 2 1/4 Unzen (64 Gramm) Anilin und schließlich nur 1/4 Unze (7 Gramm) Mauvein.

Ein Pfund seines Mauveins könne 200 Pfund Baumwolle färben, behauptete Perkin und demonstrierte die erstaunliche Ergiebigkeit des Mittels sogleich. In eine Korbflasche mit 9 Gallonen (40,5 Liter) Wasser gab er ein Gran (0,0648 Gramm) Mauvein und beleuchtete das spektakuläre Ergebnis mit einer Magnesiumlampe: In vier Sekunden färbte sich der gesamte Behälter mauve. Eine Gallone Wasser, erläuterte Perkin, entspreche 70 000 Gran. »Diese Lösung enthält also nur ein Teil Mauvein auf 630 000 Teile Wasser!« Mit diesen Worten setzte er sich unter donnerndem Applaus.

Perkin war an solche Reaktion gewöhnt, denn er hatte diese Demonstration auf seinen Reisen schon oft vorgeführt. Allerdings verschwieg er seinen Zuhörern, dass die Kattundrucker die Darbietungen ursprünglich sehr verächtlich aufgenommen hatten. Ihre Reaktion versetzte ihn in einen Zustand »gelinder Verzweiflung«, schrieb er später, und er war erschüttert von der Leichtigkeit, mit der diese Zunft eine solche Chance verschenkte. Er fühlte sich an das Verhalten der schottischen Färber erinnert, die er zwei Jahre zuvor aufgesucht hatte – bevor er das Royal College aufgegeben und bevor der Vater seine Ersparnisse in die Fabrik gesteckt hatte.

Gleichzeitig erreichte ihn eine weitere schlechte Nachricht. Er hatte versäumt, sich das französische Patent für Mauvein zu sichern, weil er es nicht innerhalb von sechs Monaten nach dem englischen Patent angemeldet hatte. Bald fand er heraus, dass zumindest eine angesehene Farbenfabrik in Lyon sein Herstellungsverfahren kopierte und eine ganz ähnliche Farbe produzierte.

Anfang 1858 durchlebte die Familie Perkin einige Wochen sehr düsterer Stimmung. Wieder dürfte sich William Perkin gefragt haben, ob er nicht wirklich die Aussicht auf eine brillante wissenschaftliche Karriere vertrat. Dennoch arbeitete er weiterhin achtzehn Stunden am Tag, baute die Fabrik aus, bekämpfte die Ursachen der Explosionen, verbesserte seine Verfahren und versuchte, die englischen Kattundrucker für seine einfache Erfindung zu interessieren. Dann geschahen zwei Dinge, die sein Leben veränderten. Queen Victoria trug Mauve zur Hochzeit ihrer Tochter, und die französische Kaiserin Eugénie, die einflussreichste Frau in der Welt der Mode, gelangte zu der Überzeugung, dass Mauve zur Farbe ihrer Augen passe.

KAPITEL SECHS

Mauve-Masern

In alten Zeiten brachen die Ritter einander die Rippen, vergossen ihr Blut und starben glücklich in einem Haufen zerhauener Rüstungen, während die Farben ihrer Damen noch immer von ihren Helmen wehten oder das Herzblut aufsogen, das aus ihren Wunden sickerte; doch Sie, Mr. Perkins [sic!], können, glücklicher als jene, mit heilen Rippen und Schädelknochen die Regent Street entlangschlendern und in den Parks lustwandeln, um die Farben Ihres Herzens auf jedem hübschen Kopf wehen und jede zarte Wange umschmeicheln zu sehen!

All the Year Round, September 1859

In der zweiten Hälfte des Jahres 1857 setzte sich in Paris die Vorliebe für eine bestimmte Modefarbe durch und erreichte London im Jahr darauf. Es handelte sich um die Farbe Mauve, das französische Wort für »Malve«. Wie in fast allen Dingen der Mode scheint die Kaiserin Eugénie den entscheidenden Anstoß gegeben zu haben. Napoleon III., der Pracht und Prunk über alles liebte, hatte im Jahr 1853 die 26-jährige Eugénie Montijo geheiratet, und gemeinsam unternahmen sie alle Anstrengungen, die Knickrigkeit des Zweiten Kaiserreichs zu beenden und den französischen Hof wieder im alten Glanz erstrahlen zu lassen. Der Kaiser ging mit gutem Beispiel voran und ermutigte seine Gemahlin, die Wirtschaft anzukurbeln, indem sie schwere Seidenstoffe trug und den luxuriösesten Flitter erstand, den Paris zu bieten hatte.

Sie brauchte dazu wenig Ermutigung. Ihr extravaganter Geschmack und ihr grenzenloser Kredit machten sie zum begehrtesten Objekt der Modemacher und Hofberichterstatter. Gleichzeitig erschienen mehrere neue Frauenzeitschriften, die sich Küche und Kleidern widmeten und jede Rüsche an Eugénies Roben eifrig kommentierten. *The Englishwoman's Domestic Magazine*, 1852 von Samuel Beeton gegründet, sorgte mit seinen handkolorierten Modestichen dafür, dass die Modetrends auf dem Kontinent rasch in London, Norwich und Edinburgh bekannt wurden.

Eugénies besondere Vorliebe für Mauve wurde Ende 1857 in der Zeitschrift *Illustrated London News* erwähnt, und vielleicht hat diese Information Queen Victoria bei der Wahl des Kleides beeinflusst, das sie im Januar 1858 bei der Hochzeit ihrer Tochter mit dem preußischen Kronprinzen Friedrich Wilhelm trug. Bei dem Besuch des französischen Kaiserpaars 1854 in London hatte die Queen zwar noch eine Zusammenkunft von Eugénie mit ihrem Modeschöpfer Charles Creed arrangiert. Doch als Victoria mit ihrem Gemahl im folgenden Jahr zur Weltausstellung nach Paris reiste, wurden ihre Kleider dort als altmodisch beurteilt. Vielleicht beschloss sie deshalb, sich nun mehr an Eugénies Garderobe zu orientieren.

Von der königlichen Hochzeit wusste die *Illustrated London News* zu berichten: »Das Kleid und die Schleppe Ihrer Majestät waren aus mauvefarbenem (lila) Samt gefertigt und mit drei Reihen Spitzen besetzt. Das Mieder war mit Diamanten und der berühmten Koh-i-noor-Brosche geschmückt; das Unterkleid, in Mauve und antikem Silbermoiré, trug einen tiefen Volant von Honiton-Spitze. Der Kopfschmuck bestand aus einem königlichen Diadem mit Diamanten und Perlen.«

Drei Monate später vermerkte die Zeitschrift: »Die Farbe Mauve, die gegenwärtig hochmodern ist, erfreut sich der besonderen Gunst Ihrer Majestät … beim letzten Nachmittagsempfang war die Schleppe Ihrer Majestät aus malvenfarbenem Samt. Mauve ist eine exquisite Spielart des Lila. Mauve lässt sich auch sehr geschmackvoll mit Schwarz oder Grau mischen.«

Das Satiremagazin *Punch* tat sein Bestes, um die neue Mode lächerlich zu machen – begegnete es doch allen Modeerscheinungen und allem Französischen stets mit besonderem Misstrauen. Nun konnte es zwei Fliegen mit einer Klappe schlagen. »Imperatice de la France et de la mode« hieß eine Kolumne, in der gespottet wurde, die Welt schulde der Gemahlin von Louis Napoleon großen Dank »für die prachtvolle und kleidsame Farbe, die Modistinnen und Modeschöpfer so gerne Mauve nennen ... Wir fragen die Damen, diese höchst unparteiischen Richterinnen in der schwierigen Kunst der persönlichen Verschönerung, ob sie mit ihren entzückenden Fingern auf irgendeine andere Kaiserin zeigen könnten, deren Edikte von Millionen und Abermillionen Untertanen freudiger befolgt würden.«

Zunächst hatte William Perkin kaum etwas von der Mauve-Manie, denn die Farbe wurde nicht aus seiner Anilinpaste gewonnen, sondern aus Murexid und Purpurfarbstoffen, die in Frankreich aus verschiedenen Flechtenarten gewonnen wurden. Der Farbstoff aus Flechten war intensiv in seinem Ton und konnte wie Perkins Anilinpurpur in verschiedenen Abstufungen und Schattierungen hergestellt werden. In der Schrift *Manual of the Art of Dyeing*, die 1853 in Glasgow erschien, schrieb James Napier: »Wenn man dieser Farbe einen dauerhaften Charakter verleihen und sie auf Baumwolle aufbringen könnte, wäre ihr Wert unschätzbar.«

Der Flechtenpurpur wurde vor allem in Lyon von der Firma Guinon, Marnas et Bonnet hergestellt, demselben Unternehmen, das zuvor schon ein intensives Gelb aus Pikrinsäure gewonnen hatte. Ursprünglich wurde mit dem Mauve nur Seide und Wolle gefärbt, doch als man 1857 eine Baumwollbeize entdeckte, überstieg die Nachfrage bei weitem die Kapazität der Firma. Das machten sich die Konkurrenten zu Nutze. Guinon hatte sein Herstellungsverfahren patentieren lassen, und so wandten sie sich notgedrungen synthetischen Methoden zu. Im Januar 1858 reisten Repräsentanten des Farbenwerks Renard Frères und zahlreicher anderer Konkurrenzunternehmen von Lyon nach London, um auf dem dortigen Patentamt das Verfahren von Perkins Anilinherstellung in Erfahrung zu bringen. Sie suchten auch Perkin selbst in Greenford Green auf, wurden aber sehr frostig empfangen.

Um seine Monopolstellung zu sichern, bereitete Perkin in aller Eile einen Antrag für das französische Patentamt vor und reiste im April 1858 nach Paris. Hier teilte man ihm jedoch mit, er habe mehr als zwanzig Monate seit der Londoner Anmeldung verstreichen lassen, das Gesetz lasse aber nur höchstens sechs Monate zu. Paradoxerweise sollte sich dieser Umstand schon bald zu Perkins Vorteil auswirken.

Dr. Crace Calvert, Chemieprofessor an der Royal Institution in Manchester, hatte bereits viele Einzelheiten über die Herstellung von Anilinfarben veröffentlicht, und im Februar 1858 hielt er einen Vortrag vor der Society of Arts in London, der veröffentlicht wurde. Verschiedene französische Farbenwerke besorgten sich den Aufsatz und begannen eigene Anilinexperimente durchzuführen. Nachdem sie viele der Probleme gelöst hatten, mit denen auch Perkin and Sons gekämpft hatten, stellten sie fest, dass die neue Farbe kräftiger und licht- und wasserbeständiger war als alles, was es bisher gegeben hatte. Mitte 1859 produzierten Alexandre Franc et Cie und Monnet et Dury beide ein prächtiges und sehr beliebtes Purpur. Erstaunlicherweise wurde ihre Farbe oft als Perkinpurpur, Anilinpurpur oder Harmalin bezeichnet, während Perkin and Sons schon bald die französische Bezeichnung Mauve für ihren eigenen Farbton wählen sollten. In Deutschland wurde die Farbe Anilinviolett genannt. In Beiträgen für wissenschaftliche Zeitschriften sprach Perkin von Mauvein.

Unter anderem gefiel William Perkin der Name Mauve, weil er nach Pariser Haute Couture klang. An seinen Kollegen Raphael Meldola schrieb er: »Englische und schottische Kattundrucker zeigten kein Interesse daran, bis die Farbe in französischen Mustern auftauchte.« So wurde die Nachfrage nach Perkins Mauve in England erst durch die Konkurrenten im Ausland angeregt, und sein britisches Patent sorgte dafür, dass er davon profitieren konnte.

Noch stand der Erfolg allerdings nicht fest. Zu dem Zeitpunkt, da seine Farbe die Gemüter jenseits des Ärmelkanals erregte, bereiste Perkin wochenlang die Kattundruckereien in Glasgow, Bradford, Leeds, Manchester und Huddersfield. Selbst die Kattundrucker, die sich von der Beständigkeit und Leuchtkraft seines Mauve überzeugen ließen, mussten in ihrem Gebrauch unterwiesen werden. »Damals waren die Färber nur an den Umgang mit pflanzlichen Farbstoffen gewöhnt und wussten nicht, wie sie basische Farbstoffe wie das Mauve anwenden sollten ... In gewissem Umfange musste ich selbst Färber und Kattundrucker werden«, erläuterte Perkin. Als 21-jähriger Unternehmer bot er als einer der Ersten »technischen Service« an. Er wurde zum »Troubleshooter« eines riesigen Industriezweigs, der ihm noch vor kurzem völlig unbekannt gewesen war.

Dabei löste er einige der letzten Probleme, die das Mauve noch aufgab – zum Beispiel die Frage, wie man es am besten auf Kattun und Papier aufbrachte. Perkin entwickelte neue Fixiermittel, die für die ganze Industrie von Nutzen waren. Als die Seiden- und Baumwollfärber sich über die Ungleichmäßigkeit seiner Farbe auf ihren Stoffen beklagten, zeigte er ihnen eine neue Methode der Egalfärbung mit Farbbädern, die Bleiseife enthielten – und so wurden Seifenbäder allmählich zu einer neuen Standardmethode in den europäischen Färbereien. Mitte 1859 lieferte Perkin riesige Mengen von Farbpaste und konzentrierter Mauveinlösung nicht mehr nur an Thomas Keith in Bethnal Green, sondern auch an den Kattundrucker James Black and Co. im schottischen Dalmonach in der Grafschaft Dumbartonshire. Bald darauf wurde die Farbe auch in

Leeds, Manchester und Bradford verlangt. »Sie schrien danach«, wie Perkin es ausdrückte.

Der traditionell gesinnte Glasgower Färber, der bezweifelt hatte, dass irgendetwas das natürliche Krapp ersetzen könnte, fragte Robert Pullar jetzt: »Wie sind Sie darauf gekommen, dass das Zeug was taugen könnte?«

Pullar erwiderte: »Ich habe es ausprobiert und war davon überzeugt, dass es gut ist.«

»Na«, sagte der Färber, »da müssen Sie mich ja damals für einen Riesentrottel gehalten haben.«

Der Erfolg von Mauve rief weiterhin die Satiriker auf den Plan. Bei einer Vorstellung im Drury Lane Theatre hieß es, nun forderten sogar schon die Polizisten die Leute auf, »to get a mauve on« (»Get a move on« heißt soviel wie »Tempo!« oder »Beeilung!«). Heiterkeit rief auch eine unglücklich formulierte Zeitungsnotiz vom Juli 1859 hervor: »Am 30. des letzten Monats wurde ein Damensonnenschirm gefunden, liegen gelassen von zwei Damen, mauvefarben, weiß ausgekleidet, abzuholen in Arthurs Papierwarenhandlung …« Es war das erste Mal, dass das Wort in der *Times* erwähnt wurde.

Im Monat darauf schrieb wieder der *Punch*, London befinde sich fest im Griff der Mauve-Masern, einer Krankheit, »die sich so rasch ausbreitet, dass es höchste Zeit ist, sich zu fragen, wie man ihrer Herr werden kann«. Die Ärzte seien sich uneins über Symptome und Ursprung. »Viele Engländer halten sie für hausgemacht und wegen der Wirkung, die sie auf den Verstand ausübt, für eine leichte Form von Geisteskrankheit. Andere Gelehrte jedoch, unter ihnen auch Dr. Punch, sind eher geneigt, sie für eine Epidemie ausschließlich französischen Ursprungs zu halten. Obwohl der Verstand von der Krankheit sicherlich beeinträchtigt wird, sind ihre Auswirkungen doch vor allem am Körper wahrzunehmen.« Die Infektion beginne mit einem »maserartigen Borten- und Bänderausschlag« und ende damit, dass der ganze Körper von Mauve bedeckt sei.

Hauptsächlich Frauen seien betroffen, weil bei Männern alle Symptome »mit einer kräftigen Dosis Spott« zu behandeln seien.

Der erschöpfendste und liebevollste Bericht darüber, was eine Farbe anrichten kann, erschien im September 1859 in Charles Dickens' Wochenzeitschrift *All the Year Round.* Es war das Nachfolgeblatt der *Household Words*, wo *Eine Geschichte zweier Städte* als Fortsetzungsroman erschienen war. Der Autor des Artikels »Perkins's Purple«, in der unser Chemiker durchgehend ein zusätzliches »s« erhält, ist anonym, doch zweifellos verfügte er über klassische Bildung.

»Singe, o Göttin, den Ruhm von Männern wie Hektor und Achilleus, ich aber will preisen den Ruhm des vielbewanderten Perkins, des Erfinders des neu geschaffenen Purpurs.« Die Farbe, »die die Händler törichterweise Mauve nennen«, lasse den tyrischen Purpur »geradezu zahm, langweilig und derb erscheinen«. Perkins Purpur sei weitaus besser als die französische Spielart, »die dir in Westen die Hemden färbt und dich in Handschuhen mit Färberhänden beglückt«.

Die moderne Chemie verfolge mehrere Ziele, unter anderem die Forschung im Dienst der medizinischen Wissenschaft, doch am allerwichtigsten sei sicherlich der Handel. »Unter den Entdeckungen unserer kommerziellen Chemie ist Mr. Perkins' Erfindung sicherlich eine der bedeutendsten und brillantesten ... Die Alchimisten früherer Zeiten verbrachten ihre Tage und Nächte damit, nach Gold zu suchen, fanden den wandlungsfähigen Proteus aber nie, obwohl sie ihm in allen Gasen und Metallen nachspürten. Doch selbst wenn sie Erfolg gehabt hätten, wäre sehr zu bezweifeln, ob ihre Entdeckung so nützlich gewesen wäre wie Perkins' Purpur ... Eine Erfindung, die dem Handel nutzt, ist ertragreicher als die Entdeckung einer Goldmine. Sie ist nämlich, wie der Perkinspurpur, der Schlüssel zu den Goldminen anderer Leute.«

Perkin werde es anders ergehen als den Erfindern, zu denen

»zwar der Ruhm kommt, doch wenn eigentlich das Geld hereinfließen sollte, ergibt sich irgendein Haken, ein Frosteinbruch, ein Unglück welcher Art auch immer«. Perkin hingegen besitze das englische Patent, und daher müsse die neue Farbe direkt von ihm gekauft werden. »Der persische König, der für die Entdeckung eines neuen Vergnügens, das nicht unbedingt eine neue Sünde sein musste, eine großzügige Belohnung ausgesetzt hatte, hätte Mr. Perkins in einem Brunnen voller Diamanten begraben, er hätte ihn mit einem Regen von Goldstücken erstickt oder zu seinen Ehren goldene Standbilder errichtet.«

Das Ausmaß der Mauve-Manie wurde in allen Einzelheiten geschildert. Wenn man einen Fuß in die besseren Stadtviertel Londons setze, müsse man fast zu der Auffassung gelangen, an einer Augenkrankheit zu leiden.

> Man könnte meinen, London werde von einem Wahlkampf heimgesucht, und diese purpurfarbenen Bänder seien gleichbedeutend mit der Botschaft ›Lang leheebe Perkins!‹ und ›Perkins und die englische Verfahassung!‹ Die Schaufenster in der Oxford Street sind ausgeschlagen mit Stoffen, die den leuchtenden Extrakt des Steinkohlenteers zur Schau tragen … O Mr. Perkins, haben Sie Dank dafür, dass Sie aus dem Kohlenkeller diese kostbaren purpurfarbenen Streifen und Bänder auf die Sommerkleider gezaubert haben, die uns auf den Straßen des West End wie Frangipaniblüten umwehen und törichte Junggesellen zu kühnen Vorschlägen und Träumen von Liebe und Landleben verführen.
>
> Ein Blick aus dem Fenster führt mir die Apotheose des Perkinsschen Purpur vor Augen: Purpurhände, die aus offenen Kutschen winken; Purpurhände, die einander an Haustüren gereicht werden; Purpurhände, die sich von gegenüberliegenden Straßenseiten drohen; purpurn gestreifte Kleider, die sich in Landauer drängen, Droschken füllen, auf Damp-

fer strömen, in Bahnhöfen wimmeln – alle flatternd auf der Suche nach dem Landleben, wie Zugvögel auf dem Weg ins Purpurparadies.

Die Mauve-Besessenheit hielt bis 1861 an und wurde laufend unterstützt durch eine andere beherrschende Modeerscheinung der Zeit – die Krinoline, den viktorianischen Reifrock. Die Krinoline erhielt ihre Form durch einen umfangreichen, aus Ringen gefertigten Eisenkäfig und tauchte auf den Straßen von London und Paris Ende 1856 auf. Sie war der ideale Werbeträger für die neue Farbe – man konnte sie einfach nicht übersehen.

Der Erfolg der Krinoline muss zumindest teilweise Charles Worth, dem bekanntesten Modeschöpfer der Zeit, zugeschrieben werden. Worth wurde in Lincolnshire geboren, arbeitete eine Zeit lang bei Swan and Edgar und ging in den vierziger Jahren des neunzehnten Jahrhunderts nach Paris. Seine Modelle für das führende Modehaus Gagelin et Opigez, und dann für die eigene Firma Worth and Bobergh, verschafften ihm die Bekanntschaft mit zahlreichen königlichen Familien, unter anderem auch mit Kaiserin Eugénie. Es heißt, Eugénie selbst habe die Krinoline erdacht, um ihre Schwangerschaft zu verbergen, doch wahrscheinlicher ist, dass Worth das Kleid mit Unterstützung eines englischen Kollegen erfunden hat. Man hat die Krinoline als die erste Anwendung des Maschinenzeitalters auf Frauenkleider beschrieben. In dem aufwändigen Stahlgerüst manifestierte sich der technische Triumph des Kristallpalastes und der gewaltigen neuen Brücken, und viele dieser Kleider wurden mit den gerade importierten amerikanischen Nähmaschinen gefertigt. 1859 sollen in Sheffield pro Woche Stahlringe für eine halbe Million Krinolinen hergestellt worden sein.

Der Aufwand, der mit diesen Kleidern getrieben wurde, machte aus Schneidern Modeschöpfer und aus der Modebranche eine mathematische Wissenschaft, was einer gewissen Komik nicht entbehrte, die Frauen aber gleichzeitig mit einem Abglanz der industriellen Revolution umgab. Durch das gewaltige Gerüst der Krinoline, das an einen Vogelkäfig erinnerte, wurden die vielen mit Rosshaar ausgestopften Unterröcke überflüssig, die zu Anfang des Jahrzehnts für die immer voluminöseren Kleiderformen gesorgt hatten. Ungewöhnlich für ein so beliebtes Kleidungsstück war allerdings, dass die Krinoline für viele Todesfälle verantwortlich war. Sie ließ sich sehr angenehm tragen – die Frauen verglichen sich gern mit einer schwebenden Wolke –, war aber angesichts wachsender Mobilität und des immer mehr zunehmenden Eisenbahnverkehrs deutlich zu sperrig. Madame Carette, Hofdame bei der Kaiserin Eugénie, schrieb sarkastisch, beim Hinsetzen »war es das reinste Kunststück, die Stahlringe daran zu hindern, aus den Halterungen zu springen … Reisen, sich niederzulegen, mit den Kindern zu spielen, ihnen einfach die Hände zu reichen oder mit ihnen spazieren zu gehen – das waren Probleme, die nur mit viel Geduld und gutem Willen zu lösen waren. Damals kam es auch allmählich aus der Mode, dass ein Herr der Dame, die er begleitete, den Arm reichte.«

Es gab Berichte von Frauen, die in Flammen aufgingen, weil sich ihr Kleid im Kamin verfangen hatte, und die älteste Tochter der Queen verbrannte sich den Arm, als sie mit dem Reifrock zu nahe an eine Kerze kam. Der schlimmste Vorfall wurde aus der Kathedrale von Santiago gemeldet, wo fast zweitausend Frauen in den Flammen umkamen, als ein Feuer von den Vorhängen auf ihre Kleider übergriff. Doch die Krinoline barg noch andere Gefahren für Leib und Leben. Die Zeitschrift *Once a Week* warnte in einem Artikel mit dem Titel »Dress and Its Victims«, dass sich die Trägerinnen leichtfertig den Unbilden des Klimas aussetzten. »Jeder erfahrene Arzt weiß zu berichten, dass sich der Rheumatismus ausbreitet, seit die Frauen ihre Kleidung nicht mehr am Leib tragen, sondern sie mit Gerüsten und Reifen von ihm fernhalten …«

1859 gab Kaiserin Eugénie feierlich bekannt, dass sie die Krinoline aufgegeben habe, doch die Beliebtheit des Kleidungsstücks nahm erst allmählich im Laufe der nächsten fünf Jahre ab. Von besonderer Bedeutung für William Perkin und die Textilbranche war, dass sich das Kleid in allen sozialen Schichten durchsetzte und schon bald nicht mehr nur aus einer einfachen Schicht Seide oder Tüll bestand, sondern sich zu einem kompliziert geschichteten Kunstwerk aus zusätzlichen Volants und Rüschen entwickelte. 1859, als das Kleid seinen größten Umfang erreichte und aus bis zu vier Röcken und unzähligen Borten bestand, brauchte man viele hundert Meter gefärbte Stoffe für ein einziges Exemplar. Die Farbenhersteller konnten ihr Glück gar nicht fassen. Ihre Auftragsbücher wurden dicker und dicker, nicht nur weil der Bedarf an Kleiderstoff so ungeheuer groß war, sondern auch weil das Kleid kürzer wurde und dadurch eine ganze Kettenreaktion auslöste: Die Knöchel wurden sichtbar, was einen erhöhten Bedarf an farbigen Strümpfen und Unterkleidern nach sich zog.

1860 erhielten Perkin and Sons große Exportaufträge aus Stuttgart, Amsterdam und Hongkong. Da die Preise noch sehr hoch waren – 6 Pfund pro Liter Mauveinlösung, die anschließend zehnfach verdünnt wurde –, war Perkin bald ein reicher Mann. Er erhielt selbst aus dem Ausland Orden für seine Arbeit, 1859 etwa von der Société Industrielle de Mulhouse, aus einer Wirtschaftsregion, die sich einst für das Farbenzentrum der Welt gehalten hatte. Der Sekretär der Gesellschaft, Dr. Daniel Dollfus, pries die Substanz, die schon zu so vielen Anwendungen geführt habe »und noch weitere zu versprechen scheint«.

Doch vor allem versprach die neue Farbe eine neue Weltanschauung. Einige Monate später entdeckte Perkin, dass sein Verfahren zur Herstellung von Mauve in ganz Europa kopiert und dazu verwendet wurde, um andere Farben herzustellen, die die neuesten Modetrends bedienten, vor allem den Wunsch der Frauen nach Straßenkleidern und Sportkostümen für Krocket und Tennis. Mauve und weitere Anilinfarben verbanden sich mit neuen Moderichtungen in einer Weise, die sich selbst die optimistischsten Farbenhersteller nicht hätten träumen lassen. Kein Wunder, dass der *Punch* und die Traditionalisten ihre Missbilligung zum Ausdruck brachten: Sie erlebten nämlich ein frühes Beispiel für unabhängiges weibliches Verbraucherverhalten.

Jetzt wollte offenbar jeder sein Glück mit der Farbenherstellung versuchen. Sogar August Hofmann hatte jetzt selbst mit der Herstellung von Farben begonnen. Die Industrie hatte den viktorianischen Chemikern gezeigt, was möglich war, und jetzt schien alles im Bereich des Möglichen zu sein. Ein Achtzehnjähriger hatte eine neue Farbe für Frauenkleider erfunden und damit den Ehrgeiz der ganzen chemischen Zunft entfacht. Und natürlich war viel Geld zu verdienen, viele Vermögen standen auf dem Spiel, und viele Prozesse wurden geführt.

Nur zwei Jahre, nachdem Mauve die große Mode in Paris und London gewesen war, erkannte sein Schöpfer, dass die beste Zeit dieser Farbe wahrscheinlich vorbei war. Jetzt wollten die Menschen Verguins Fuchsin, Manchesterbraun, Bismarckbraun, Naphthylamingelb, Magdalarot, Nicholsons Rot und Hofmanns Violett.

Von Don Vidlers Büro mitten in Manhattan eröffnet sich ein wunderbarer Ausblick, doch sein Besitzer hat sich längst daran gewöhnt. Mitte November 1999 versetzen ihn die Verkaufsaussichten seines Produkts in weit größere Begeisterung. Vidler, ein freundlicher Mann Anfang vierzig, zieht aus einem Regal neben seinem Schreibtisch ein kleines rosafarbenes T-Shirt hervor. »Das ist von Banana Republic«, sagt er. »Nagelneu und ganz frisch in den Läden, absolut waschmaschinen- und trocknergeeignet. Banana Republic führt es, Liz Claiborne, Next in Großbritannien, Diesel, Dockers und Marks and Spencer bestellen es in rauen Mengen. Gehen Sie mal in einen großen Laden in der Oxford Street, da sind die Regale voll damit. Die Sachen gehen weg wie warme Semmeln.«

Vidler spricht von Tencel, der ersten neuen Textilfaser seit dreißig Jahren. Der Name ist ein Kürzel für »Tenacity Cellulosic«, »strapazierfähiger Zellulosekunststoff«. Das Produkt gefällt ihm so gut, dass er es selbst trägt – ein graues Tencel-Polohemd und braune Tencel-Kordhosen. Im Grunde besteht seine Kleidung aus Zellstoff.

Vidler ist Verkaufsleiter für das Kunstfaserunternehmen Acordis, einen Ableger von Courtaulds, und hat vor allem die Aufgabe, die Zukunft von Tencel als neues Markenzeichen zu sichern. Er versucht, die Faser an amerikanische Webereien zu verkaufen, damit sie sie für ihre gewebten und gewirkten Stoffe verwenden.

Tencel wird seit sieben Jahren hergestellt. »Ich will Ihnen nichts vormachen«, sagt Vidler. »Es kann noch nicht mit DuPonts Lycra mithalten, aber die Leute fragen schon nach Tencel.« Besonders erfolgreich ist das Produkt bei der gehobenen Sportkleidung für Frauen, aber auch als Jeansstoff. »Wenn Sie sich Levi-Jeans kaufen, müssen Sie sie ein Jahr lang waschen und bearbeiten, damit sie richtig weich werden. Bei Tencel haben Sie das auf Anhieb. Tencel verkauft sich, weil der Stoff haltbar ist und sich wie Pfirsichhaut anfühlt.«

Die Geschichte des Produkts begann vor zwanzig Jahren in England, in Coventry. Courtaulds, ein Unternehmen, das zunächst viel Geld an einem schwarzen Farbstoff verdiente (»Das schwärzeste Schwarz, das Sie kaufen können«), stellte große Mengen von Chemiefasern her. Doch das ist eine sehr unappetitliche Angelegenheit, bei der große Mengen Chemikalien verbraucht werden und viel Abwasser anfällt. Auf der Suche nach einer besseren Faser wurden die Forscher bei Courtaulds fündig.

Lyocell wird durch einen Spinnprozess mit Lösungsmittel

aus Zellstoff hergestellt: Die Zellulose wird in einem Aminoxid aufgelöst und durch Wasserstrahldüsen in ein Wasserbad befördert. Dort wird das Lösungsmittel herausgewaschen, und die Substanz bildet Spinnfäden, aus denen das fertige Lyocellprodukt gefertigt wird. Herkömmliche Chemiefasern brauchen 24 bis 36 Stunden vom Zellstoff bis zur Faser, Tencel dagegen nur zwei bis drei Stunden, und 99 Prozent des Lösungsmittels wird recycelt.

Courtaulds hatte allerdings zunächst Probleme mit dem Färben.

Tencel fasert entsetzlich – kleine Stücke ragen aus dem eigentlichen Faserkörper wie Haare an einem Arm hervor –, und diesem Umstand verdankt es seine weiche Oberfläche. Wenn man diese feinfaserige Struktur beim Färben in einer Metalltrommel nicht genau berücksichtigt, kann der Stoff klumpig und matt werden. Die Kunden hätten einige Zeit gebraucht, um zu begreifen, dass das Färben etwas mehr Mühe und Kosten als bei anderen Stoffen verursacht, meint Vidler. Aber das Ergebnis sei den Aufwand wert. Er holt drei blaue Stoffproben hervor, eine aus Tencel, eine aus Baumwolle, eine aus Kunstfaser, die alle im gleichen Farbbad gewesen sind. Tencel hat eine leuchtendere Farbe als die anderen.

Mehrere führende Modedesigner sind in Don Vidlers Büro gekommen, um sich über die Farbtrends für Herbst und Winter 2000 sowie Frühjahr und Sommer 2001 zu informieren. Tencel ist nichts wert ohne die neuesten Modefarben, aber welche sind es? Wie bringt man sie rechtzeitig in Erfahrung?

»Wir haben alle Designer eingeladen, von Liz Claiborne bis Donna Karan, einfach alle, die in dem Geschäft einen Namen haben«, berichtet Vidler. »Auch die von der nächsten Ebene – die die Branchengrößen plagiieren. Dann die Einkäufer der großen Geschäfte, von Macy's und Bloomingdale's. Alle sind gekommen.«

Sandy MacLennan, aus London herübergeflogen, hat einen

kostbar eingebundenen Katalog mitgebracht – die Farben der Modesaison in zwölf oder achtzehn Monaten. Die Beschreibungen hören sich an, als ginge es nicht um Farben, sondern um Stimmungen. Da gibt es Trace, das von Beige bis Braun reicht und als »erwärmend«, »kaum vorhanden«, »neutral mit Background«, »funktional und erlesen« charakterisiert wird. Oder Merge, eine Palette zwischen Schwarz und Karminrot, in der »die Kontraste ... dunkle und schimmernde ... tiefe, faszinierende Mischtöne verbinden«. Dann kommt Push: »weich und hell«, »Sonnenglanz«, »eine Prise Optimismus«, »zeitgemäße Mischung«. (Die Farbskala erstreckt sich von Terrakotta bis Grau.) Und schließlich Filter, von Blau bis Grau, »lässig und rational«, »schattige Mitteltöne«, »modern und fließend«.

»Ich weiß nie, was zuerst da ist«, sagt Don Vidler, als MacLennan gegangen ist. »Wird die Farbe zum letzten Schrei, weil der Farbexperte es sagt, oder haben es ihm vorher genügend Leute eingeredet?

Es gibt natürlich ein paar Schlüsselfiguren in unserer Welt, und ich denke, Sandy gehört dazu. Früher habe ich mal mit einer Frau zusammengearbeitet, die wirklich als die führende amerikanische Farbexpertin galt. Wenn sie sagte, Avocadogrün wird im nächsten Jahr die Modefarbe Nummer eins sein, dann wurde sie es auch, und zwar, weil diese Frau es gesagt hatte. Sie entschied auch über die Farben in der Autobranche. Die planten immer fünf Jahre im Voraus. Also sagte sie zu den Designern: ›Ford bringt in zwei Jahren lila Autos auf den Markt‹, und prompt machten sich die Designer das zu Nutze.«

Vidler räumt ein, dass diese Farbprognosen auch ihre komischen Seiten haben. »Ich meine, wie viele verschiedene Namen lassen sich für Rot finden? Feuerrot, Orangerot und – wenn Sie die die Musik noch zu Hilfe nehmen – Discorot und Hiphoprot. Und Gott behüte, dass Calvins Rot aussieht wie Donnas Rot oder Ralphs Rot. Einmal hat mir ein Designer einen

Streichholzkopf gegeben und gesagt: ›Das ist das Rot, das ich für diesen Pullover haben möchte.‹«

Noch etwas anderes findet Vidler komisch an den Modefarben. Er erinnert sich, dass Sandy MacLennan zu seinen Präsentationen immer ein schwarzes T-Shirt oder einen schwarzen Rollkragenpullover und eine schwarze Hose getragen hat. »Und wenn Sie sich sein Publikum anschauen, könnte ich wetten, dass es das gleiche Bild wäre. Die New Yorker Uniform für Frauen ist ein schwarzer Rock oder eine schwarze Hose, ein Spandex-Top von Banana Republic und eine schwarze Jacke. Auf der Straße sehen Sie nicht viele Farben. Ich finde das irre – da erklären diese Gurus: ›Die und die Farben sind angesagt für die nächste Saison‹, aber sie würden sich unter keinen Umständen in ihnen zeigen. Ihr Magenta und Fuchsin lassen sie immer von anderen tragen.«

KAPITEL SIEBEN

Scheußlich grell

Wenn man schon so viel Geld bezahlt, dann muss auch alles sein, wie es soll, oder? Die Queen jedenfalls sorgt dafür: Wie wir diese Woche erfahren haben, schickt sie eine Liste mit den königlichen Wünschen voraus, bevor sie in einem ausländischen Hotel eintrifft. Natürlich möchte sie nicht, dass die Hotelleitung sie für mäkelig hält, aber sie möge doch bitte dafür sorgen, dass in den Blumen kein Mauve vorkommt (oder irgendwelche fleischfarbenen Töne) …

Der Londoner *Evening Standard*,
November 1999

1860 war es spannend, Wissenschaftler zu sein. Viele wissenschaftliche Gesellschaften hatten Zeitschriften gegründet, und ihr Umfang nahm mit jedem Monat zu. Anscheinend hatten sie für alles eine Theorie und ebenso viele Lösungen. Wo immer Wissenschaftler zusammenkamen, beteuerten sie, dass die Wissenschaft die Natur im Griff habe, und nirgends wurde diese Meinung mit größerer Überzeugung zum Ausdruck gebracht als auf dem Gebiet der Farbe. In Frankreich beeilten sich die führenden Farbenhersteller, ihre 300 Jahre alten Produktionsprozesse zu ändern, und glaubten, dass sie durch geschickte Manipulation der Molekularstruktur noch viele neue Farben gewinnen könnten. In Deutschland bestellten Liebigs Studenten Nitrobenzol und Anilin kiloweise, um eigene Experimente durchzuführen.

Doch in London hatten nur wenige Fachleute begriffen, welches Potenzial der Steinkohlenteer barg. 1858 teilte August

Hofmann der Royal Society mit, er sei auf »einen karminroten Farbstoff« gestoßen, und zwar als Nebenprodukt eines Experiments, in dem er Anilin und Tetrachlorkohlenstoff miteinander verbunden habe. Aber er nutzte seine Entdeckung nicht und probierte noch nicht einmal aus, ob sie sich als Farbstoff eignete. Offenbar wollte er das von Perkin erbetene Anilin gar nicht für die Herstellung von Farben nutzen, sondern Zwecken zuführen, die er damals noch für würdiger hielt. Drei Jahre später hatte sich seine Meinung allerdings so gründlich geändert, dass 1861 bei der Jahrestagung der British Association Hofmann und nicht Perkin als Wortführer der Farbenwissenschaft gefeiert wurde.

Wie kam das? Zum Teil lag es an der unterschiedlichen Öffentlichkeitswirkung der beiden Männer. Auch nach der Entdeckung des Mauvein blieb Perkin ein bescheidener und zurückhaltender Mensch. Seine Vorträge auf wissenschaftlichen Tagungen waren nüchtern und beschränkten sich auf technische Fragen. Er scheute die Öffentlichkeit und die Presse. Die Fabrik und der wachsende Konkurrenzdruck aus Frankreich ließen ihm keine Zeit für Selbstdarstellung. Im Übrigen war er vor kurzem Ehemann und Vater geworden. 1859 heiratete er seine Kusine Jemima Lissett und zog mit ihr in ein angemietetes Haus in der Harrow Road in Sudbury. Ein Jahr später wurde ihr erster Sohn William Henry und wiederum ein Jahr danach ihr zweiter Sohn Arthur George geboren. Dann kauften sie sich ein Haus, ebenfalls in der Harrow Road gelegen, wo Perkin sich ein kleines Labor einrichtete und einen großen Garten mit Spielplatz für seine Kinder anlegte. Er hatte einfach keine Zeit, sich um seine Wirkung auf die Nachwelt zu kümmern.

August Hofmann trieben ganz andere Dinge um. Er hatte Perkins Interesse am Anilin geweckt und die meisten jungen Chemiker ausgebildet, die jetzt in die Farbenwerke in London, Manchester und Leeds eintraten. Obwohl er die Suche nach neuen Farben nie als vollwertige wissenschaftliche Tätigkeit ansah, verkannte er nicht, dass die Erfinder ab 1860 mit einem wachsenden Wohlstand belohnt wurden. Trotzdem dachte er auch auf diesem Gebiet mehr an seinen wissenschaftlichen Ruf als an sein Bankkonto.

Hofmann war als Redner mitreißender als Perkin und eröffnete seinen Zuhörern gern großartige Visionen. Da er keine Fabrik zu leiten hatte, konnte er alle wissenschaftlichen Tagungen besuchen, und Anfang der sechziger Jahre begann er begeisterte Berichte über die Industrie zu schreiben, an deren Gründung er, ohne es zu wollen, teilgehabt hatte. »Es gibt mehrere Vitrinen, die das Interesse und die Bewunderung des Publikums in einem ungewöhnlichen Maße zu erregen scheinen«, notierte er anlässlich einer chemischen Ausstellung. »In diesen Vitrinen wird eine Reihe höchst anziehender und schöner Objekte gezeigt, daneben aber, in scharfem Gegensatz, eine besonders hässliche und ekelhafte Masse, … der Gasteer.«

Er schrieb eher wie ein Handelsvertreter denn wie der namhafteste Chemiker des Landes. Von der gleichen Ausstellung wusste er zu berichten, dass die Kristallprobe eines Farbstoffes ihn an die »gleißenden Flügel eines Rosenlaubkäfers« erinnert hätte. Eine Sammlung von Seidentüchern, Kaschmirschals und Straußenfedern waren »die prachtvollsten und strahlendsten Erzeugnisse, die je das menschliche Auge entzückt haben. Worte sind wahrlich nicht in der Lage, die Schönheit dieser strahlenden Farben angemessen wiederzugeben. Besonders auffällig sind Karmintöne von höchster Intensität, Purpurspielarten, die noch die tyrische Prachtentfaltung übertreffen, und Blauschattierungen, die vom hellsten Azur bis zum tiefsten Kobalt reichen. Im Gegensatz dazu stehen die zarten Rosafarben, die in unmerklichen Abstufungen bis zu einem weichen Violett und Mauve reichen.«

1861 besuchte Hofmann die Tagung der British Association in Manchester, wo der neue Vorsitzende Professor Fairbairn wie üblich eine Leistungsbilanz der letzten zwölf Monate zog. Die Chemie trage »sehr unmittelbar zu den Annehmlichkeiten und Freuden des Alltags bei«. Heute könne man den Nährwert vieler Lebensmittel messen, auch das Wasser werde analysiert und gereinigt wie nie zuvor. Durch ein genaueres Verständnis der Atomtheorie würden für viele Krankheiten neue und bessere Behandlungsmethoden möglich. Für die wichtigste Entwicklung hielt Fairbairn allerdings die enge Verbindung, die die Chemie mit den »nützlichen Künsten« eingegangen sei.

Damit meinte der Professor die Industrie. »Wie wäre es heute um die Kattundruckerei, das Bleichen, das Färben und sogar die Landwirtschaft bestellt, hätten sie auf die Hilfe der theoretischen Chemie verzichten müssen?«, fragte er. »Beispielsweise dient das Anilin – das Dr. Hofmann im Steinkohlenteer entdeckt und so bewundernswert auf seine Eigenschaften untersucht hat – heute in großem Umfange zur Gewinnung roter, blauer, violetter und grüner Farbstoffe. Diese wichtige Entdeckung wird unser Land wahrscheinlich in wenigen Jahren völlig unabhängig von allen Farbstoffen der Welt machen. Es ist sogar mehr als wahrscheinlich, dass England, statt Farbstoffe aus dem Ausland einführen zu müssen, zu einem Zentrum solcher Stoffe wird, das die ganze Welt mit ihnen beliefert.«

Dieser Optimismus wurde in den folgenden zehn Jahren widerlegt. Tatsächlich waren die ersten Warnsignale schon ein Jahr später wahrzunehmen, als London erneut eine Weltausstellung ausrichtete. In seinem *Report to the Juries* schilderte August Hofmann, welche Fortschritte seine Wissenschaft seit der Vorgängerveranstaltung im Jahr 1851 gemacht hatte, und schloss mit der Prognose, dass Englands Vorherrschaft ungebrochen fortbestehen werde. England werde schon bald das Land mit der größten Farbstoffproduktion der Welt sein und sein aus Teer gewonnenes Blau in das Indigo produzierende Indien, sein Anilinkarmin in das Cochenille exportierende Mexiko und seine fossilen Ersatzstoffe für Quercitron und Saflor nach China und Japan liefern.

Die größte Sensation der Ausstellung war zwar das erste Sicherheitszündholz. Beeindruckt waren die Besucher aber auch von der South East Gallery, wo Alfred Sidebottom aus der Crown Street in Camberwell, Henry Monteith & Co. aus Glasgow und John Botterill aus Leeds Stoffproben mit ihren neuesten Farben in langen Vitrinen ausstellten. Robert Pullar aus Perth zeigte Regenschirmbespannungen und bunte Baumwollstoffe. In der Mitte des Saales stand eine große Glasvitrine mit der Aufschrift »William Perkin and Sons«, die einen Sockel aus festem Mauvein in der Größe einer Schornsteinabdeckung präsentierte. Der Block war das Produkt von 2000 Tonnen Kohlenteer und hätte ausgereicht, um mehr als 150 Kilometer Kattun zu bedrucken. Ein Beobachter schrieb: »Er ist 1000 Pfund wert und enthält genügend Farbstoff, um den Himmel purpurn zu färben.«

Nicht alle zeigten sich so begeistert. Der französische Historiker Hippolyte Taine fand sowohl die Exponate wie auch die Besucher der Weltausstellung ordinär und unkultiviert. »Der übertriebene Aufwand in der Kleidung der Damen oder jungen Mädchen aus dem wohlhabenden Mittelstand ist vulgär …« Er beobachtete »Kleider aus violetter Seide mit aufdringlichen Lichtreflexen … oder gestärkten Tüll auf umfangreichen Unterkleidern, die steif von Stickereien sind«, und auf einem Sonntagsspaziergang im Hyde Park sah er mehr bunte Farben an einem Ort versammelt als jemals zuvor in seinem Leben. »Das alles ist«, schrieb er, »scheußlich grell.«

Perkins Erfolg mit dem Mauvein hatte 28 andere Farbenhersteller auf die Weltausstellung gelockt: acht weitere Unternehmen aus Großbritannien, zwölf aus Frankreich, sieben aus Deutschland und Österreich und eines aus der Schweiz. Einige zeigten Farben, die sich offenbar in nichts von denen ihrer Konkurrenten unterschieden. Aber die Namen waren neu, und ihre Intensität und die angegebene Beständigkeit wären noch fünf Jahre zuvor unvorstellbar gewesen.

Die Chronologie der neuen Farben begann 1859 mit einem ehemaligen französischen Lehrer namens Emmanuel Verguin. Er hatte eine Zeit lang als Direktor einer Fabrik gearbeitet, die Gelb aus Pikrinsäure herstellte, und so wusste er, dass eine neue Farbe ein kostbares Gut war. Im Januar 1858 wechselte er zu Renard Frères & Franc und ließ sich dabei trotz seiner Berufserfahrung offenbar auf einen sehr ungünstigen Vertrag ein: Seine neuen Arbeitgeber erhielten die Rechte an jeder von ihm entdeckten Farbe und mussten nur ein Fünftel der Gewinne an ihn abführen. Schon nach wenigen Wochen erbrachten Verguins Anilinexperimente ein intensives Karminrot, das wahrscheinlich große Ähnlichkeit mit der von Hofmann entdeckten Farbe hatte. Nach den Blüten der Fuchsie nannte er die Farbe Fuchsin, und Ende des Jahres war die Farbe von Cherbourg bis Marseille überall begehrt.

Fuchsin wurde in weit größeren Mengen als Mauve hergestellt, denn man verwendete es zunächst für Uniformen und dann für die neuesten Modetrends. Im sardisch-französischen Krieg gegen Österreich trugen die Soldaten die neue Farbe, und so wurde sie in England auch unter dem Namen Solferino beziehungsweise Magenta bekannt – nach den Schauplätzen von Garibaldis Sieg in Norditalien. Die Nachfrage war so groß, dass sie nicht nur in Lyon hergestellt wurde, sondern mit winzigen Modifikationen der Molekularformel, die ausreichten, um die Patentämter irrezuführen, auch in Mülhausen, Basel, London, Coventry und Glasgow. In England wurde Fuchsin in großem Maßstab erstmals in Bradford von Ripley and Son verwendet, die stolz berichteten, dass ihnen der Farbstoff im Februar 1860 von Renard Frères zunächst für fünf Pfund pro Gallone angeboten worden sei, dass sie ihn aber einen Monat später für drei Pfund bekommen hätten. Später errichtete Renard Frères eine eigene Fertigungsanlage in Brentford in Middlesex.

Im Osten von London verdiente die Firma Simpson, Maule and Nicholson ein Vermögen an Magenta. Das Unternehmen hatte sich erst kurze Zeit zuvor von einem Hersteller chemischer Stoffe wie Anilin und fotografischer Substanzen zu einem richtigen Farbenhersteller gemausert. Edward Nicholson, auch er ein ehemaliger Student am Royal College, ging eine inoffizielle Partnerschaft mit August Hofmann ein und lieferte ihm einige Magentakristalle. Daraufhin analysierte Hofmann die Molekularstruktur des neuen Farbstoffs. Er veränderte den Namen noch einmal – dieses Mal in Rosanilin – und erschloss durch seine Arbeit die verborgene Beschaffenheit fast aller Anilinfarben.

Nun ließen sich beliebig viele neue Farben entwickeln. Innerhalb weniger Monate konnten die in der Farbenindustrie tätigen Chemiker ein ganzes Musterbuch erstellen: Winzige strukturelle Veränderungen verwandelten Magenta in Anilingelb, dann in Bleu de Lyon, Bleu de Paris und Nicholsons Blau. Ein wenig später kam das Aldehydgrün, und Hofmann selbst entdeckte zwei neue Schattierungen von Violett.

Diese Entwicklungen blieben in Greenford Green nicht unbemerkt. Perkin beobachtete den Niedergang des ursprünglichen Mauve mit einer gewissen Missbilligung und bemühte sich um Verbesserungen. So entstand Dahlia, ein Ton zwischen Mauve und Magenta. Zum ersten Mal gelang ihm auch die industrielle Produktion von Aminoazonaphthalin, jener Farbe, die er einst mit seinem Freund Arthur Church entwickelt hatte, als er noch das College besucht hatte, und die er nun durch Verdünnen von Scharlachrot in Orange verändern konnte. Der Farbstoff verkaufte sich allerdings nicht besonders gut, was wohl an der Namensgebung lag. Der 23-jährige Perkin sprach über die neuen Farben vor der Royal Society, und der Gegensatz zu Hofmanns aufgeregter Prosa hätte nicht größer sein können. Er selbst meinte später, der größte Erfolg dieser Vorträge sei wohl gewesen, dass Michael Faraday sie besucht habe.

Allzu sehr schien es Perkin nicht zu kümmern, dass er die einst führende Stellung auf dem Gebiet der Anilinfarben verlor. Er schrieb regelmäßig für die Zeitschrift der Chemical Society und behandelte dabei viele Gegenstände, die nichts mit Farben zu tun hatten. Im September 1860 erhielt er einen Brief vom Direktor für wissenschaftliche Studien der École Normale Supérieure in Paris. Darin wurde ihm mitgeteilt, dass sich der Inhalt eines kleinen Glasfläschchens, welches er dem Institut zur Verfügung gestellt hatte, bei der Analyse als reine Traubensäure herausgestellt hatte, was damals als wichtige und neue Synthese galt. »Ich wäre Ihnen sehr dankbar, wenn Sie mir eine Probe der Bernsteinsäure schicken könnten, aus der Sie die Traubensäure gewonnen haben«, heißt es in dem Brief, »denn ich würde sehr gern untersuchen, ob sie sich in irgendeiner Weise auf polarisiertes Licht auswirkt. Verzeihen Sie mir meine Zudringlichkeit. Das alles ist so wichtig vom Standpunkt unserer Auffassungen über Molekularmechanik, dass ich meine Ungeduld einfach nicht zügeln kann. Im Übrigen freue ich mich außerordentlich, dass ich bei dieser Gelegenheit das Vergnügen habe, zu einem unserer besten Chemiker in Beziehung zu treten.« Der Absender war kein Geringerer als Louis Pasteur.

Im Laufe des Jahrzehnts hatten Perkins neuere Farben dann mehr Erfolg. Britannia-Violett, das durch Erwärmung einer Magentalösung mit Terpentin gewonnen wurde, lieferte tiefblaue Töne. Außerdem gab es das Perkingrün, das eine Zeit lang in den Kattundruckereien sehr beliebt war, und Anilinrosa sowie Perkins eigene Spielart des Magenta, das er mit Hilfe von Quecksilbernitrat herstellte. Dessen Produktion musste er allerdings bald einstellen, weil das Quecksilber die Gesundheit seiner Arbeiter gefährdete. Perkin stellte auch die Salze und Kupferverbindungen her, die für das Anilinschwarz erforderlich waren, und verbesserte die Verfahren zum Färben von Tapeten erheblich. Die Stammgäste des Black Horse Pub in der Nähe seiner Fabrik hätten beobachten können, wie sich der Grand Junction Canal jede Woche anders färbte.

Die neuen Farben hatten vorhersagbare Auswirkungen – eine Verbesserung der englischen, deutschen und französischen Handelsbilanz und viele kleine Sensationen in der Modewelt. Doch für den traditionellen Handel mit Farbstoffen erwiesen sie sich als höchst nachteilig. 1862 verzeichnete August Hofmann bei Cochenille, Saflor, Indigo und Krapp einen starken Einbruch der Nachfrage und der Preise innerhalb der letzten drei Jahre. Zwischen 1847 und 1850 hatte die Einfuhr von Cochenille noch um mehr als 50 Prozent zugenommen, doch das Aufkommen der Anilinfarben hatte alles verändert. Von fünfzehn Franc pro Kilo im Jahr 1858 war der Preis auf acht Franc gefallen, bei Saflor war er von 45 auf 25 Franc gesunken, und die Pikrinsäure hatte den Handel mit natürlichen gelben Farbstoffen ganz zum Erliegen gebracht. Selbst Indigo, dessen künstliche Herstellung bislang noch nicht gelungen war, wurde durch künstliches Blau und Violett ersetzt. »Von den drei natürlichen Farbstoffen«, schrieb ein französischer Autor bedauernd, »die bis dato als sichere Stützen des wirtschaftlichen Wohlergehens tropischer Länder galten, finden wir Indigo in seiner Anwendung eingeschränkt, während Cochenille und Saflor erhebliche Einbußen erlitten haben, und das Ganze ist allein und ausschließlich das Werk der Chemiker.«

Aber es gab auch unerwartete Respektbezeugungen für diese Industrie aus Richtungen, aus denen bisher nur Spott über die Entdeckung des Mauve zu hören gewesen war. Der *Punch* hatte offenbar eine vollkommene Kehrtwendung vollzogen, obwohl Verse wie die folgenden noch nicht ganz frei von ironischer Übertreibung waren:

Gibt kaum ein Ding, von dem man weiß,
das nützlich oder schön in unsres Lebens Kreis
und sich nicht gewinnen ließe in Tiegel und Glas

aus dem pechschwarzen Teer von Kohle und Gas –
Textilien und Tinkturen für den Mann und die Frau
und aus Anilin das Gelb, das Rot und das Blau.
Kannst alles machen, vom kleinsten Knopf bis zum Großen Bär,
wenn du kennst das Geheimnis vom schwarzen Teer.

Noch wichtiger war, wie sich der Erfolg des Farbengeschäfts auf den chemischen Nachwuchs auswirkte. Zehn Jahre nach der Entdeckung des Mauve galt die organische Chemie als spannend, einträglich und äußerst nützlich. Perkin and Sons beschäftigten den begabten Chemiker Charles Greville Williams, der sich später einen Namen auf dem Gebiet der Kohlenwasserstoffe machte und selbst vier neue Farbpatente anmeldete. Viele junge Chemiker wurden für die riesigen Farbenwerke tätig, die überall in Europa aus dem Boden schossen. In England arbeiteten offenbar zwei Drittel der ehemaligen Schüler des Royal College of Chemistry für Farbenfirmen wie Simpson, Maule and Nicholson oder Brooke, Simpson and Spiller, wobei den meisten von ihnen später die Ehre zuteil wurde, in die Royal Society berufen zu werden. Es gibt kaum ein schöneres Beispiel für die wechselseitig vorteilhafte Beziehung zwischen Wissenschaft und Industrie. Schon bald sollte diese junge Garde von Forschern die Struktur vieler anderer Kohlenstoffverbindungen entschlüsseln und damit unmittelbar zum Nutzen der Medizin, Parfümindustrie und Fotografie beitragen.

Unerwartet erhielten die jungen Chemiker auch Nachhilfe in Gesetzeskunde und Prozessrecht, denn viele von ihnen sahen sich bald in erbitterte Auseinandersetzungen über Patente verstrickt. Das konnte nicht ausbleiben. Alle Unternehmen, die Anilinfarben herstellten, fanden rasch heraus, dass sie ihr Geld am schnellsten verdienen konnten, indem sie die beliebtesten neuen Farben einfach nachahmten.

Das Problem für die Gerichte bestand darin, dass die Farben häufig absolut gleich aussahen. Je geschickter die Farbenhersteller ein patentgeschütztes Rezept kopierten, desto schwieriger war es, etwa zwischen sechs Abstufungen eines Blaus zu unterscheiden. Es gab keine Farbskala, auf die sich die Gutachter berufen konnten, und die Molekularanalyse steckte noch in den Kinderschuhen. Außerdem kam es zu endlosen Rechtsstreitigkeiten über Herstellungsverfahren – inwiefern der nämliche Farbton, der durch einen etwas anderen Prozess gewonnen wurde, ein bestehendes Patent verletzte.

Besonders hartnäckig wurde natürlich um die jeweiligen Modefarben gestritten. Anfang der sechziger Jahre war es Magenta, und Renard Frères & Franc verteidigten ihr Fuchsin-Patent in Aufsehen erregenden Prozessen gegen Firmen in Mülhausen und Paris. Renards Konkurrenten reagierten empört, und 1861 appellierten mehr als 100 Lyoner Firmen an den französischen Landwirtschafts- und Handelsminister, eine unabhängige Kommission einzusetzen und alle Ansprüche in Bezug auf Fuchsin und andere Anilinfarben klären zu lassen.

Die Angelegenheit ging wenig befriedigend für sie aus, denn Ende 1863 schlossen Renard Frères & Franc eine Allianz mit der Großbank Crédit Lyonnais und gründeten den riesigen Monopolkonzern La Fuchsine, der durch die Fusion mit verschiedenen führenden Farbenunternehmen zu Stande kam. Er unterhielt enge Verbindungen zu Simpson, Maule and Nicholson in London und erhielt von ihnen gegen eine Lizenz zur Magenta-Herstellung das Recht zur Produktion von Hofmanns Violett. La Fuchsine hatte noch einen weiteren Grund, August Hofmann dankbar zu sein: Seine Aussage als Gutachter hatte die französischen Gerichte bewogen, der Klage wegen Patentverletzung stattzugeben.

Zehn Jahre später machte La Fuchsine allerdings Konkurs, nicht zuletzt wegen schlechten Managements und mehrerer Klagen, dass das Unternehmen durch die Verwendung von Arsensäure Anwohner vergiftet habe. In einem Fall starb die Frau eines Stellwärters in unmittelbarer Nähe einer der Fabriken, und bei der Autopsie wurde Arsen in ihren Organen nachgewiesen. Auch in dem Brunnen, aus dem sie ihr Trinkwasser bezogen hatte, fand man das Gift, ebenso in allen Brunnen und im gesamten Erdreich in einem Umkreis von 200 Metern von der Fuchsine-Fabrik. Das Unternehmen zahlte eine Entschädigung an ihre Familie und stellte nach öffentlichen Protesten die Produktion des roten Farbstoffs ein.

Um dasselbe Verfahren, das in Lyon solche Empörung hervorgerufen hatte, die Oxidation von Arsensäure zur Magenta-Herstellung, führten in England die Firmen Henry Medlock sowie Simpson, Maule and Nicholson eine Reihe von Prozessen. Man ließ es sich rund 30 000 Pfund kosten, vermeintliche Missetäter vor Gericht zu zerren. Zwei umfangreiche Fälle beschäftigten den Londoner High Court, das oberste Zivilgericht, mehrere Monate lang, und in beiden ging es um die exakte Definition des Begriffs »trockene« Arsensäure. In einem der Prozesse teilte der Richter mit, er sei froh, dass nicht er, sondern die Geschworenen über den Fall zu entscheiden hätten, so verwirrend und widersprüchlich waren die Aussagen der Gutachter gewesen. In beiden Fällen wurde der Patentanspruch bestätigt. Eine der unterlegenen Parteien hatte nicht nur Schadenersatz und die Gerichtskosten zu zahlen, sondern sie musste sich auch in einer Reihe von Anzeigen in der *Times* öffentlich entschuldigen.

In der Fachzeitschrift *Chemical News* wurde von Perkins erfolgreichen Prozessen gegen englische und französische Firmen berichtet, die eingeführtes Anilinpurpur vertrieben oder durch ähnliche Herstellungsverfahren ihr eigenes Britannia-Violett oder Perkingrün produzierten. Diese Unternehmen wurden zu Geldstrafen von mehreren hundert Pfund verurteilt und ebenfalls gezwungen, demütigende Entschuldigungen zu veröffentlichen. Doch Perkin erklärte später, er hätte all seine Zeit vor Gericht zubringen können, und beklagte sich über den unzulänglichen gesetzlichen Schutz seiner Arbeit. Mit synthetischen Farbstoffen war einfach ungeheuer viel Geld zu verdienen. 1865 belief sich der Bruttogewinn von Perkin and Sons auf rund 15 000 Pfund, obwohl die Preise für Farbstoffe empfindlich fielen.

Perkin bemerkte damals in seiner Fabrik eine wachsende Zahl ausländischer Besucher, besonders aus Frankreich, und die vielen Chemiker deutscher und polnischer Herkunft, die in verschiedenen englischen Farbenunternehmen beschäftigt wurden. Bei Roberts, Dale & Co. in Manchester arbeiteten der Kattundrucker Heinrich Caro, der wichtige technische Verbesserungen entwickelte, und Carl Alexander Martius, der Manchesterbraun und eine eigene Version des Anilingelbs patentieren ließ. Ein Mann namens Otto Witt stellte neue Farben für eine Firma in Brentford im Norden Londons her. Peter Griess, der als Brauer in Burton-on-Trent angestellt war, entwickelte eine wichtige neue Familie von Farben, die Azofarbstoffe. In Salford gründete Ivan Levinstein eine eigene Farbenfabrik, wo er Farbstoffe in Balu und Orange erzeugte.

Mit Ausnahme von Levinstein kehrten alle Chemiker mit den gewonnenen Kenntnissen in ihre Heimatländer zurück, wo sie sich stattliche Vermögen erwarben. Martius wurde beispielsweise Mitbegründer eines Unternehmens, aus dem später Agfa hervorging. Doch niemand wurde so schmerzlich vermisst wie August Hofmann. Sein Fortgang im Jahr 1865 wurde als unvermeidlich angesehen, seit sein wichtigster Gönner Prince Albert vier Jahre zuvor verstorben war. In Deutschland beklagte Hofmann, dass seine Lehrtätigkeit in England unter einem Mangel an Geld und Anerkennung gelitten habe. Er warf der englischen Regierung vor, sie habe die Bedeutung der Chemie als reine Wissenschaft und als Mittel zur Förderung der Industrie nicht begriffen. Die Prognosen, die er anlässlich der Weltausstellung von 1862 aufgestellt hatte, verwarf er jetzt als viel zu optimistisch. In Berlin bot man ihm eine einträgliche Forschungsposition und große Laboratorien, die er selbst entwerfen konnte. Mit aufrichtiger Enttäuschung konstatierte er, dass es in England keine derartigen Bestrebungen gebe. Noch am 27. März 1865 erhielt Hofmann allerdings ein Schreiben vom Sekretär der Königlichen Familie, Jaz Clark, das zeigte, wie sehr man zumindest in Windsor Castle an der chemischen Wissenschaft und ihren Segnungen interessiert war:

> Lieber Herr Dr. Hofmann,
> im Auftrag der Königin möchte ich Ihnen mitteilen, welch großes Vergnügen Ihre Majestät und die Königliche Familie letzte Woche in Windsor Castle an Ihren interessanten und lehrreichen chemischen Vorträgen sowie den wunderbaren Experimenten zu ihrer Illustration gefunden haben.
>
> Ihre Majestät hat auch die zahlreichen schönen Proben bunt gefärbter Seiden- und Wollstoffe bewundert, die den unlängst entdeckten Anilinfarben zu verdanken sind. Ihr ist durchaus klar, welchen materiellen Nutzen unser Land aus der Entdeckung dieser schönen Farben zieht, und sie hat mit großem Gefallen vernommen, dass die Farben aus Forschungsarbeiten am Royal College of Chemistry hervorgegangen sind, an dem seine verstorbene königliche Hoheit, der Prinzgemahl, so viel Interesse nahm …

Kurz darauf ließ sich Hofmann für seinen Aufenthalt in Berlin auf drei Jahre vom Royal College beurlauben und kehrte nie zurück.

Auch für William Perkin war es eine Zeit des Abschieds und Verlusts. Sein Vater starb 1864, und die Fabrik, die mit seinem Geld finanziert worden war, schloss für eine Trauerzeit von mehreren Tagen. Wenige Jahre zuvor hatte der Sohn bereits seine Frau durch Tuberkulose verloren.

Vielleicht hat es ihn ein bisschen getröstet, dass Mauve sich von der Farbe des Leichtsinns und der Prachtentfaltung zur

Trauerfarbe gewandelt hatte. Prinzessin Alexandra machte großen Eindruck in London, als sie in einer Halbtrauertracht in blassem Mauve erschien, und Queen Victoria wechselte in den ersten vier Jahren nach dem Verlust ihres geliebten Albert allmählich von Schwarz zu Mauve.

Doch 1869 war Mauve fast vergessen. Stattdessen gab es eine neue gefeierte Farbe, eine neue Modewelle, die ganz Europa überrollte und die Reichtümer des englischen Farbenhandels erneuerte. Wiederum war William Perkin für die Herstellung des Farbstoffs verantwortlich, doch dieses Mal führte sein Erfolg zum bitteren Abschied aus der Branche und dem Versprechen, sich nie wieder mit ihr zu befassen.

»Du erkennst genau, wann eine Farbe der Renner wird. Plötzlich siehst du sie überall. Guck dir Leute an, die einkaufen, zuerst bleibt ihr Blick an der Farbe hängen. Dann fühlen sie den Stoff, und wenn sie immer noch zufrieden sind, probieren sie das Stück vielleicht an. Ein bisschen Theater und ein bisschen Spaß müssen dabei sein.«

Sandy MacLennan ist von seiner Reise nach Manhattan zurückgekehrt. In seinen East Central Studios in Shoreditch im Osten Londons denkt er bereits über Herbst und Winter 2001 nach und darüber, wie er uns zu seinen brillanten Neutraltönen oder den Farben am Rande des Schlafs verführen könnte.

MacLennan, der 47 Jahre alt ist und von der Westküste Schottlands stammt, hat nicht immer so über Farben gedacht. Früher hätte er solche Äußerungen für absurd gehalten.

»Es gibt nur eine kleine Gruppe, die sich solche Gedanken über Farbe macht«, gibt er zu. »Wir Designer brauchen keine Ratgeberbücher … für uns ist Farbe ein Katalysator für neue Ideen. Sie ist der Ausgangspunkt für jeden neuen Zyklus.«

»Die Farbprognosen beginnen immer mit einem Rückblick auf die alte Saison«, sagt MacLennon. Er nehme sich nicht einfach eine Saison vor und erfinde ihre Farben. »Dann guckst du dir an, was für Dinge notwendig sind – was die Leute tragen werden. Du achtest auf alles, du sprichst mit den Leuten, du schaust dir an, was die Leute tragen und was sie kaufen. Und dann stellst du langsam ein ausgewogenes Angebot zusammen.«

Er weiß, dass die Leute sich über seine seltsame Ausdrucksweise wundern. Im Frühjahr und Sommer 2001 müssen wir uns gefasst machen auf Dreaming, Idling, Exploring und Flirting, im Klartext: Neue Oberflächen, dazu Blau- und Grün- und organische Ocker- und Karmintöne.

Diese Palette ist wieder für Tencel bestimmt. »Du musst die Sache so bringen, dass sie total zum Produkt passt«, sagt MacLennan. »Du darfst nicht von Durchsichtigkeit, Glas oder Plastik reden, weil das eine andere Welt ist, und Tencel ist eine sehr natürliche Welt.«

Wenn er einem Unternehmen seine neuen Farben präsentiert (MacLennan prognostiziert und entwirft auch für DuPont, British Home Stores, Nordstrom und Liberty), schlägt er ihnen nicht vor, sie alle zu verwenden. »Wir versuchen einfach, auf emotionale Weise über Farben zu sprechen. So wie Weinkenner reden, die beschreiben, was der Wein in ihnen wachruft – was für Gefühle, was für Erinnerungen, was für Sehnsüchte.«

MacLennan greift nach einer seiner Farbbroschüren. »Es ist nicht leicht, zu sagen, welche Farben das Rennen manchen – aber die [er zeigt auf Gelb] wird es ganz bestimmt nicht sein, Gelb lässt sich nämlich unheimlich schwer verkaufen. Aber dieses Limonengrün und das Orange, die gehen auch weiterhin gut – das tun sie schon seit drei Jahren. Über den Winter vergessen die Kunden diese Farben, vergessen, wie gut ihnen die Farben am Strand gefallen haben, und wenn das Frühjahr kommt, finden sie sie wieder toll.«

Im Winter 1999 entdeckte MacLennan eine Vorliebe für

eine Farbenfamilie, zu der Lila, Weinrot und Blutrot gehören. Der andere Trend der letzten Jahre ist das wachsende Gefallen an Grün. »Lange Zeit hielten die Leute Grün für fürchterlich deutsch – o nein, Grün trage ich nicht, das ist schwierig und macht immer Probleme. Doch vor sechs Jahren hat sich die Wahrnehmung der Leute verändert. Das Blau ist ein bisschen ins Hintertreffen geraten, was wohl damit zu tun hatte, dass man nicht mehr so auf Bluejeans stand. Die Sommerfarben wurden klarer und schärfer, die Winterfarben vielfältiger und schwerer.

Mauve wird immer mit den Siebzigern assoziiert werden – die legendäre Biba-Boutique und all das. Es findet auf sinnliche Weise Zugang zu unserer Seele und wird häufig als dekadent oder verboten wahrgenommen. Es steht nicht jedem. Oft kaufen die Leute es und sind dann schockiert. In der Familie der Lilatöne ist Mauve für mich immer leichter, grauer, weicher als alle seine Freunde. Wenn man die Grenzen der Kulturen überschreitet, kann Mauve ziemlich peinlich werden. Die Japaner tragen es nicht, weil sie es ausschließlich mit der kaiserlichen Familie assoziieren. Daher lässt es sich dort als Modefarbe kaum vermarkten. Das Gleiche gilt natürlich für die ganze Kardinalgeschichte. Wenn es mal angesagt ist, ist es auch gleich wieder out. Mauve erdrückt alle Farben – wenn man es mischt, kommt Mauve dabei heraus. Ich glaube, es hat einen mythischen Gefühlswert. Wir gehen jetzt dazu über, Farben durch Gerüche zu beschreiben, und ich denke, Mauve ist Weihrauch, es riecht nach Patschuli, nach einem dunklen, frommen Kirchenraum.«

Sandy MacLennan weiß genau, dass 70 bis 90 Prozent aller verkauften Textilien schwarz sind, das ganze Jahr hindurch. Dann folgen Grau und Marineblau. Aber das belastet ihn nicht. Für ihn sind die restlichen zehn Prozent entscheidend.

»Ich glaube, wir sind dazu da, die Unternehmen in Schwung zu bringen. Es gibt zu viele Kunstfasern und wahrscheinlich auch zu viele Textilien. Es gibt zu viele Produkte, und der Konsument hat eine zu große Auswahl. Der kleinste Gag kann viel bewirken. Luxuskleidung – Qualitätswolle oder Seide – verkauft sich von allein, aber wie bringst du den Mist unter die Leute? Es gibt immer viel zu viel Mist, deswegen müssen sich die Unternehmen, die ihn verkaufen, mit ihrem Marketing Mühe geben und herausfinden, was die Menschen wollen. Früher war das anders. Im neunzehnten Jahrhundert haben die Menschen etwas hergestellt, und es wurde gekauft.«

KAPITEL ACHT

Krapp

Der ansässige Späher – der wirklich zugegen war – konnte also vermuten, daß es sich bei den beiden um Fremde handelte, Menschen von gutem Geschmack, die sich ihre Freude an der Mode nicht durch ein bißchen scharfen Wind nehmen ließen. Wenn er sein Fernrohr schärfer einstellte, mußte er andererseits vermuten, daß beide an der Einsamkeit des Orts mehr interessiert waren als an dem Bauwerk am Meer; höchstwahrscheinlich hätte er ihren ganz außerordentlichen Geschmack, was ihr Äußeres anlangte, festgestellt.

Die junge Dame war nach der letzten Mode gekleidet, denn 1867 wehte ein anderer Wind: eine Revolte begann gegen die Krinoline und die großen Kompotthüte. Das Auge am Fernglas hätte einen geradezu gewagt engen und kurzen Rock von karmesinroter Farbe wahrgenommen … Die Farben der Kleidung, die die junge Dame trug, wären für uns heute schockierend grell; aber die Welt von damals hatte gerade begonnen, die Anilinfarben zu entdecken. Die Damenwelt kompensierte so manches, was als Maßstab an ihr Betragen gelegt wurde, dadurch, daß sie anstatt diskreter glänzende Farben forderte.

John Fowles, *Die Geliebte des französischen Leutnants*, 1969

Gewöhnliche Frauen trösten sich stets. Manche tun es, indem sie sich in sentimentale Farben kleiden. Trauen Sie nie einer Frau, die Mauve trägt, wie alt sie auch sein mag, und nie einer Frau über fünfunddreißig, die auf rosa Bänder versessen ist. Das bezeugt immer eine Vergangenheit.

Oscar Wilde, *Das Bildnis des Dorian Gray*, 1891

Egal, wie man sie betrachtet, die Krapppflanze ist nie sehr attraktiv gewesen. Als William Perkin sie 1868 inspizierte, stellte er fest, dass die Blätter rau und mit Stacheln versehen sind. *Rubia tinctorum L* ist ein winterfestes Kraut, das bis zu einem Meter fünfzig hoch wird. Die Blüte ist klein und grüngelb, der Stängel quadratisch und knotig gegliedert, die Wurzel zylindrisch und fleischig. Die Pflanze vermehrt sich durch Schößlinge, und die Wurzeln sondern einen starken Geruch ab.

Nur Färber konnten diese Pflanze lieben. Bis 1868 war es eine ungetrübte Liebesbeziehung, denn Krapp versorgte die halbe Welt mit Rot. Noch ein Jahr nach der Entdeckung der Teerfarben wurden die jährlichen Krappeinfuhren Großbritanniens (in erster Linie aus Frankreich, Holland, der Türkei und Indien) mit einer Million Pfund Sterling beziffert. Neben Indigo war Krapp jahrhundertelang der wichtigste Rohstoff der Textilfärber. Zwischen 1859 und 1868 importierten die Woll- und Kattundrucker jedes Jahr im Durchschnitt 17 500 Tonnen Krapp und seine Derivate, die zum großen Teil nach Schottland gingen, an Firmen wie Reid and Whiteman in Maryhill, James Hendrie in Arthurlie und J. & W. Crum and Co. in Thornliebank. Unter anderem wurden die Uniformhosen der Armee mit Krapp gefärbt.

1876 pflanzte William Perkin etwas Krapp auf einem Stück Land gegenüber seinem Haus in Harrow an. Das war eine symbolische Geste, obwohl Perkin eigentlich nicht zu so demonstrativen Handlungen neigte. Er baue ihn an, sagte er, »damit er nicht ausstirbt«.

1876 wurden nur noch 4400 Tonnen Krapp nach England eingeführt, zehn Jahre zuvor war es vier Mal so viel gewesen. Im gleichen Zeitraum war der Preis um fast ein Drittel gefallen, auf ein Pfund pro Zentner. Und es gab keine Anzeichen für eine Verlangsamung dieser Talfahrt. Die Krappproduzenten, die sich einst in einem sicheren Gewerbe wähnten, sahen ihre

Welt in Trümmer fallen. Sie konnten die Fortschritte der Chemie dafür verantwortlich machen und hätten, wenn sie denn seinen Namen kannten, insbesondere Perkin die Schuld an ihrem Unglück geben können.

Krapp kommt ursprünglich aus Westasien, von wo es die Mauren nach Spanien brachten. Im sechzehnten Jahrhundert wurde es in Holland viel verwendet und ein Jahrhundert später auch in Avignon. Als Farbstoff für Textilien und gelegentlich auch Keramikprodukte wird es schon bei Plinius dem Älteren und im Talmud erwähnt. Bei Ausgrabungen in Pompeji stieß der französische Chemiker J. Chaptal 1809 auf ein rosa Pigment, das wahrscheinlich aus Krapp gewonnen worden war. 1815 fand Humphrey Davy eine ähnliche Farbe, wahrscheinlich gleichen Ursprungs, auf einer Keramikvase in den Titusthermen. Im siebten Jahrhundert wurden Textilien, die mit Krapp gefärbt waren, in Saint Denis bei Paris verkauft, und von Karl dem Großen wissen wir, dass er den Anbau von Krapp gefördert hat. Pflanzliche Krappreste aus dem zehnten Jahrhundert sind auch bei Ausgrabungen in York gefunden worden. Noch 1993 wurden Krapppigmente auf Paletten von J. M. W. Turner entdeckt.

Doch die Chemie war davon überzeugt, dass die Turners der Zukunft ebenso gern mit Acrylfarben malen würden. Am 8. Mai 1879 berichtete Perkin vor der Society of Arts in London von seinen Bemühungen, Krapp durch künstliche Farbstoffe zu ersetzen. Er zeigte wenig Bedauern, dass er damit einem uralten Handelsgewerbe den Todesstoß versetzte, aber gründliche Kenntnisse, was die traditionellen Verfahren des Anbaus und des Färbens anging.

»Zwischen dem Pflanzen und der Ernte der Wurzeln verstreichen zwischen achtzehn und dreißig Monate« erläuterte er seinen Zuhörern. »Wenn man die Wurzeln trocknet, verlieren sie ihre rotgelbe Farbe und werden blassrosa. Getrocknet werden die Wurzeln an der Luft oder in Trockenöfen. Anschließend werden sie mit Schlegeln bearbeitet, um sie von Sand, Lehm und ihrer Haut zu befreien ... «

Je nach Beize und Stärke des Farbstoffes reichen die Textilfarben von Rosa über Rot und Purpur bis zu Schwarz. Das türkische oder Adrianopelrot, ein sehr intensiver Farbton, verlange eine Baumwollbeize aus Olivenöl und den Zusatz von etwas Tierblut.

Doch was hatte es mit dem Farbstoff auf sich, der Krapp so begehrenswert machte? Bis 1827 wusste man wenig über ihn. Dann entwickelten Colin und Robiquet eine Methode zur Herstellung von Garancine, einer konzentrierten Form des natürlichen Krapps, und kamen gleichzeitig hinter das Geheimnis in seiner Wurzel. Als sie gemahlenen Krapp in einem Reagenzglas mit verschiedenen Säuren und Pottasche erhitzten, erhielten sie einen gelben Dampf, der zu leuchtend roten Nadeln kristallisierte. Diese Substanz nannten die beiden französischen Forscher Alizarin, nach dem levantinischen Wort für Krapp: *Alizari.*

Alizarin machte nur etwa ein Prozent der Krappwurzel aus. Die Farbenchemiker glaubten, man könne wie bei Magenta und Cochenille, wenn man die Molekularstruktur fände, weit größere Reinheit und Färbekraft erzielen – und beträchtliche Reichtümer erwerben. Henry Edward Schunck, ein Kattundrucker aus Manchester, nahm in den vierziger und fünfziger Jahren intensive Untersuchungen der Krappwurzel vor und bemühte sich, das Alizarin wie alle bisherigen synthetischen Farben auf Naphthalinbasis herzustellen. Wie Perkin in seiner Anfangszeit verfuhr Schunck weitgehend empirisch und probierte überwiegend erfolglos eine Vielzahl von Kohlenstoff- und Wasserstoffverbindungen aus und hoffte auf Erfolg.

Doch das Verständnis der Molekularstruktur wandelte sich rasch. 1858 erklärte August Kekulé das Phänomen der Isomerie, das Vorkommen von Verbindungen mit gleicher Molekularformel, aber verschiedener Atomstruktur. Allerdings fand er zunächst keine Begründung für das Verhalten des Benzols, jenes Kohlenwasserstoffs, der im Steinkohlenteer vorhanden ist und als »aromatische« Verbindung bezeichnet wird, weil er in parfümierten Ölen vorkommt. Die Erleuchtung kam ihm eines Abends, als er vor dem offenen Kamin döste und halb im Traum tanzende Atome sah, die sich schlangenartig anordneten. Eine der Schlangen habe sich selbst in den Schwanz gebissen, und diese Form habe sich aufreizend vor seinen Augen hin und her bewegt. Da wurde ihm klar, dass die Atome im Benzol Ringe bilden, eine Struktur aus sechs Kohlenstoffatomen, jedes an ein Wasserstoffatom gebunden (C_6H_6).

Die Analyse der chemischen Strukturen vollzog sich jetzt auf einer rationaleren Grundlage. Hofmann war bereits in der Lage gewesen, die chemische Formel des Fuchsins zu definieren, nun konnte er auch eine exakte Elementaranalyse des Stoffes vornehmen. Zwei andere Chemiker, die sich das neue Wissen gründlich zu Nutze machten, arbeiteten ebenfalls in Berlin – Karl Graebe und Karl Liebermann. 1868 fanden sie heraus, dass Alizarin nicht Naphthalin als Grundstoff hat, sondern Anthrazen, eine andere aromatische Verbindung, die in Kohlenteer vorkommt und deren Struktur aus drei verbundenen Benzolringen besteht. Graebe und Liebermann gelang es, das Alizarin im Labor herzustellen – das erste Mal, dass ein pflanzlicher Farbstoff synthetisiert wurde. Im Dezember 1868 ließen sie ihre Entdeckung patentieren, doch da sie bei ihrer äußerst komplizierten Methode unerschwingliches flüssiges und flüchtiges Brom in kleinen versiegelten Röhrchen verwendeten, konnten sie das Alizarin nicht in nennenswerten Mengen produzieren. Daher sicherten sie sich die Unterstützung von Heinrich Caro, der in Manchester wertvolle praktische Erfahrungen in der Industrie gesammelt hatte. Er war 1866 nach Deutschland zurückgekehrt, eigentlich um an der Universität Heidelberg zu forschen und zu lehren, doch schon bald bekam er eine Stellung als Forschungsdirektor bei

BASF. In Deutschlands größter Farbenfabrik wusste jeder, was es wert war, Alizarin in großen Kesseln produzieren zu können. Die Nachfrage schien grenzenlos zu sein. Doch schon bald merkten die Deutschen, dass sie einen Konkurrenten hatten.

William Perkin hatte schon im Royal College of Chemistry gelernt, wie man Anthrazen aus Teerpech gewinnt. Auf einer Gedenkfeier nach August Hofmanns Tod sagte er später, er sei wohl »besser als irgendein anderer Chemiker der Zeit gerüstet gewesen, die chemische Verwandtschaft des Alizarins mit Anthrazen zu entdecken und sie für praktische Zwecke zu nutzen«. Da Mauve nicht mehr in Mode war und der Preis für Magenta in den Keller fiel, bedeutete die Möglichkeit, seine Fabrik in Greenford Green auf die massenhafte Produktion von Alizarin umzustellen, eine ganz außerordentliche Chance. Im Unterschied zu Mauve oder anderen Anilinfarben war Alizarin keinen Modeströmungen unterworfen, und die Färber brauchten nicht zu seiner Verwendung überredet und in seinem Gebrauch unterwiesen zu werden. Allein in Schottland gab es mehr als siebzig Färbereien, die nur darauf warteten, es bestellen zu können.

Innerhalb eines Jahres entwickelten William Perkin und sein Bruder zwei Verfahren zur Herstellung von Alizarin, und beide kamen ohne Brom aus. Anfänglich experimentierten die beiden Inhaber von Perkin and Sons (das Unternehmen behielt diesen Namen auch nach dem Tod des Vaters bei) mit dem ursprünglichen Anthrazen, das Perkin noch aus seiner Studienzeit aufbewahrt hatte. Sie begannen mit einer Reihe von Verbrennungen. Als besonders erfolgreich erwies sich die Erwärmung von Anthrachinon, einer weiteren aromatischen Verbindung im Kohlenteer, mit Schwefelsäure und das Schmelzen des Ergebnisses mit Ätzkalk. »Zu meinem Entzücken wurde das Resultat zunächst violett und dann durch die Intensität seiner Farbe sogar schwarz. Wenn man die geschmolzene Masse auflöste, erhielt man eine schöne purpurfarbene Lösung, die angesäuert einen gelben Niederschlag ergab. Wir stellten fest, dass er gebeiztes Tuch wie Garancine färbte.«

Wie beim Mauvein holte Perkin die Meinung eines erfahrenen Färbers ein. Er schickte Proben an Robert Hogg in Glasgow, einen Experten für Krapp, und als der ihm mitteilte, dass es sich um eine hervorragende Qualität handle, meldete Perkin seine Erfindung zum Patent an und traf Vorbereitungen für die Massenproduktion. Später stellte er fest: »Dieses Verfahren hat sich auf die Dauer als das wichtigste aller bisher entdeckten erwiesen.«

Da ihre früheren Farben nicht mehr sonderlich nachgefragt wurden, stellten die Brüder ihre vorhandenen Apparate auf die Alizarinherstellung um, aber sie mussten auch expandieren. Eine neue Fabrik wurde geplant und neue Mitarbeiter wurden eingestellt. Wieder hatten sie Probleme, die Ausgangsstoffe in ausreichenden Mengen zu beziehen, nicht zuletzt das Anthrazen. Die Teerdestillen hatten bisher keine Verwendung dafür gehabt und es daher nicht produziert. Die ersten Vorräte destillierten die Perkins selbst aus Teerpech. Der Bruder musste, wie Perkin später schilderte, »fast alle Teerwerke in Großbritannien aufsuchen«, um zu erklären, wie man Anthrazen isoliert. Andere Probleme – die Reinigung des Anthrachinons, der Transport von rauchender Schwefelsäure aus Deutschland – zwang Perkin dazu, abwechselnd auf zwei verschiedene Herstellungsverfahren zurückzugreifen und einige unorthodoxe Methoden anzuwenden. Die Verbindungen wurden in einem großen Bad zusammengeschüttet und in eine Drehtrommel gefüllt, in der sich Kanonenkugeln befanden, um den Mischprozess zu fördern. Schwierigkeiten bereitete auch die Preispolitik. Anders als viele der früheren synthetischen Farbstoffe konkurrierte das Alizarin direkt mit einer natürlichen Substanz, dem Krapp. Wollten sie sich am Markt durchsetzen, dann mussten Perkin and Sons mit ihrem Produkt unter dem damaligen Preisniveau von 50 Shilling pro Zentner für Krapp und 150 Shilling pro Zentner für Garancine bleiben.

Doch dann sahen sie sich einem Problem gegenüber, das ihr ganzes Vorhaben in Frage stellte. Das Patent für Perkins erstes Alizarin-Herstellungsverfahren war am 26. Juni 1869 erteilt worden, aber genau einen Tag vorher hatten Graebe, Liebermann und Caro in Berlin eine ganz ähnliche Methode angemeldet. Zunächst war Perkin verzweifelt, nicht zuletzt weil er mit Caro befreundet war.

Einige Jahre später klagte er, die träge und schlampige Arbeitsweise des britischen Patentamtes hätte sich als großes Hindernis für den industriellen Fortschritt erwiesen, doch zur Zeit des Alizarinstreits verlieh er seiner Frustration öffentlich nur in der Fußnote eines Artikels Ausdruck, den er bei der Society of Arts einreichte. Er bezog sich auf die Behauptung der deutschen Chemiker, Heinrich Caro habe das Verfahren vor Perkin entwickelt und »wenn den Daten irgendeine Bedeutung zukomme, dann sei das Recht auf Seiten von Caro, Graebe und Liebermann, weil sich die Registrierung des Patents … durch ein Versehen verzögert habe. Der Stempel des Patentamtes in Berlin trage das Datum des 15. Juni.« Perkin hielt dagegen: »Zur ersten Behauptung darf ich feststellen, dass Graebe und Liebermann keinerlei Beweis für ihren Prioritätsanspruch beibringen.« Seine Farbproben seien Robert Hogg schon mehrere Wochen vor den genannten Daten zugegangen, und auch sein Patent habe sich verzögert. »Also müssen die Schlussfolgerungen, die sie aus den Daten ziehen, genau umgekehrt lauten … Ohne Graebes und Liebermanns originäre Entdeckung schmälern zu wollen, dürfen wir feststellen, dass die Herstellung künstlichen Alizarins ihren Ursprung in England hat.«

Am Ende wurden beide Patente erteilt. Der Antrag von BASF war einen Tag früher registriert worden, aber Perkins Patent war zuerst gewährt worden. Heinrich Caro wurde zur Aufteilung der Märkte nach Greenford Green eingeladen, und man kam überein, dass Perkin and Sons einige Jahre lang das britische Monopol behalten sollten, während BASF der Markt auf dem europäischen Kontinent und in den Vereinigten Staaten zugestanden wurde. Die erste Lieferung künstlichen Alizarins verließ Harrow am 4. Oktober 1869. Bei BASF verzögerte sich die Produktion durch den Krieg von 1870/71, so dass Perkin der Weltmarkt fast ein Jahr lang überlassen blieb. 1870 produzierte er 40 Tonnen, 1871 schon 220 Tonnen und zwei Jahre später stolze 435 Tonnen des neuen Farbstoffs.

Im ersten Herstellungsjahr erhielt William Perkin einige Schreiben, in denen behauptet wurde, er habe gar kein Alizarin hergestellt, denn eine so strahlende Farbintensität sei aus natürlichem Krapp nie gewonnen worden: »Die roten Farbtöne sind leuchtender und röter, die lila Töne blauer, die schwarzen Schattierungen intensiver.« Im Mai 1870 fühlte Perkin sich daher bemüßigt, vor der Chemical Society den Nachweis zu erbringen, dass sich Alizarin tatsächlich aus seinem Erzeugnis isolieren ließ und dass es die gleichen Färbeeigenschaften besaß wie die natürliche Wurzel.

Trotz fallender Preise waren die finanziellen Erträge groß. Perkin and Sons erzielten ungefähr 200 Pfund pro Tonne, am Ende der siebziger Jahre nur noch 150 Pfund und damit ein Drittel des Preises, den man 1868 für natürliches Krapp verlangt hatte. In den zwei Jahren vor dem Juni 1873 erwirtschafteten Perkin and Sons einen Gewinn von rund 120 000 Pfund. Das persönliche Vermögen von William Perkin betrug annähernd 100 000 Pfund, womit er nach viktorianischem Maßstab als vermögender Mann gelten konnte.

Auf der Höhe seines Erfolgs pries Perkin in einer Rede vor der Society of Arts das »wunderbare« und erstaunliche Wachstum der Teerfarbenindustrie. Die eigene Rolle bei dieser Entwicklung bescheiden unterschlagend, erklärte er, die Industrie habe »der chemischen Wissenschaft wie eine Magd gedient, indem sie den Chemikern Produkte verfügbar gemacht hat, in deren Besitz sie sonst nicht gelangt wären. Dadurch sind Forschungsarbeiten in kaum vorstellbarem Umfange durchgeführt worden, was in nicht allzu ferner Zukunft Ergebnisse zeitigen wird, die wir uns heute noch nicht ausmalen können.«

Doch von diesen Ergebnissen sollte nicht in erster Linie Großbritannien profitieren. 1878 belief sich der geschätzte Wert der Steinkohlenteerproduktion in England auf 450 000 Pfund, in Frankreich und der Schweiz auf 350 000 Pfund, in Deutschland dagegen auf zwei Millionen Pfund. Und das war erst der Beginn der deutschen Vorherrschaft. Ein Jahr später gab es siebzehn Teerfarbenwerke in Deutschland, gegenüber fünf in Frankreich, vier in der Schweiz und sechs in England. Perkin and Sons gehörte nicht mehr dazu.

Im Oktober 1999 sitzt der 47-jährige Robert Bud in seinem Büro im Science Museum in London und schildert, wie er einst die bescheidene Ausstellung über künstliche Farben entworfen hat. Bud, ein untersetzter Mann, der das gelockte braune Haar kurz geschnitten trägt, gehört dem Museum seit 21 Jahren an, heute als »Forschungsleiter Sammlungen«. Auch für die Organisation von Konferenzen ist er verantwortlich, und gegenwärtig wird sein Computer mit E-mails zu einer Tagung über viktorianische Kultur bombardiert, die er für Juli 2001 plant. Im Juli 2001 wird sich die erste Weltausstellung zum 150. Mal und der Tod von Queen Victoria zum 100. Mal jähren. Für die Konferenz gibt es schon einen Prospekt in der passenden Farbe. »Wir haben versucht, das ursprüngliche Mauve so genau wie möglich zu treffen«, sagt Dr. Bud.

Sein Büro öffnet sich zu einem Treppenhaus, und von dort gelangt man durch eine weitere Tür direkt in die Museumsabteilung, die der chemischen Industrie gewidmet ist. Es ist kurz nach neun Uhr, die Öffentlichkeit hat noch keinen Zutritt, aber die beweglichen mechanischen Ausstellungsstücke sind bereits in Gang gesetzt. Dr. Bud führt mich ein paar Schritte weiter zu den Exponaten, die sich mit Farben beschäftigen – eine Reihe von Modellen, Vitrinen und Tafeln, an deren Entstehung er vor dreizehn Jahren mitgewirkt hat.

Er berührt einen riesigen hölzernen Färbekessel aus einem Werk des großen Farbenherstellers ICI in Blackley bei Manchester, der bis 1980 zur Herstellung von Waschmitteln gedient hat. Man riecht es noch. »Schwefelsäure wurde zu Fischtran und Salzwasser hinzugefügt. Sehr primitiv, sehr charakteristisch. Die chemischen Grundlagen waren raffiniert, die Technik meistens nicht.«

Buds Farbenausstellung weist vier Elemente auf: den Kessel, drei Schaufensterpuppen, die Kleider aus der Zeit um 1880 sowie aus den dreißiger und sechziger Jahren des zwanzigsten Jahrhunderts tragen, ein Porträt von Perkin mit dem Modell eines gewissen Rudolph Knietsch davor (einer der Forscher, die den synthetischen Indigo entwickelt haben) und eine Vitrine auf der gegenüberliegenden Seite, die Flaschen mit Farbpulver und das Musterbuch eines Vertreters mit Wollproben enthält. Normalerweise gibt es hier noch ein weiteres Ausstellungsstück, ein kleines verkorktes Glasfläschchen mit der Aufschrift: »Orginalmauvein, hergestellt von Sir William Perkin 1856.« Doch ein Schild teilt dem Besucher mit, dass sich das Fläschchen in Osaka befinde und im März wieder zu besichtigen sei. Bei seiner Rückkehr wird es wahrscheinlich in die große neue Galerie für Technikgeschichte im Erdgeschoss kommen.

»Die Farben haben so viele industrielle Entwicklungen ausgelöst, dass man heute leicht vergisst, wie gründlich sie das Bild der Welt verändert haben«, sagt Dr. Bud. »Vor der Entwicklung der synthetischen Farbstoffe war das reichhaltige Spektrum exotischer Farben weitgehend ein Privileg der Elite. Danach hatte jeder Zugang zu Farben wie Mauve.«

Mit der Ausstellung sollte an den 60. Geburtstag der ICI-Gründung erinnert werden. »Wir wollten den Fußboden hier weiß streichen, um den Besucher darauf hinzuweisen, dass er eine neue und wichtige Abteilung betritt. Leider wurde dann gestreikt, so dass wir unseren ursprünglichen Plan nicht verwirklichen konnten.«

Dr. Bud erläutert die historische Bedeutung von Farbstoffen. »Die Textilindustrie war die Schlüsselindustrie, wenn man also eine künstliche Farbe hatte, konnte man in die größte Industrie einsteigen. Außerdem hat sie den Leuten eine Vorstellung davon vermittelt, wozu die chemische Industrie in der Lage ist. Noch Ende des neunzehnten Jahrhunderts war sie eine Art Schock-Technologie. Wie bei der Elektrizität fragten sich die Menschen bei den synthetischen Farben: ›Was kommt als Nächstes?‹ Es folgten die Arzneimittel, dann die synthetischen Fasern und der Kunststoff, und sie alle profitierten von der Erfolgsgeschichte der synthetischen Farben. Perkins Wirkung liegt darin, dass er das Modell geliefert hatte – dass er gezeigt hatte, was die Wissenschaft in der Welt bewirken kann. Perkins Welt war voller Ungewissheit, was die Zukunft angeht: Man wusste lediglich, dass die Zukunft ganz anders sein würde als die Vergangenheit.

Natürlich hatte man schon eine Vorstellung, wie sich die Chemie für die Industrie nutzen ließ, nachdem Davy und Faraday neue Materialien entwickelt hatten und Liebig später den Dünger. Aber die Farbstoffe zeigten, wie sich eine ganze wissenschaftliche Disziplin auf die Industrie anwenden ließ. Durch sie konnten die Chemiker die Frage ›Was tut ihr eigentlich?‹ mit einer praktischen Demonstration beantworten.«

Wenn er die Ausstellung heute noch einmal zu konzipieren hätte, erklärt Dr. Bud auf dem Rückweg in sein Büro, würde er die romantischen Aspekte von Perkins Geschichte stärker betonen, »nicht nur die Farben als Produkte. Aber 1986 haben wir noch nicht in einer postmodernen Welt gelebt.«

KAPITEL NEUN

Vergiftete Klientel

In dem Bemühen, einen möglichst genauen Bericht über den Prozess gegen O.J.Simpson abzuliefern, hatte ein Journalist der New York Times *Schwierigkeiten mit der Anzugfarbe des Verteidigers Johnnie Cochran. Er ließ sich von einem Assistenten aus einem nahe gelegenen Geschäft eine Schachtel Buntstifte holen und suchte einen möglichst identischen Farbton heraus:* Periwinkle, *die blassviolette Farbe der Immergrünblüte. Bei einer informellen Umfrage votierten die Kollegen für das weniger genaue Lila. Cochran selbst bestand in einer Prozesspause darauf, dass sein Zweireiher blau sei. »Bezeichnen Sie ihn ja nicht als mauve«, sagte er.*

USA Today, Februar 1995

1870 ließ sich der deutsche Chemiker Dr. Springmuhl von Freunden aus ganz Europa vierzehn Proben von industriellen Magentafarbstoffen schicken und untersuchte sie auf Arsenspuren. Einige seiner Ergebnisse waren beunruhigend. Er stellte fest, dass neun Proben mindestens 2 Prozent Arsen enthielten; fünf davon wiesen sogar zwischen 4,3 und 6,5 Prozent auf. Die Farben vergifteten ihre Käufer.

Diese Analyse wurde von der preußischen Regierung finanziert, denn man war beunruhigt über Zeitungsberichte, nach denen Anilinfarben bei Frauen Entzündungen der Haut hervorgerufen hatten. Doch unter dem Druck der Farbenindustrie, der wachstumsstärksten Branche des Landes, erklärte die Regierung, die Frauen hätten nichts zu fürchten. Dr. Springmuhl untersuchte weiterhin die Auswirkungen der Farbstoffe auf eine Probe Wollstoff. Dabei stellte er fest, dass das Farbbad zwar hohe Arsenkonzentrationen enthielt, dass aber nur ein winziger Bruchteil davon – 0,01 Prozent – an die Oberfläche des gefärbten Stoffes gelangte.

Sehr zur Erleichterung von BASF und Agfa beschloss die Regierung, eine andere Statistik zu ignorieren: Während die trockenen Textilien als sicher galten, wurden erhebliche Arsenspuren nach dem ersten Waschen im Wasser gefunden, woraus zu schließen war, dass die billigeren Farbstoffe keineswegs farbecht waren und ein erhebliches Risiko bei Regen oder Transpiration darstellten.

Das Problem war nicht neu. Bereits 1862 war August Hofmann von einem hohen Regierungsvertreter aufgefordert worden, die grünen Verbindungen im Kopfschmuck eines Ballkleids zu untersuchen. Hofmann stellte einen erheblichen Anteil des arsenhaltigen Schweinfurtgrün fest, das in vielen Ballkleidern und in Tapeten vorkomme, in Bayern aber verboten worden sei. Hofmann schloss: »Ich denke, man wird mir zustimmen, dass die arsengekrönte Ballkönigin, die in einer Wolke von Arsen herumwirbelt, kein sehr attraktiver Gegenstand unserer Betrachtung sein kann. Doch das Bild wird erst wirklich bedauernswert, wenn wir an die arme vergiftete Modistin denken, die den fröhlichen Kranz geflochten hat, in dem Bemühen, eine kränkliche und elende Existenz zu verlängern, wo diese doch bereits von der Wirkung der tödlichen Substanz untergraben ist.«

Mitte der sechziger Jahre führte ein Gesundheitsskandal in der Schweiz zur Schließung des Unternehmens J. J. Müller-Pack und Co. Es hatte zwei Grundstücke von der traditionellen Färbeholzfirma J. G. Geigy gepachtet, um Mauve und Fuchsin sowie Anilinviolett, -blau und -grün herzustellen, und der Direktor war nach Manchester gereist, wo er sich die Rechte an Anilinschwarz von Roberts, Dale and Co. gesichert hatte. Vielleicht war er auch mit Perkin zusammengetroffen, um über andere Farben zu sprechen. Die Geschäfte gingen gut, bis 1864 Anwohner der Fabrik in Basel an dem Wasser aus ihren Brunnen erkrankten. In einem Fall, der es zu traurigem Ruhm brachte, wurden die Familienangehörigen und Bediensteten eines reichen Großgrundbesitzers krank, nachdem sie Tee getrunken hatten.

Eine Untersuchung ergab, dass das Wasser in der Gegend einen »seltsamen, Ekel erregenden Gestank ausströmte, der sich schwer beschreiben ließ ... ein Gestank, den normales Trinkwasser nicht hat«. Müller-Pack und Co. wurden schuldig gesprochen, die Umgebung mit Arsen vergiftet zu haben. Sie mussten eine Geldstrafe zahlen und die Fabrik schließen. Der Firmengründer bekam noch die demütigende Auflage, die Anwohner persönlich mit sauberem Trinkwasser zu versorgen. Neue Umweltschutzgesetze zeigten eine gewisse Wirkung auf das Verhalten anderer Anilinunternehmen in Europa. In Deutschland war man bestrebt, die Fabriken an den Rhein zu verlegen, wo die Abwässer von der Strömung fortgetragen und dem Blick entzogen wurden.

Doch die Gesundheitsdebatte hielt an. Die nächste Schlacht fand 1884 in England statt, und hier vor allem auf den Seiten der *Times* und der medizinischen Zeitschriften. Es ging in erster Linie um die Farbechtheit: Zwar behielten viele der ersten Farbstoffe ihre intensive Farbigkeit auch nach vielen Waschgängen, doch weniger kundige und sorgfältige Farbenhersteller brachten jetzt Produkte von geringerer Qualität auf den Markt, oft mit gesundheitsgefährdenden Folgen. Einige Jahre nach der Untersuchung in Deutschland erschien in der *Times* der Brief eines Lesers, der sich Paterfamilias nannte. »Der ungewöhnlich heiße Sommer hat eine Reihe unerklärlicher Hautausschläge hervorgerufen, die der Hitze oder einer Fiebererkrankung zugeschrieben wurden. Der wirkliche Grund ist jedoch am Stand von Dr. Startin, seines Zeichens Chirurg, im östlichen Quadranten der Gesundheitsausstellung zu besichtigen. Dort werden einige schreckliche Beispiele für Hauterkrankungen gezeigt, die hervorgerufen werden, wenn die Träger von Strumpfwaren oder Flanellkleidungsstücken, die mit Anilinfarben gefärbt wurden, ins Schwitzen geraten.«

James Startin, Lehrbeauftragter am Londoner St. John's Hospital für Hautkrankheiten, stellte in einer Vitrine Modelle und Fotos aus, die die verhängnisvollen Auswirkungen von Anilin auf die Haut zeigten. Daneben präsentierte der Chirurg eine Sammlung natürlicher Farbstoffe, unter anderem Indigo, Cochenille und Saflor, die vollkommen harmlos waren. Paterfamilias erklärte, Indigo werde in England intensiv wie je verwendet, weil noch kein künstlicher Ersatzstoff entdeckt worden sei. »Doch das strahlende und dauerhafte Scharlachrot, das durch Lacdye oder Cochenille hervorgerufen wird, findet man heute nur noch selten ... Die Behauptung, Anilinfarbstoffe seien nur schädlich, wenn sie Arsen enthielten, ist schlicht falsch; in erster Linie sind sie wegen ihrer Flüchtigkeit schädlich.«

Vier Tage später brachte die *Times* einen Brief von William Fowland aus Essex. Er berichtete von einer Frau, die in der Nähe von Charing Cross rote Seidenstrümpfe gekauft und davon eine schwere Entzündung der Haut bekommen habe. Ihr Arzt habe erklärt, die Strümpfe seien mit Anilin gefärbt und daher »giftig«. Mr. Gowland verlieh seiner Gewissheit Ausdruck, dass die Öffentlichkeit einem Vorfall von solcher Bedeutung ihre volle Aufmerksamkeit schenken werde.

Ein anderer Leser, der seinen Brief mit Anti-Anilin unterzeichnete, wusste von einem Stand auf der Gesundheitsausstellung, ebenfalls im östlichen Quadranten, der das richtige Mittel gegen die Gefahren der neuen Farbstoffe anbiete. Dort könne man Strümpfe erstehen, »welche die Bauern von Donegal gefertigt haben«, ausschließlich mit pflanzlichen Farbstoffen. »Ungeachtet all der technischen Errungenschaften, mit denen wir uns so gerne brüsten, will mir scheinen, dass die

Bemühungen unserer Chemiker und Färber nur zur Produktion eines höchst unbeständigen Ersatzstoffes für die alten und farbechten Färbemittel geführt haben, die einst in Gebrauch waren. Der Ersatzstoff soll den Verbraucher zum Vorteil des Herstellers und Händlers hinters Licht führen. Am Ende wird er die Qualität aller unserer farbigen Textilerzeugnisse in Mitleidenschaft ziehen. Der Schah von Persien hat mehr Weitblick bewiesen als wir Engländer, denn sobald er die flüchtige Natur der Anilinfarbstoffe erkannt hatte, verbot er ihre Einfuhr, damit der gute Name der persischen Teppiche keinen Schaden nehme.«

Einige Tage später wurden die Meldungen noch dramatischer: Viel gefährlicher als der Hautkontakt mit Teerfarben war Verzehr! »Wir haben allen Grund zu der Annahme, dass in diesen ›billigen und schmutzigen‹ Zeiten Anilinfarben in erheblichem Umfang bei der Herstellung von Bonbonbs und Pralinen verwendet werden«, schrieb Detector aus der Mincing Lane. Er hatte vor kurzem die Analyse eines gelben Bonbons zu Gesicht bekommen und mit Entsetzen festgestellt, dass er zu 50 Prozent aus Pikrinsäure bestand, »einem Gift, das kaum weniger tödlich als Arsen ist; der Rest bestand vermutlich aus Kreide«. Einige Farbenhersteller hätten sich geweigert, Aufträge von Konditoren anzunehmen, aber nicht alle. »Der Schah von Persien ist nicht der Einzige, der die Verwendung von Anilinfarben verboten hat; auch die schwedische Regierung wird, wie ich vermute, ihre Einfuhr nicht zulassen. In unserem herrlich freien Land scheint alles erlaubt zu sein, auch das langsame Vergiften unserer Jüngsten.«

In einer letzten anklagenden Leserzuschrift – und es gab keinen Leser, der sich zu Gunsten der neuen Farben äußerte – wurde auf einen anderen schädlichen Effekt hingewiesen, nämlich »die Veränderung der meisten heutigen Teppiche und Vorhänge nach vergleichsweise kurzer Lichteinwirkung infolge der flüchtigen Beschaffenheit der verwendeten Farben. Anilinfarben werden von Färbern in großem Umfang genutzt, weil sie bequem in der Anwendung sind. Der Schaden ist groß und ließe sich doch so leicht abstellen.«

Die Redaktion der *Times* dagegen erklärte, die Klagen würden nun schon seit einer Reihe von Jahren vorgebracht, aber es bestehe begründeter Anlass zu der Hoffnung, dass das Ausmaß des Übels übertrieben worden sei. »Es gibt zahllose Menschen, die Kleidung mit Anilinfarben tragen, während diejenigen, die darunter leiden, allenfalls die Ausnahme bilden. Bislang ist uns noch kein Fall einer Vergiftung durch Süßwaren zur Kenntnis gelangt.«

Der Verfasser des Leitartikels hielt die meisten Behauptungen also für unbegründet und schlug sich auf die Seite des industriellen Fortschritts. Statt alle künstlichen Farben gesetzlich zu verbieten und dadurch die Farbenindustrie und den Textilhandel schwer zu schädigen, genüge es, die Verbraucher zur Vorsicht zu mahnen. Die Revolution im Reich der Farben sei schon viel zu weit gediehen. »Der Vorschlag, synthetische Farbstoffe zu Gunsten von Cochenille, Indigo, Krapp und anderen tierischen oder pflanzlichen Substanzen aufzugeben, ist undurchführbar, weil der Vorrat an solchen Farbstoffen viel zu begrenzt ist und für die Nachfrage an gefärbten Waren niemals ausreichen kann. In das Präanilinstadium der Farbenherstellung, wie man es nennen könnte, führt kein Weg zurück: Wir müssen uns damit zufrieden geben, Maßnahmen durchzusetzen, die die Risiken von gesundheitlichen oder materiellen Schäden ausschließen oder minimieren.«

Statt den Schah von Persien oder die schwedische Regierung als leuchtende Beispiele hinzustellen (deren Einfuhrverbote von protektionistischen und nicht gesundheitlichen Erwägungen bestimmt waren), vertraute die *Times* auf die Vernunft des englischen Handels. »Ein Käufer, der nach dem Tragen von Strümpfen oder Handschuhen gesundheitlichen und dadurch auch finanziellen Schaden erlitte, könnte gegen den Verkäufer rechtliche Schritte einleiten. Auch wenn die Strafe zunächst den Händler träfe, würde sie letztlich den Hersteller erreichen und den Vertrieb unzulänglich gereinigter Textilien unterbinden.«

Die Hauptschuld trug die Arsensäure, die für die Oxidierungsprozesse mehrerer Farben verwendet wurde, obwohl man um ihre verheerende Wirkung wusste. Besonders verbreitet war sie in Tapeten und Ölfarben, nicht zuletzt in einem blassgrünen Farbton, der sich seit Mitte der sechziger Jahre unter dem Namen Scheeles Grün großer Beliebtheit erfreute. Sein Erfinder, der Schwede Karl Wilhelm Scheele, war ein bedeutender Experimentalchemiker des achtzehnten Jahrhunderts, der grundlegende Arbeiten über Sauerstoff, andere Gase und Säuren vorgelegt hat.

Am Guy's Hospital in London, wo viele Patienten wegen Entzündungen der Augenlider und Lippen sowie Beschwerden der Atemwege behandelt wurden, kam ein Chirurg als Erster auf die gemeinsame Ursache all dieser Erkrankungen. Es handelte sich um eine preiswerte und viel verwendete Tapete in Scheeles Grün. Das Muster aus grünen Blättern und Blüten bestand aus einem dicken Relief von reinem Kupferarsenit. Bei Wärme und bei mechanischer Einwirkung durch Bürsten und Reinigen gelangten kleine Farbpartikel in die Luft, die zu einer langsamen Vergiftung führten.

Die Zeitungen und medizinischen Zeitschriften berichteten ausführlich darüber und lösten eine beträchtliche Panik unter den Lesern aus. In der *Times* hieß es: »Nicht selten starben Kinder, die in einem derart tapezierten Zimmer schliefen, an Arsenvergiftung, weil die wirkliche Krankheitsursache erst zu spät entdeckt wurde.«

Ein Komitee aus Chemikern, Färbern und einigen Medizinern wurde von der Society of Arts ins Leben gerufen, um die Gefahr zu beurteilen, und gelangte zu dem Schluss, die beste Politik sei die Aufklärung der Öffentlichkeit. Die Botschaft schien einfach zu sein: Kauft keine grünen Tapeten. Man stieg also auf andere Farben um, doch mit der verbreiteten Verwendung von Anilinfarben blieb das Problem. Die Arsensäure, die für die Herstellung anderer Farbstoffe erforderlich war, wurde oft nicht sorgfältig genug herausgefiltert und ausgewaschen.

Das *British Medical Journal* meinte, das Problem betreffe im Wesentlichen die Arbeiterklasse. Teerfarben hätten das Angebot für die Massen erweitert, aber auch Thackerays Definition des *Great Unwashed*, des »Pöbels«, eine neue Bedeutung verliehen: Wer sich mit den flüchtigen Farben in Kleidungsstücken minderer Qualität schmückte, werde schon bald merken, dass sich die Farbechtheit am besten erhalten ließ, indem man Waschmittel vermied. »Die billigeren Textilien in Magenta und Scharlachrot werden vielfach von den ärmeren Angehörigen der Arbeiterklasse erworben und dienen als Unterkleidung, Strumpfware und Putz. Das sicherste Verhalten im Hinblick auf Kleidung ist der Verzicht auf alle flüchtigen Farben und die Beschränkung auf das Maß an Zurschaustellung, das gesundheitlich vertretbar ist. Die Gefahren, die in Kauf genommen werden, wenn man Anilin und Arsen direkt auf der Haut trägt oder die Luft eines Zimmers atmet, die mit den Farbpartikeln einer Tapete angefüllt ist, sind durch keinerlei ästhetischen Reiz wettzumachen, den diese Pigmente möglicherweise hervorrufen.«

Der Farbenhandel brauchte einige Zeit, um auf diese Krise zu reagieren, doch dann tat er es mit der gebührenden Gründlichkeit. Die Society of Dyers and Colourists bestritt die Schreckensmeldungen der Presse und klagte, der öffentliche Protest gründe sich auf Hörensagen und unzulängliche Indizien. Zwar bedauerte man die Krankheitsfälle, die durch die Tapeten hervorgerufen wurden, behauptete aber, seit 1870 seien erhebliche Anstrengungen unternommen worden, um das Problem zu beheben.

Der Branchenverband hatte sich mit James Startin in Verbindung gesetzt, dessen schockierende Ausstellung die allgemeine Empörung ausgelöst hatte. Zunächst versuchte man, Startin als Scharlatan hinzustellen, als einen Arzt, der keine Ahnung von ihrem komplizierten Gewerbe habe. »Wir legen Wert auf die Wahrheit, auf genau dokumentierte Fälle, auf den Beweis, dass Anilinfarben wirklich für die schädlichen Folgen verantwortlich sind, die man ihnen unterstellt«, erklärte eines der Mitglieder. »Glücklicherweise ist die Chemie eine Wissenschaft, die sich nur mit Fakten beschäftigt. Sie befasst sich nicht mit spekulativen Ansichten oder spektakulären Ausstellungen.«

Unglücklicherweise musste sie es nun doch. Die Farbenbranche sah ein, dass ihr die Ausstellung und die öffentliche Meinung auf lange Sicht ungeheuren Schaden zufügen konnte. Der *London Commercial Record* hatte bereits berichtet, dass viele Kunden ausdrücklich nach Waren verlangten, die nicht mit den neuen Farben behandelt waren.

Die Färber hielten dagegen, dass Arsen- oder Schwefelsäure durchaus auch beim Färben mit pflanzlichen Stoffen in die Textilien geraten könnten, etwa durch bestimmte Beizmittel. Möglicherweise sei das Material selbst verantwortlich, und wahrscheinlich seien die fraglichen Stoffe gar nicht mit Anilin gefärbt worden, zumindest nicht mit britischem Anilin oder nicht mit Anilin, das mit Hilfe eines kundigen Chemikers verwendet worden sei.

Die Society bedauerte, dass Mr. Startin ihrer Einladung nicht hatte Folge leisten können. Doch er schickte eine kleine Stichprobe seiner Ausstellungsstücke, die nun analysiert werden sollte. In der Zwischenzeit hatten die Mitglieder der Society Gelegenheit, Startings Ergebnisse selbst auf weniger wissenschaftliche Weise zu diskutieren. Charles Rawson, eines der Mitglieder, berichtete von einem kleinen praktischen Experiment, das er zu Hause und auf der Straße durchgeführt habe. Er hielt zwei Wollknäuel hoch, das eine mit Cochenille, das andere mit Anilinrot gefärbt. Aus dieser Wolle seien Socken gestrickt worden, die er eine Woche lang getragen habe, am linken Fuß eine Cochenille- und am rechten eine anilinrote Socke. »Mein Bruder hat das gleiche Experiment durchgeführt, und in keinem Fall ist die geringste Reizung oder Beeinträchtigung aufgetreten.« Mr. Rawson schlug vor, ähnliche Experimente in größerem Umfang durchzuführen.

Auch G.H. France, der Ehrensekretär der Gesellschaft, hatte Untersuchungen angestellt. Er hatte bei Farbenwerken in ganz Europa angefragt, ob ihre Arbeiter, die den ganzen Tag mit Farbstoffen umgingen, an Hauterkrankungen oder Ausschlägen litten. BASF aus Ludwigshafen erwiderte, obwohl man viele Arbeiter beschäftige und eine Vielzahl von Farbstoffen herstelle, habe es noch keinerlei Komplikationen gegeben. Leopold Cassella und Co. aus Frankfurt am Main schrieb, man produziere dreißig Sorten von Teerfarben, doch nur in einer, dem Magenta, werde Arsen verwendet. In diesem Falle mache das Arsen nur ein Prozent der Magentakristalle aus, von diesem einen Prozent blieben wiederum 95 Prozent im Farbbad zurück. »Wir möchten darauf hinweisen, dass bei den Arbeitern unserer Fabrik Haut und Speichel immer intensiv verfärbt sind, dass sie aber dessen ungeachtet vollkommen wohlauf und gesund sind, und dass ihre Sterblichkeit im Vergleich zu der von Arbeitern, die nie mit Farbstoffen zu tun haben, sehr gut abschneidet.« Die deutsche Regierung hatte eine Expertenkommission eingesetzt, der auch August Hofmann angehörte. Er und seine Kollegen gelangten zu dem Schluss, die Farben seien so sicher, dass man sie bedenkenlos in Lebensmitteln verwenden könnte.

Ivan Levinstein berichtete aus Blackley bei Manchester, in all den Jahren, die er als Farbenhersteller tätig sei, könne er sich bei seinen Arbeitern an keinen einzigen Fall von Hautausschlag erinnern. Die Firma Williams Bros and Ekin schrieb aus Hounslow in Middlesex, der Londoner Chemiker Anthony

William Perkin schwarzweiß: Ein Selbstporträt des Vierzehnjährigen. Dr. August Hofmann, der die Farbexperimente seines Schützlings für Zeitvergeudung hielt (Sheila Terry/Science Photo Library). Perkin mit seiner zweiten Frau Alexandrine, 1870 (Science Museum).

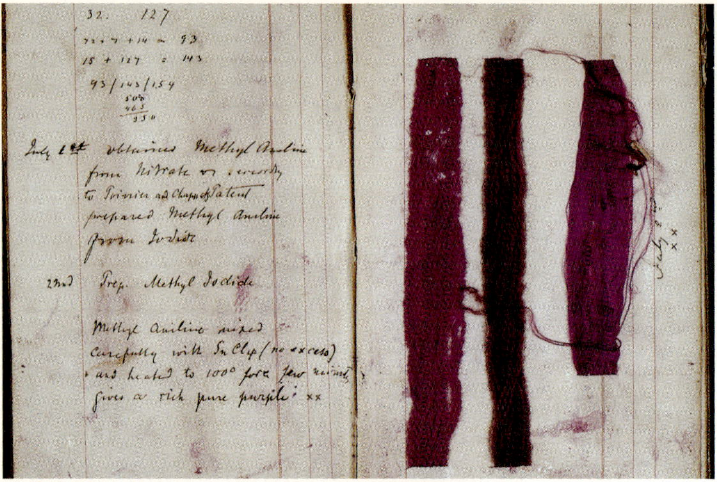

»Die Fackel, die dem Entdecker den Weg in das dunkle Innere des Moleküls erleuchtet«: Doch den Färbern kam es nur auf die Leuchtkraft der Farbe an. Ein Rezeptbuch von 1868 (Jean Horsfall/Museum of Science and Industry in Manchester), Perkins Mauvein- und Alizarin-Kristalle, die das Straßenbild mit neuen Farben belebten (Science Museum).

Kleider, die »törichte Junggesellen zu kühnen Vorschlägen verführen«: Ein Seidenkleid aus dem Jahr 1862, das mit Originalmauvein gefärbt wurde (Science Museum).

Sie wurden verspottet und gefeiert: Grell, giftig und unbeständig schimpfte man die neuen Farben, doch für die Mode bewussten Kreise in Paris und London waren sie einfach unwiderstehlich (Hulton-Deutsch-Collection Ltd.).

»Ein Wunder, dass Perkin nicht sich und Greenford Green in die Luft gejagt hat.« Perkin (Zweiter von rechts), sein Bruder Thomas (Zweiter von links) und Mitarbeiter erfreuen sich ihrer anhaltend guten Gesundheit auf einer Wiese neben dem Farbenwerk (Science Museum). Die Skizzen zeigen das Wachstum der Fabrik zwischen 1858 und 1873.

Endlich anerkannt: Bei der Zusammenkunft der British Association im Jubiläumsjahr 1906 erwiesen hochrangige Kollegen dem Pionier Perkin ihre Reverenz (Science Museum). Aber sein Name sollte schon bald wieder in Vergessenheit geraten.

Der große Erfinder im Alter von 68 Jahren (Science Museum) und sein Haus, das er aus den Mauve-Gewinnen errichtete. Die Perkin-Medaille wird seit 1906 alljährlich für die Entwicklung neuer Kunstfasern, Vitamine oder Medikamente verliehen (Science Museum).

Was man mit Farben alles machen kann: Mannequin in einer Kreation von Paco Rabanne (Chris Moore Agency) und eingefärbte Stränge von Tuberkelbazillen unter dem Mikroskop (Science Photo Library).

Nesbitt habe seine Kaninchen viele Wochen lang mit Hafer gefüttert, den er in starken Lösungen von Magenta, Violett, Braun und Orange eingeweicht habe. Die Kaninchen hätten offenbar daran Gefallen gefunden und seien weiß geblieben.

Drei Wochen später kam die Society of Dyers and Colourists wieder zusammen, um die Analyse von James Startins Exponaten zu erörtern. Zwei Chemiker hatten acht winzige Proben untersucht, jede ungefähr sechs Quadratzentimeter groß. Diese stammten aus Flanellsachen, Socken, Strümpfen und Handschuhen, die teils mit Anilin und teils mit pflanzlichen Stoffen gefärbt waren – Blauholz, Magenta, Alizarin und Safranin. Leider waren die Ergebnisse nicht eindeutig. In den Proben wurde kein Arsen entdeckt. Einige der Farbstoffe, so wurde bemängelt, seien billig und primitiv, eine Schande für den Berufsstand. Andere seien flüchtiger als die neuesten Produkte. In keinem der Fälle ließ sich eine eindeutige Beziehung zwischen Farbstoffen und Hauterkrankungen nachweisen.

William Perkin, ein Gründungsmitglied der Society of Dyers and Colourists und später ihr Präsident, hat diese Untersuchungen wahrscheinlich mit Befriedigung und leichter Belustigung verfolgt. Nicht zum ersten Mal war seine Entdeckung Gegenstand einer öffentlichen Prüfung. Man hatte ihn bereits angeklagt, den Kanal und die umliegenden Flüsse zu verschmutzen, alteingesessene Berufsstände zu zerstören und die Krapphersteller wirtschaftlich zu ruinieren. Man hatte ihm vorgeworfen, seine Farben seien nicht so haltbar wie die traditionellen Substanzen und er gefährde das Leben seiner Arbeiter und der Anwohner.

Als der neue Hautskandal ausbrach, war er vermutlich erleichtert, dass er nun nicht mehr zur Branche gehörte.

1873 hatte der 35-Jährige seine Firma verkauft, siebzehn Jahre nach seiner bahnbrechenden Entdeckung. Es gab verschiedene Gründe dafür: Perkin and Sons war zu klein, um konkurrenzfähig zu sein, sie war dem eigenen Erfolg mit Alizarin zum Opfer gefallen. Jede Expansion hätte verlangt, dass Perkin mehr Chemiker einstellte, aber er war der Meinung, dass es in England zu wenig qualifizierte Wissenschaftler gebe, und sie aus Deutschland zu holen wäre schwierig gewesen. Im zurückliegenden Jahr hatte es durch Lecks in seinen Retorten zwei schwere Unfälle auf seinem Werksgelände gegeben, und als tiefreligiöser Mann konnte er es mit seinem Gewissen nicht vereinbaren, seine Mitarbeiter weiterhin solchen Gefahren auszusetzen. Außerdem war in letzter Zeit der Preis für Krapp um fast ein Drittel gesenkt worden, und da Perkin im Gegenzug das Alizarin verbilligen musste, gingen seine Gewinne zurück. Er fand, dass seine Patente nicht hinreichend geschützt wurden, hatte aber keine Lust, seine Zeit mit Rechtsstreitigkeiten zu vergeuden. Schließlich beobachtete er in Deutschland, wo viele seiner ehemaligen Mitarbeiter tätig waren, umfangreiche Investitionen und Expansionsbestrebungen, eine Entwicklung, die durch den rigorosen Protektionismus der deutschen Regierung gefördert wurde. Er sah keine Zukunft für sein Unternehmen.

Einige Jahre später erläuterte Heinrich Caro nach einem Briefwechsel mit Perkin, was den Chemiker, der so maßgeblich an der Entstehung der Farbenindustrie beteiligt war, bewogen hatte, ihr den Rücken zu kehren. »Es hatte keinen Sinn, den Status quo zu erhalten und darauf zu hoffen, dass das englische Patentrecht die Überschwemmung des englischen Marktes mit Alizarin verhinderte, welches unter Verletzung der gemeinsamen Patente von Perkin und der Badischen in Höchst und Elberfeld hergestellt wurde.« Ein Problem waren die Kosten, das andere die Qualität. Laut Caro hatte Perkin eine »fatale Vorliebe« für ein Herstellungsverfahren des Alizarin, das in Deutschland inzwischen verbessert worden war. Die Perkins erkannten, dass sie die Größe ihrer Fabrik hätten verdreifachen und sich wahrscheinlich einen anderen Standort suchen müssen. Also verkauften sie, als »die Zeit des Alizarin vorbei und vergessen war«.

Der Verkauf seines Werks war ein schwieriges Unterfangen, schien sich aber zu seiner vollen Zufriedenheit gestaltet zu haben – zumindest bis zu dem Zeitpunkt, da ihm der Prozess gemacht wurde. Ursprünglich hatten die Perkins ihre Fabrik BASF angeboten, doch deren Führung lehnte ab. Dann traf Thomas Perkin Edward Brooke, einen seiner Konkurrenten, in einem Eisenbahnabteil, und sie sprachen über ihre Pläne. Brooke sagte, seine Firma – Brooke, Simpson and Spiller, die Nachfolger von Simpson, Maule and Nicholson – sei sehr daran interessiert, Alizarin herzustellen, und regte eine Zusammenarbeit an. Die Perkins lehnten ab, brachten aber wenig später die Möglichkeit einer regelrechten Übernahme ins Spiel. Sie schlugen eine Kaufsumme von 110 000 Pfund vor. Neue Aufträge in Höhe von 35 000 bis 50 000 Pfund für Alizarin in roter und blauer Abstufung sowie Mauve, Violett Nummer 1 und 2, Magenta und Grubenpulver wären dabei nicht eingerechnet, ebenso wenig die Lagerbestände und Vorräte an Tonerde, Petroleum, Essigsäure, Alaunkuchen, Anilin, Brom, China-Clay, Brennspiritus, Kohle, Mangan, Natronlauge, Salzsäure, Naphtha, Salpetersäure, rauchender Schwefelsäure, Natronkristallen und Chlorkalk. Edward Brooke zeigte sich sehr interessiert. Ihm war daran gelegen, die Angelegenheit diskret über die Bühne zu bringen, damit der Preis nicht durch das Interesse anderer Unternehmen in die Höhe getrieben wurde. In seinem ersten Brief erwähnte er »eine gewisse Angelegenheit, die vor einigen Tagen zur Sprache kam« und bat um ein offizielles Treffen in seinem Büro.

Im Novenber 1873 folgten weitere Treffen, unter anderem eine Betriebsbesichtigung bei den Perkins und die Inspektion der Bücher. Thomas Perkin teilte Brooke mit, die Firma habe bereits Verträge über den Verkauf sämtlichen Alizarins abgeschlossen, das sie im folgenden Jahr herstellen könnte, fast

400 Tonnen zu einem Preis von 2 Shilling 3 Pence pro Pfund. Da die Herstellungskosten bei 1 Shilling 6 Pence lagen, ergab sich ein voraussichtlicher Gewinn von 30 000 Pfund für das Jahr 1874. »Ich dachte wirklich, dass der Verbrauch kaum an Grenzen stoßen werde«, erläuterte Thomas Perkin später, »und dass infolgedessen neue Werke gebaut werden müssten, um der Nachfrage gerecht zu werden.« Da zu dieser Zeit nirgendwo sonst in England Alizarin produziert wurde, war der Betrieb strengen Sicherheitsmaßnahmen unterworfen, aber Thomas Perkin hielt den Konkurrenten Brooke für einen hoch achtbaren Geschäftsmann und war sich sicher, »dass er von den Dingen, die er sah, keinen Gebrauch machen würde, selbst wenn aus dem geplanten Kauf nichts würde«.

Bevor das Geschäft zum Abschluss kam, fühlten sich die Perkins verpflichtet, auf einige Unzulänglichkeiten hinzuweisen, die ihre Farbenherstellung bei allem Erfolg beeinträchtigten. Der Standort Greenford Green hatte zwei große Mängel – die schlechte Wasserversorgung und die fehlende Entwässerung. Das Gelände fiel von Norden nach Süden ab und wurde vom Kanal immer wieder großflächig überschwemmt. So gelangten bunte Abwässer immer wieder in den Kanal, einen nahen Bach und den Fluss Brent.

Die Produktion des roten Farbstoffs war viel komplizierter und mühseliger als die von Mauve, Violett oder Magenta. »Ich habe warnend darauf hingewiesen, dass der Kauf des Rohanthrazens genauso wichtig sei wie die Herstellung des Alizarin daraus und bei der Auswahl viel Sorgfalt und Erfahrung verlange«, berichtete Perkin. Außerdem müsse bei der Fertigung ständig ein Chemiker zugegen sein. »Ein Gutteil unseres Erfolgs war dem Umstand zuzuschreiben, dass ich nahe an dem Werk wohnte und ständig anwesend sein konnte, wenn die Umstände es verlangten … wenn ich dem Herstellungsprozess nur eine Woche fern blieb, fiel die Produktion sofort ab, und als ich 1873 drei Wochen auf dem Kontinent weilte, blieb die Produktion um mehrere tausend Pfund hinter ihrem normalen Volumen zurück.«

Trotz dieser Informationen erklärten sich Brooke, Simpson and Spiller Ende Dezember 1873 mit einer Kaufsumme von 105 000 Pfund einverstanden, wofür sie auch die Rechte an allen Patenten erhielten. Die Perkins würden im ersten halben Jahr nach dem Verkauf für Beratung und Hilfe zur Verfügung stehen. Als Erstes tauschten die neuen Besitzer in den Rechnungsbüchern die Namen aus, dann stellten sie zwei Techniker von Perkin and Sons ein, Mr. Brown und Mr. Stocks.

Acht Monate später war die Produktion in Greenford Green praktisch zum Erliegen gekommen. Der Kundenstamm war verloren, der Betrieb durch Misswirtschaft und Uneinsichtigkeit weitgehend zu Grunde gerichtet. Das ganze Ausmaß des Schadens legte eine Klageschrift dar, die Brooke, Simpson and Spiller im September 1874 einreichten.

Die neuen Besitzer erklärten, sie seien von den Perkins hinters Licht geführt worden, was den Wert des Unternehmens und seine Gewinne anging. Die Buchhaltung sei unzulänglich gewesen, und man habe niemals die verlangte völlige Einsicht in die Bücher bekommen. In zwei oder drei Jahren habe Thomas Perkin versichert, würden sie ihre Investitionen wieder heraus haben, aber das scheine jetzt völlig ausgeschlossen zu sein. »Nun, da wir in der Lage sind, die Fakten und Zahlen selbst zu beurteilen«, schrieb Edward Brooke an Thomas Perkins Anwalt, »stellen wir mit Entsetzen fest, dass wir, was die Kosten des hergestellten Produkts angeht, von Ihren Klienten in schlimmster Weise, wenn auch sicherlich ohne Absicht, getäuscht worden sind.«

Man hätte ihnen gesagt, die Kosten für die Herstellung von Alizarin lägen zwischen 1 Shilling 4 Pence und 1 Shilling 6 Pence pro Pfund, sie hätten aber feststellen müssen, dass die tatsächlichen Kosten 1 Shilling 11 Pence pro Pfund betrügen. Laut der geltenden Verträge müsse der Farbstoff für 2 Shilling

3 Pence verkauft werden, bei 6 Pfund Rabatt pro 100 Pfund. Infolgedessen lasse sich aus den vorliegenden Verträgen offensichtlich keinerlei Gewinn erwirtschaften. Brooke, Simpson and Spiller verlangten ihr Geld zurück, dazu 5000 Pfund »als Entschädigung für unseren Verlust, unsere Mühe und unsere Enttäuschung«.

Die Perkins lehnten ab und sahen sich bald neuen Vorwürfen gegenüber. Nach einer Schätzung, die einige Wochen später erfolgte, bezifferte Edward Brooke die tatsächlichen Herstellungskosten für Alizarin auf etwas mehr als 2 Shilling 3 Pence pro Pfund, was mit den 6 Pfund Rabatt bedeutete, dass Verluste von mehr als 3000 Pfund auf sie zukämen. Außerdem behauptete er, sein Kollege Richard Simpson habe bei einer Besichtigung des Werks 25 gemauerte Retorten bemerkt, die sorgfältig getüncht waren. Man habe ihm gesagt, sie würden gegenwärtig nicht gebraucht, könnten aber, wenn erforderlich, als Ersatz verwendet werden. Später habe Simpson dann entdeckt, dass sie alle Risse hätten und unbrauchbar seien.

William und Thomas Perkin ließen eine scharfe Erwiderung aufsetzen. Vor allem seien sie betroffen, dass ihr guter Name auf diese Weise in den Schmutz gezogen werden solle und dass derartige Behauptungen nun im Public Record Office, dem britischen Nationalarchiv, aktenkundig seien. Die Einzelheiten, die Edward Brooke von seinem Besuch auf dem Betriebsgelände und von den Verhandlungen berichtete, seien »vollkommen aus der Luft gegriffen«. Er habe völlig ungehinderte Einsicht in die Bücher bekommen, und es hätten »keinerlei Gespräche über die Herstellungskosten von Alizarin, die Mengen, in denen es hergestellt werden konnte, oder die Gewinne, die zu erwirtschaften waren, stattgefunden«.

Thomas Perkin spottete über die unökonomische Produktionsweise von Brooke, Simpson and Spiller: Er habe beispielsweise die Herstellung von 34 Tonnen Alizarin beobachtet: »Die Menge an Rohanthrazen überschreitet die erforderliche

Menge um 16 Tonnen ... die Menge an leichtflüssigen Ölen bleibt um 120 Gallonen hinter dem Soll zurück ... der Chlorkalk übersteigt das Soll um vier Tonnen ... die Schwefelsäure um sechs Tonnen ...«

Was die Retorten anbelangte, so wies Perkin die Unterstellung, sie seien zur Täuschung getüncht worden, entschieden zurück. Nur eine hätte Risse gehabt, die übrigen seien damals gerade gereinigt worden und seien nach dem Kauf durch Brooke, Simpson and Spiller noch in Gebrauch gewesen.

Auch im Umgang mit giftigen Abwässern seien die neuen Besitzer fahrlässig gewesen, Kalziumchlorid, das in den Grand Junction Canal geleitet worden sei, habe das Wasser und den Boden auf einen halben Kilometer im Umkreis des Werks sichtbar verseucht. Schlimmer noch, sie hätten die vorhandenen Wasserpumpen nicht in Stand gehalten und dadurch verschmutztes Wasser aus dem Kanal wieder in den Produktionsprozess eingespeist.

Das Urteil der Perkins fiel vernichtend aus: Seit dem Kauf des Werks hätten Brooke und Partner das Unternehmen nachlässig und verantwortungslos geführt. Alle Ratschläge seien als unerwünschte Einmischung zurückgewiesen worden. »Statt den Herstellungsprozess in seinen verschiedenen Etappen persönlich zu beaufsichtigen, wie wir es getan haben, ließen sie sich selten auf dem Werksgelände blicken und blieben meist nicht länger als zwei oder drei Stunden im Betrieb ... Außerdem haben sie viele Kosten und Ausgaben des Betriebs in einer Weise erhöht, die nach unserem Dafürhalten völlig überflüssig war.« So hätten sich die Versicherungsprämien von 228 Pfund jährlich auf 1594 Pfund allein in den ersten sechs Monaten erhöht, was doch auf eine außerordentliche Unfähigkeit in Finanzangelegenheiten schließen lasse.

Im März 1875 verkündete der zuständige Richter folgendes Urteil: Die Klage wurde abgewiesen, da die Anschuldigungen nicht hinreichend begründet seien. Später überlegten die Brüder Perkin, was Brooke, Simpson and Spiller bewogen haben könnte, sich so unvernünftig zu verhalten und den Betrieb so nachlässig zu führen. »Widerstrebend sind wir zu der Überzeugung gelangt, ... dass ihrer fortgesetzten und hartnäckigen Weigerung, irgendwelche Argumente und Ratschläge anzunehmen, der vorsätzliche und geplante Versuch zu Grunde lag, das Unternehmen systematisch zu ruinieren.« Die Perkins gingen von einer Verschwörung aus, mit der sich Brooke, Simpson and Spiller rächen wollten. Die Konkurrenten seien nicht nur neidisch auf den Erfolg, den Perkins Unternehmen mit Alizarin erzielt hatte, sondern grollten ihm auch wegen der längere Zeit zurückliegenden Entscheidung, keine Rohstoffe mehr von ihnen zu kaufen. Hätte die Klage Erfolg gehabt, dann hätte sie dem Vermögen und dem Ruf der Perkins enormen Schaden zugefügt und den erneuten Verkauf des Unternehmens außerordentlich erschwert.

So aber sahen sich Brooke, Simpson and Spiller selbst einer düsteren Zukunft gegenüber. Ein Jahr nach dem Prozess versuchten sie, das Werk weiterzuverkaufen. Während der folgenden achtzehn Monate schrieben sie auch weiterhin rote Zahlen, und sie bemühten sich angestrengt, den Verlusten Einhalt zu gebieten. Eine ihrer ersten Maßnahmen bestand darin, die Produktion von Mauve einzustellen.

Die Verwertung

KAPITEL ZEHN

Freudentage

Die Diktatur von Mauve ist endlich vorbei! Dieser Ausspruch stammt von Vivian Kistler, Mitglied der Color Marketing Group, einer Organisation, die mitentscheidet, in welchen Farben wir uns bekleiden und einrichten. Es gebe keinen Zweifel daran, dass Mauve als Modefarbe jetzt tot sei, meinte Kistler. Sogar Firmen, die Küchenprodukte aus Gummi und Kunststoff herstellen, etwa Geschirrkörbe, würden Mauve allmählich aus ihrem Sortiment nehmen. »In den letzten sechs oder sieben Jahren sind wir zu Tode gemauvt worden«, sagte Kistler lachend.

St. Louis Post-Dispatch 1990
anlässlich der zwölften *New York ArtExpo*,
der alljährlichen Kunsthandelsmesse

Gestern hielt die Modekarawane Einzug in Mailand, zur dritten Etappe ihrer monatelangen Tour, die in vierzehn Tagen in Paris enden wird. Mailand ist die Stadt, in der die edelsten Marken – Gucci, Prada, Versace und Dolce & Gabbana – ihre Kollektionen vorstellen und die Trends der Saison bestimmen, die dann rasch von der Massenproduktion des Mainstreams adaptiert werden. Für alle, die sich gern im Versace-Glanz sonnen, gab es eine Fülle von modernen und wunderbar tragbaren Modellen, von der kurz geschorenen Schaffelljacke in Mauve und dem damenhaften Hosenanzug in Lila bis zur weinroten Kostümjacke und dem schmal geschnittenen kamelfarbenen Kurzmantel.

Independent,
»Doch der italienische Modezirkus sagt:
Mauve ist wieder da«, Februar 2000

Mit 36 Jahren war Perkin ein wohlhabender Mann und konnte sich sein Traumhaus errichten. »The Chestnuts« nannte er es. Das alte Haus in Sudbury baute er sich zu einem Labor um. Nun fand er auch mehr Zeit für die Musik, für die chemischen Gesellschaften und die Kirchenkomitees. Sein Vermögen – eine Summe von fast 100 000 Pfund – verwandte er auf wohltätige Zwecke und den Erwerb von Grundstücken.

So zog sich einer der größten Chemiker seiner Zeit ins Privatleben zurück. Ohne Bindung an akademische Institutionen oder wirtschaftliche Interessen, setzte er seine Studien in aller Abgeschiedenheit fort und veröffentlichte von Zeit zu Zeit einen Artikel in einer wissenschaftlichen Zeitschrift, aber nie wieder leistete er einen nennenswerten Beitrag zur Wirtschaft seines Landes. Sein Ruf war hervorragend, obschon einige meinten, er vergeude seine Gaben. Noch immer konnte man skeptische Fragen vernehmen: Was für einen Nutzen hat eine Farbe? Was bringt eine Farbe für die Wissenschaft? Kann es einem Mann reichen, im Gedächtnis der Menschen fortzuleben, weil er die Straßen lila gefärbt hat?

Perkin selbst schien zufrieden zu sein. Er hatte alle Zweifler widerlegt, viel Geld verdient und blickte jetzt auf einen Garten, der anderthalb Morgen schönstes Grün präsentierte. Er hatte strahlende Farben aus Abfallprodukten gewonnen und damit vielen Menschen die Möglichkeit eröffnet, reich zu werden. Doch vielleicht gab es einen Rest von Unbehagen: Zwar hatte er einen wichtigen Beitrag zur Kohlenstoffchemie geleistet, aber sein ursprüngliches Ziel, die Synthese des Chinins, nicht erreicht – eine Leistung, die die Gesundheit von Millionen Menschen verbessert hätte. Er war sicherlich entsetzt, als er sah, dass seine Erfindung vor allem im Ausland verwertet wurde und die englische Farbenindustrie an Bedeutung verlor. Und vielleicht rechnete er damit, dass seine Arbeit in den kommenden Jahren nur noch wenig Nutzen bringen würde. Er wäre überrascht gewesen.

»Meine persönlichen Erinnerungen an ihn reichen zurück ins Jahr 1880, als ich sechs war«, erinnerte sich sein Neffe Arthur Waters. »Onkel Williams Besuche waren immer Freudentage für uns, und ich kann mich noch lebhaft an eine wunderbare Vorführung von Zaubertricks erinnern.« Zum Haus der Waters fuhr Perkin gern auf seinem Fahrrad, und meist war seine schwarze Kleidung mit Kalkstaub bedeckt, wenn er eintraf. Damals gab es noch keinen Straßenbelag aus Steinkohlenteer.

Ein Schriftsteller aus der Gegend erinnerte sich gern an die »glücklichen Sommertage auf dem Feld, das inzwischen zum Sudbury-Sportplatz geworden ist, wo William die Kleinen mit einer Posaunenfanfare herbeirief und stillvergnügt zuschaute, wie sie sich um die Süßigkeiten und anderen Köstlichkeiten balgten, die er ihnen zuwarf«.

Sein Bruder bekam in der Gegend den Beinamen Junker von Greenford, weil er einen Großteil seiner Zeit auf dem Pferderücken und bei Schleppjagden zubrachte. Er wurde Kirchenvorsteher und spielte mehrere Streichinstrumente, unter anderem eine Stradivari.

Nachdem seine erste Frau 1862 gestorben war, heiratete William Perkin vier Jahre später die Polin Alexandrine Caroline Mollwo, die ihm drei Töchter und einen Sohn gebar. »Tante Sasha (wie wir sie nannten) war eine gute Hausfrau und sah sehr auf Ordnung«, berichtete Waters. »Das Haus war mit schönen viktorianischen Möbeln ausgestattet und lag inmitten eines großen, blühenden Gartens. In den Treibhäusern wuchsen die köstlichsten Weintrauben, die ich je gekostet habe. Onkel William war Vegetarier und verstand sich auf den Anbau solcher Früchte.«

Perkin arbeitete in der evangelischen Kirche mit, veranstaltete wöchentliche Treffen mit durchreisenden Predigern und sammelte Geld für eine neue Orgel. Privat übte er Mildtätigkeit, Mäßigung und Abstinenz, und manchmal versuchte er, diese Tugenden auch anderen zu vermitteln. »Ich habe mich immer für meine Nachbarschaft interessiert«, sagte er dem *Harrow Observer*. »Eines Tages fanden einige meiner Nachbarn und ich, dass etwas für die jungen Burschen und Handwerker von Sudbury getan werden müsse. Also mieteten wir einige Häuser an den Feldern (die heutige Sonntagsschule) und eine Remise gegenüber, die ursprünglich zu einer Pferderennbahn dahinter gehört hatte. Doch die war – zum Glück für die Nachbarschaft – kein Erfolg gewesen. In den Häusern wurden die Vereins- und Gesellschaftsräume für die Handwerker untergebracht, während in der Remise Vorträge und Konzerte stattfanden.«

Dieser Verein hatte nicht lange Bestand, denn die Vertreter der Arbeiterklasse tranken gerne ein Gläschen. »Es war schwierig, die Veranstaltungen im Griff zu behalten, weil sie einen allzu lebhaften Verlauf nahmen, und ich war nicht sehr glücklich mit der Entwicklung, da mich ihr allzu weltlicher Charakter störte.«

Zu Hause las Perkin seine Fachzeitschriften und konnte verfolgen, wie Deutschland die Vorherrschaft in der von ihm gegründeten Industrie gewann. Er erfuhr, dass sich die Pullars aus Perth auf dem neuen Gebiet der chemischen Reinigung versuchten. 1875 stieß er vermutlich auf einen Bericht über den Verkauf seiner alten Fabrik an Burt, Boulton and Heywood. Zu diesem Zeitpunkt waren die meisten seiner einstigen Kunden längst gezwungen, ihr Alizarin im Ausland zu kaufen. Die neuen Besitzer mussten sich sogleich mit Schadenersatzforderungen auseinander setzen, denn dem Unternehmen wurden irreparable Umweltschäden zur Last gelegt, unter anderem eine erhebliche Verschmutzung der örtlichen Gewässer. Daher verlegte es seinen Sitz nach Silvertown in Essex. Später wurde es Teil der British Alizarine Company.

Andernorts waren Perkins Farben bereits auf dem besten Wege, künstlerischen Nachruhm zu erlangen. In einigen seiner frühen Stickereien experimentierte der Textildesigner William Morris mit synthetisch gefärbter Wolle und Seide (obwohl er später ihrer Beständigkeit misstraute und wieder zu natürlichen Verfahren zurückkehrte). Perkins Farben wurden jetzt auch von Kunstmalern verwendet. Diese unlöslichen »Anilinlacke« hatten neue Schattierungen von Zinnoberrot, Post-Office-Rot und Smaragdgrün hervorgebracht. Wie das *Journal of the Society of Dyers and Colourists* schrieb, wurden die Rottöne vielfach in den offiziellen Publikationen der Regierung verwendet, während die Straßenbahngesellschaft von Manchester das Zinnoberrot als Farbe für ihren Fuhrpark wählte.

In den Galerien war man jedoch beunruhigt, wie rasch die neuen Farben ohne Firnis verblassten. 1877 berichtete die Wissenschaftszeitschrift *Nature*, Mr. Joseph Sidebotham, ein Mitglied der Literarischen und Philosophischen Gesellschaft von Manchester, habe sich besorgt darüber geäußert, dass Anilinfarben zunehmend für die Kolorierung von Fotografien benutzt würden. »Jeder, der um die rasche Veränderung fast aller dieser Farben durch Licht weiß, wird gegen ihre Verwendung protestieren. Wenn einer unserer Chemiker dies mit der ganzen Autorität seines Wissens bestätigte, so würden wahrscheinlich alle Maler, die ihre Kunstwerke länger als ein Jahr erhalten sehen möchten, auf den Gebrauch dieser Farben verzichten.«

Einige Jahre später, als man in New York zum ersten Mal über die gesetzliche Regulierung von Nahrungszusätzen nachdachte, gerieten die Anilinfarben erneut ins Kreuzfeuer der Kritik. Denn in Würsten, Marmeladen, Süßigkeiten und Backwaren wurden sie reichlich verwendet. Auch Perkin wurde in diese Auseinandersetzungen hineingezogen, als ihm ein amerikanischer Reporter vorwarf, er vergifte das amerikanische Volk. »Ich möchte in dieser Frage nicht Partei ergreifen«, entgegnete er. »Wahrscheinlich hat man mit der Verwendung von Anilinfarbstoffen in Lebensmitteln Missbrauch getrieben. Ich bin mir dessen sogar sicher. Aber eines ist gewiss: Die Menge an Anilinfarbstoff, die erforderlich ist, um ein Nahrungsmittel zu färben, ist so gering, dass sogar Strychnin in solchen Mengen harmlos wäre.«

Perkins Farben reisten auch auf Briefmarken um die Welt. Als Mitte der sechziger Jahre der amerikanische Bürgerkrieg zu einer schweren Baumwollknappheit führte, waren die Farbenhersteller gezwungen, sich nach neuen Märkten umzusehen. Heinrich Caro, damals noch in England für Roberts, Dale and Co. tätig, nahm Kontakt zu der Londoner Firma Thomas De la Rue auf, einer Druckerei für Banknoten und Briefmarken, und erzielte damit einen entscheidenden Durchbruch.

1863 äußerte Hugo Müller von De la Rue sein Interesse an der Verwendung von Mauveinfarben als Ersatz für seine unzuverlässigen Cochenille-Farbstoffe. Müller hatte bei Justus von Liebig in Gießen gearbeitet und war De la Rue von August Hofmann empfohlen worden. Warum er sich nun entschloss, das Mauvein bei seinem Landsmann Caro und nicht bei Perkin zu beziehen, ist unbekannt, jedenfalls war er hoch erfreut über die Ergebnisse. »Diese Farben sind so prächtig, dass ich jede Mühe auf mich nehmen würde, um sie zu verwenden«, schrieb er im Juli 1863 an Caro. Schon ein Jahr später wurden mehrere Anilinfarben, darunter Hofmanns Violett und Anilinschwarz, dazu verwendet, die Half-Penny-, Penny- und Six-Pence-Marken zu kolorieren. Möglicherweise ist auch für die späteren Versionen der Penny Black eine Anilinfarbe genommen worden. Voller Stolz erwähnte Perkin 1887 in einer Rede, dass sein Mauve seit 1881 dazu benutzt werde, Mitteilungen und Liebesgedichte in alle Welt zu schicken. Bis zum Ende der Regierungszeit von Queen Victoria blieben diese Briefmarken in Gebrauch und wurden erst am 31. Dezember 1901 aus dem Verkehr gezogen. Wahrscheinlich war das die letzte industrielle Verwendung des ursprünglichen Mauve.

Von allen Pflichten entbunden, die die Fabrik mit sich gebracht hatte, vertiefte Perkin sich wieder in die reine Forschung und gelangte in seinem Labor zu wichtigen neuen Erkenntnissen. Zwischen 1874 und seinem Tod im Jahr 1907 veröffentlichte er mehr als sechzig wissenschaftliche Artikel, die sich mit Themen beschäftigten wie dem magnetischen Drehvermögen und einer Vielzahl nützlicher chemischer Verbindungen. Er befasste sich mit Niedrigtemperaturverbrennung, untersuchte die Zusammensetzung seiner ersten Farben und wandte sich den Parfüms zu. Sein Neffe Arthur Waters erinnert sich, dass Veilchenduft aus seinem Labor gekommen sei, obwohl Perkin zunächst künstlichen Kumarin herstellte, dessen Duft an frisch gemähtes Heu und die Tonkabohne erinnert. Kumarin, das damals viel zur Parfümierung von Seife, Waschmitteln, Tabak und Lebensmitteln verwendet wurde, hat seither viel von seiner Beliebtheit verloren, doch als erstes künstliches Parfüm aus Steinkohlenteer hat es eine außerordentlich große Rolle gespielt.

Einer Farbe waren Perkin und seine Kollegen bisher nicht auf die Spur gekommen, und bis zum Ende des Jahrhunderts blieb der Heilige Gral der künstlichen Farbenherstellung: das Indigo. Es war wohl unvermeidlich, dass seine Synthese zuerst in Deutschland gelang, und ebenso zwangsläufig wurde sie durch Vorarbeiten ermöglicht, die in Sudbury geleistet worden waren.

Natürliches Indigo kam vorwiegend aus Indien, wo als erster Europäer Marco Polo seine Zubereitung und Verwendung beobachtete und notierte. Im dreizehnten Jahrhundert gelangte es nach Verona und London, aber da es viel teurer als Färberwaid war, wurde es in erster Linie von Kunstmalern verwendet. Doch als die Holländer und Engländer im sechzehnten Jahrhundert den Ostindienhandel begannen, konkurrierte der Farbstoff bald mit den Gewürzen um den Frachtraum der Schiffe.

Mehrere europäische Länder verboten die »Teufelsfarbe«

wegen ihrer fatalen Auswirkungen auf die einheimische Färberwaidproduktion, doch England begrüßte den Handel mit den eigenen Kolonien, und so kam die Farbe in Paris und London zunehmend in Mode. 1770 führte Großbritannien aus seinen Plantagen in Bengalen und South Carolina fast eine Million Pfund pro Jahr ein. Hundert Jahre später gab es in Indien 2800 Indigofabriken, die das Blau für die Matrosenkluft, den Union Jack und die Wollmäntel der Armee lieferten. Niemand konnte die bevorstehende synthetische Revolution vorhersehen.

In Berlin und München arbeitete Adolf Baeyer, ein Schüler von Robert Bunsen, seit 1865 an der Formel für künstliches Indigo. Seine Fortschritte verdankte er unter anderem William Perkins Synthese von Zimtsäure aus Benzaldehyd. 1880 gelang Baeyer die Herstellung des Farbstoffs in Reagenzglasmengen. Hoechst und BASF finanzierten die Forschungsarbeiten, doch die industrielle Produktion wurde durch die hohen Kosten des Ausgangsstoffs Toluol verhindert.

Heinrich Caro arbeitete mit Baeyer an dem Herstellungsverfahren, und möglicherweise erfuhr Perkin durch ihn erstmals von den Fortschritten bei der Indigosynthese. Am 10. Dezember 1881 schrieb Caro aus Mannheim einen Brief an seinen englischen Kollegen, der sich gerade zur Kur in Matlock Bridge in Derbyshire aufhielt:

> Mein lieber Mr. Perkin,
> lassen Sie mich zunächst der Hoffnung Ausdruck geben, dass Ihr gegenwärtiger Aufenthalt in Matlock durch nichts Ärgeres verursacht ist als ihr Vertrauen in die regenerierenden Kräfte der Wasserkur und dass Sie sich nun entsprechend gekräftigt und erfrischt fühlen. [Es gibt keinen Hinweis darauf, dass Perkins Gesundheit angegriffen gewesen wäre.] Sie haben lange Zeit eine schwere Bürde an harter Arbeit getragen …

Baeyers Familie ist gerade von einem schrecklichen Unglück ereilt worden. Vielleicht haben Sie gehört, dass er seinen ältesten Sohn, einen prächtigen Jungen von elf Jahren, durch den Biss eines tollwütigen Hundes verloren hat. Der Unfall ereignete sich letzten August im schweizerischen Flims, und die fatalen Folgen stellten sich kurz darauf ein. Inzwischen hat sich Baeyer von dem schrecklichen Schock erholt und ist aktiver denn je ... Er sitzt jetzt am theoretischen Teil seiner Untersuchungen. Vielleicht können Sie seine umfangreiche Arbeit schon bald lesen.

1890 entwickelte Karl Heumann, ein Forscher am Eidgenössischen Polytechnikum in Zürich eine neue Indigosynthese auf der Basis von Anilin und Naphthalin, wobei er die Kohlenstoffe, mit denen Mauve und die allerersten Teerfarben erzeugt worden waren, in geänderter Zusammensetzung verwendete. Das neue Verfahren versetzte BASF in die Lage, den Markt für synthetisches Indigo zu kontrollieren, und innerhalb von zwanzig Jahren kam die traditionelle Herstellung in Indien völlig zum Erliegen.

So stolz William Perkin auch auf den Fortschritt der Chemie war, er erhielt nur wenig Anerkennung dafür, dass er diese Entwicklung in Gang gesetzt hatte, und gar nichts von den Reichtümern, die in der Branche erwirtschaftet wurden. Die begehrteste Farbe hatte ihren Ursprung in seiner Fabrik, wurde jetzt aber vor allem im Ausland hergestellt. Im *Journal of the Society of Dyers and Colourists* las er, dass BASF in den neunziger Jahren Hunderttausende für die kommerzielle Herstellung von Indigo ausgegeben hatte, eine Investition, die die erstaunliche Zahl von 152 deutschen Patenten hervorbrachte.

Perkin diskutierte die Indigosynthese mit seinen Söhnen, die alle Chemie studierten und beruflich sehr erfolgreich waren. Wie ihr Vater besuchten sie die City of London School und arbeiteten während der Ferien in improvisierten Labors. Perkins ältester Sohn, William Henry Perkin jr., arbeitete später bei Baeyer in München und spezialisierte sich auf die Arbeit mit Alkaloiden wie Strychnin und die Synthese von Stoffen, deren Moleküle Kohlenstoffringe enthielten. Lange Zeit glaubte man, diese Ringe müssten aus mindestens sechs Atomen bestehen, doch 1884 gelangen ihm Ringe aus vier Kohlenstoffatomen. Er unterhielt enge Verbindungen zur Oxford University, wo er zum Professor für Chemie und Fellow des Magdalen College ernannt wurde, studierte aber auch in Manchester. Dort erhielt er den Spitznamen W. G., eine Anspielung auf den Kricket-Star W. G. Grace, dem Perkin jr. offenbar nicht nur wegen seines Bartes, sondern auch wegen seiner dynamischen Art ähnelte.

Zu seinem Assistenten erkor er Chaim Weizmann, den späteren ersten Staatspräsidenten von Israel. Weizmann arbeitete als Farbenchemiker bei der Clayton Aniline Company, wo er auch ein Syntheseverfahren für Kampfer, ein medizinisches Einreibemittel, entwickelte. Das Unternehmen war von dem Zionisten Charles Dreyfus gegründet worden, einem Wahlkampfmanager des Premiers A. J. Balfour. Dreyfus machte Waizmann 1906 mit Balfour bekannt, und diese Bekanntschaft führte schließlich zur »Balfour-Deklaration«, in der Großbritannien die Sicherheit einer jüdischen Heimstätte in Palästina garantierte.

Auf wirtschaftlichem Gebiet war W. H. Perkins bekannteste Leistung die Entwicklung von nicht brennbarer Unterwäsche. Für weniger kaufkräftige Kunden wurde nämlich Unterwäsche aus billigem Baumwollflanell hergestellt, einen Stoff mit gesträubten Fasern und einer wollartigen Oberfläche. Bei extremer Hitze entzündete sich Baumwollflanell wie eine Fackel, was zu mehreren Todesfällen vor allem bei Kindern führte. Perkin wurde beauftragt, das Problem zu lösen, und entwickelte eine feuerfeste Beschichtung.

Arthur George Perkin, der zweite Sohn, folgte seinem Vater 1878 auf das Royal College of Chemistry, das inzwischen nach South Kensington umgezogen war. Seine berufliche Laufbahn stand ebenfalls im Zeichen der Farbstoffe, vor allem der blauen. Besonders beschäftigte er sich mit den chemischen Eigenschaften der natürlichen Farben, aber er war neben der Forschung auch als Direktor eines Unternehmens in Manchester tätig, das künstliches Alizarin herstellte. 1905 beauftragte ihn die indische Regierung, eine Studie der Universität von Leeds zu leiten, bei der es um die Optimierung der traditionellen Indigoproduktion mit Hilfe wissenschaftlicher Methoden, also durch bessere Düngemittel und Extraktionsverfahren, ging. Am Ende musste er jedoch einsehen, dass die kleinen Verbesserungen, die sich erzielen ließen, letztlich nichts auszurichten vermochten gegen die preiswertere und zuverlässigere künstliche Konkurrenz aus Deutschland.

Sein Vater sammelte unterdessen Titel und wissenschaftliche Auszeichnungen. 1883 wurde er Präsident der Society of Chemical Industry. Von 1893 bis 1894 war er Vizepräsident der Royal Society, 1896 Vorsitzender der Leatherseller Company sowie Präsident der Society of Dyers and Colourists und 1907 Präsident der Faraday Society. Die großen wissenschaftlichen Gesellschaften verliehen ihm die Davy-, die Logstaff- und die Albert-Medaille.

Trotz aller Anerkennung wusste kaum jemand außerhalb der Chemikerzunft, wer er war. Seine Freunde in der Kirche kannten seine Verdienste nur in groben Zügen, und die Presse belästigte ihn selten. Perkin hatte an dieser Situation nicht das Geringste auszusetzen. Doch alles änderte sich schlagartig mit dem 50. Jubiläum der Mauve-Entdeckung.

Gleich zu Beginn des Jahres 1906 wurde Perkin von König Edward die Erhebung in den Ritterstand in Aussicht gestellt. Dem Chemiker widerstrebte diese Ehrung, doch seine Söhne überzeugten ihn davon, sie anzunehmen.

»Lieber Papa«, begann ein Brief, den W.H. Perkin jr. im Februar 1906 schrieb:

> Wir sind natürlich alle höchst erfreut über die Aussicht, dass Du endlich die gebührende Anerkennung für Deine Arbeit erhältst, zumal Du zu jener kleinen Zahl von Menschen gehörst, die nie versuchen, sich und ihre Arbeit in den Vordergrund des Interesses zu rücken … Jede Ehrung, die Dir zuteil wird … ist zugleich eine Ehrung für die Wissenschaft und insbesondere die Industrie, und Du kannst sie nicht ausschlagen, ohne Unrecht zu tun und große Enttäuschung hervorzurufen. Wie Du weißt, ist man in wissenschaftlichen Kreisen seit langem der Ansicht, die Forschung sei von unseren früheren Regierungen nie angemessen gewürdigt worden, wie es beispielsweise in Deutschland der Fall ist, und dies wäre daher ein willkommener Schritt nach vorn …

Einige Wochen später war Perkin eine Berühmtheit. Durch den Jahrestag richtete sich die allgemeine Aufmerksamkeit auf ihn, und eine Zeit lang schien ihm das durchaus zu gefallen. Ein internationales Komitee sammelte Spenden für eine Büste und ein Porträt und richtete Feierlichkeiten aus, die einen Monat lang andauern sollten. Alle Mitglieder der Chemical Society erhielten ein Formular, das sie mit einem Scheck oder einer Postanweisung zurückschicken sollten. Vorsitzender des Komitees war Professor Raphael Meldola, Präsident der Gesellschaft und ehemals Chemiker bei Brooke, Simpson and Spiller. Er war der Meinung, dass zu wenige Menschen noch etwas mit Perkins Namen anzufangen wüssten. »Nachdem es die Generation nicht mehr gibt, die miterlebt hat, welches Interesse die Entdeckung des Mauve hervorgerufen hat und wie aufgeregt die Zeitgenossen damals die sensationellen Berichte in den Zeitungen verfolgt haben, ist die Erinnerung an Perkin allmählich im öffentlichen Bewusstsein verblasst«, schrieb Meldola ein Jahr später. »Daher erlebten die meisten seiner Landsleute die denkwürdige internationale Zusammenkunft des Jahres 1906 in London wie eine Offenbarung, die ihnen vor Augen führte, dass sie einen Mann für sich reklamieren durften, zu dessen Ehrung so viele Nationen ihre Vertreter entsandt hatten ...« Dass Perkins Verdienste in Vergessenheit zu geraten drohten, beobachtete auch Heinrich Caro. In einem Brief vom 28. Juni 1906 schrieb er: »Wie Sie vermutlich wissen, stößt Ihr Jubiläum bei den deutschen Chemikern auf großes Interesse, aber ich habe bemerkt, dass der jüngeren Generation, die völlig von ihren gegenwärtigen und künftigen Aufgaben in Anspruch genommen ist, fast ganz jenen ›historischen‹ Sinn eingebüßt hat, der für uns in unseren jüngeren Jahren eine Selbstverständlichkeit war.«

Im Juli des Jahres 1906 fand die Feier in der Royal Institution statt, in eben jenem Saal, in dem Sir William als Knabe den Vorträgen von Faraday gelauscht hatte. Im offiziellen Programm hieß es: »Alle weiteren Informationen sind von den Stewards (mauvefarbene Abzeichen) zu erfragen.« Das Festbankett fand im Hotel Metropole in der Northumberland Avenue statt. Für den folgenden Tag hatte Perkin die Freunde zu einer Gartenparty zu sich eingeladen. Ein eigens gemieteter Sonderzug brachte die Gäste von Paddington dorthin, und unterwegs konnten sie sogar einen Blick auf das alte Werk in Greenford Green werfen, das nun herrenlos dem Verfall preisgegeben war.

Während dieser Feierlichkeiten wurde viel Mauve getragen, und wie in New York einige Wochen später würdigte man den bedeutenden Chemiker und seine Verdienste in allen Details. Jedermann und jede Branche entdeckte Perkin für sich. Raphael Meldola war enttäuscht von dem Anblick der still gelegten Fabrik, der sich ihm aus dem Zugfenster bot. »Dieses Werk erscheint heute höchst unbedeutend im Vergleich zu den großen deutschen Fabriken, und die Gesamtproduktion an Farben in den siebzehn Jahren, in denen Perkin die Verantwortung hatte, war nicht sehr bedeutend, gemessen an modernen Verhältnissen. Trotzdem lässt sich mit Fug und Recht behaupten, dass noch nie eine Fabrik, die in diesem Land errichtet wurde, solchen Einfluss auf die weltweite Entwicklung gehabt hat.«

Hunderte von Chemikern fanden sich zu dem Jubiläum ein, einigen klebte die Farbe noch an den Händen. Sie kamen aus Deutschland, der Schweiz, Italien, Japan, Amerika, Australien, Holland, Frankreich, Österreich. Wer irgend konnte, ließ es sich nicht nehmen, vor Faradays Originalbenzolprobe Reden zu halten oder ein kleines Glasfläschchen hochzuhalten, das ein nachgedunkeltes Klümpchen von Perkins ursprünglichem Mauve enthielt. Liebermann, Ulrich, Baekeland, Caro, Müller, Duisberg und 200 andere reisten an, alle mit ihren eigenen Geschichten und dem Versprechen, die Geduld ihrer Zuhörer nicht über Gebühr in Anspruch zu nehmen.

Carl Duisberg, Direktor von Bayer in Elberfeld, sprach an diesem Morgen beinahe so, als befinde er sich noch im Traum. Er erinnerte daran, wie sich Faradays Benzolprobe »zu einem enormen Gefäß ausdehnte, gefüllt mit Millionen und Abermillionen Gallonen dieses Produkts. Ich sah all diese Riesenfabriken, in denen Benzol verwendet und für eine Vielzahl wunderbarer Zwecke nutzbar gemacht wurde ... Vor meinem geistigen Auge erblickte ich die vielen tausend Teerfarben, zunächst Mauve und Magenta, dann die lange Reihe von Rosanilinen und Azofarben bis hin zum künstlichen Alizarin und schließlich die Königin aller künstlichen Farben, das synthetische Indigo. Aber nicht nur sie, sondern auch das Bild der pharmazeutischen Industrie mit ihren zahlreichen pharmakologischen Heilmitteln stieg vor mir auf ...« Bevor er erwachte, kam Duisberg noch auf Karbolsäure, Fiebermittel, Antineuralgica, Adstringenzien und Schlafmittel zu sprechen. Er erwähnte Vanillin, künstlichen Veilchenduft und fotochemische Produkte, »und inmitten all dieser Visionen stand höchst lebendig in all seiner geistigen und körperlichen Kraft der Mann, der das alles gegründet hat«.

Perkin brauchte seine ganze Kraft an diesem Donnerstagmorgen, denn nicht weniger als neun Mal musste er sich erheben, um der Schar der Chemiker zu danken, die ihm ihren Dank abstattete. Schwer beladen mit Auszeichnungen und gerahmten Urkunden aus Pergament kehrte er nach Hause zurück. Die Société Chimique de Paris verlieh ihm die Lavoisier-Medaille; von der Deutschen Chemischen Gesellschaft erhielt er die Hofmann-Medaille; und auch die Société Industrielle de Mulhouse würdigte seine Verdienste. Die Technische Hochschule München verlieh ihm einen Ehrendoktor. Eine gewisse Nora Hastings verehrte ihm ein Gedicht:

Die Krone des Ruhms, die hochverdient dir zufiel,
bringt zum Ausdruck unser aller Dankbarkeit.
Du stehst nun hier, an deines Lebens Ziel,
das noch erhöht durch seine wunderbare Nützlichkeit.

Sir Thomas Wardle, der die Society of Dyers and Colourists vertrat, berichtete, dass er sich noch an einen der ersten Klumpen Mauve erinnern könne, habe er doch zu den Ersten gezählt, die diesen Farbstoff gewerblich nutzten. Dann erzählte er eine Begebenheit, die er von August Hofmann kurz vor dessen Tod 1892 gehört hatte. Hofmann lehrte bereits in Berlin, als er mit einigen seiner Studenten eine Reise nach Amerika unternahm. Bei einer Expedition in den Nordwesten stießen sie auf eine Gruppe Indianer, alle von Kopf bis Fuß mit einer Farbe bemalt, die sehr nach Perkins Mauve aussah.

Die Farbe war sogar bis Japan gedrungen. Jintaro Takayama, Präsident der Tokioter chemischen Gesellschaft, brachte seine große Dankbarkeit für das Mauvein zum Ausdruck und wünschte Perkin Gesundheit, Glück und ein langes Forscherleben, erfüllt von nimmermüder Aktivität und Energie. Dieser Wunsch wurde rasch zum Generalbass, nicht nur in den Reden, sondern auch in den Glückwunschtelegrammen, die unter donnerndem Applaus verlesen wurden. Die Sektion der Society of Chemical Industry in Sydney schickte herzlichste Glückwünsche und äußerte die Hoffnung, der 68-Jährige möge noch lange das Vergnügen genießen können, für den Fortschritt der Chemie zu arbeiten. Ein weiteres Telegramm stammte von Dr. Böttinger, dem Erfinder des Kongorot, der ersten Baumwollfarbe, die ohne Beizmittel verwendet werden konnte.

Raphael Meldola, der Vorsitzende der Festveranstaltung, bedauerte bei seiner Gratulation, dass »Steinkohlenteer kein Gegenstand ist, der unbedingt zu jener Fröhlichkeit Anlass gibt, die unsere Gäste von einer Tischrede erwarten können«. Jener »einzige gute Witz«, den es über die Teerindustrie gebe, sei schon so häufig erzählt worden, um noch Heiterkeit hervorzurufen.

Er versuchte es trotzdem. »Man kann nicht oft genug wiederholen, dass Sir William Perkin die Teerfarben nicht entdeckt hat, weil er einen vielfarbig schimmernden Teerfilm auf einer Wasserpfütze beobachtete.« Hochmütiges Gelächter bei den Zuhörern: »So töricht sind manche Menschen.« Meldola erklärte, es gebe noch andere Missverständnisse in Bezug auf Perkins Farben, die zu berichtigen viel Zeit gekostet habe. Seiner Meinung nach hatte die Branche »eine Phase regelrechter Vorurteile zu durchlaufen. Aus meinen jüngeren Jahren erinnere ich mich, dass der Begriff Anilinfarbe nicht ohne Vorwurf verwendet wurde. Eine Teerfarbe galt als vulgär, unbeständig und höchst zweifelhaft in ihrer Qualität.« Die Öffentlichkeit habe eine Zeit lang gebraucht, um zu erkennen, »was für eine armselig farblose Welt wir hätten« ohne die Teerprodukte.

Sir Robert Pullar, seit sechzig Jahren im Färbereigewerbe, meinte, dass er einen ganzen Abend über die erstaunlichen Veränderungen sprechen könnte, die sich in seiner Branche vollzogen hätten, seit ihm ein junger Mann von achtzehn Jahren eine kleine Stoffprobe geschickt hatte. Doch es stimme ihn traurig, mit ansehen zu müssen, wie sie sich jetzt alle der Vorherrschaft deutscher Chemiker und Verfahren beugen müssten. Gegenwärtig würden die besten Farben in Deutschland hergestellt. »Leider werden wir sie noch lange Zeit von ihnen kaufen müssen.«

Viele Gäste hielten ihre Reden auf Deutsch oder Holländisch, doch Professor Duisberg ließ es sich nicht nehmen, das Englische mit seinen Sprachbildern zu vergewaltigen. Er sah sich und 3500 weitere deutsche Chemiker als Gärtner auf den ausgedehnten Beeten, die Perkin vor fünfzig Jahren angelegt hatte, und schickte sich mit ermüdender Ausdauer an, dieses Naturbild zur Illustration einer künstlichen Errungenschaft zu Tode zu reiten. »Uns ist die Aufgabe zugefallen, den jungen Schößling, den er einpflanzte, als er das Mauve erfand, anzubauen, zu veredeln und dann die Früchte zu ernten aus einem großen Obstgarten voll starker und mächtiger Bäume, die sich zu ihrer ganzen Reife entfaltet haben ...«

Adolf von Baeyer war nur im Geiste anwesend, doch eine seiner jüngsten Vorlesungen, in mauvefarbenes Leder gebunden, wurde verlesen und Perkin überreicht. Baeyer hatte seinen Studenten mitgeteilt, der Schlüssel zu den Anilinfarben liege in den Grundeigenschaften des Kohlenstoffatoms. Die Strahlen der Anilinfarben »sind die Fackel, die dem Entdecker den Weg in das dunkle Innere des Moleküls erleuchtet, und der Mann, der die Fackel entzündet hat«, stand auf, um zum sechsten Mal an diesem Tag das Wort zu ergreifen.

Perkin war erstaunt, dass dies alles zu Ehren seines Mauve stattfand. »Anfang dieses Jahres erhielt ich eine Glückwunschkarte von meinem alten Freund Hofrat Dr. Caro, in der er dieses Jahr als das goldene Jubiläum unserer Branche bezeichnete. Ich dachte, viel mehr würde ich in dieser Angelegenheit nicht hören ...«

Die Chemiker lachten, brachen in Hochrufe aus und klatschten Beifall. Perkin erinnerte an die, die nicht mehr unter ihnen weilten, vor allem seinen Vater und seinen Bruder. Besonders freundliche Worte fand er für die Franzosen, die ihm 1859, zu einer Zeit, da ihn die meisten seiner Landsleute noch für verrückt gehalten hätten, die erste Mülhausen-Medaille verliehen hatten. Er erinnerte sich, dass er von dem französischen Gastprofessor St. Claire Deville am Royal College einiges gelernt habe. »Bei einem Experiment sollte ein großes Stück Natrium geschmolzen und gegossen werden, und man überlegte, welches Gefäß man dafür verwenden könne, als Deville einen eisernen Teekessel erblickte und erklärte, das sei ein geeigneter Behälter. Das fanden wir sehr komisch. Die Idee, geschmolzenes Natrium aus einem Teekessel zu gießen, war in der Tat völlig neu.«

Das Experiment war erfolgreich, aber es diente nur als Test für eine offizielle Vorführung, die in der Woche darauf in der Royal Institution stattfand. Für diesen Anlass hielt der Sekretär der Institution, Reverend Barlow, einen Teekessel für ein zu gewöhnliches Gerät. Daher wurde das Natrium in einer offenen Gießkelle geschmolzen, woraufhin das Naphtha, mit dem das Natrium bedeckt wurde, in Flammen aufging. Michael Faraday kam mit einer Porzellanschüssel voll Wasser zu Hilfe. »Hätte man den Teekessel benutzt, wäre das nicht passiert«, sagte Perkin.

Er freute sich aufrichtig über all die Auszeichnungen und Geschenke, nicht zuletzt über das noch feuchte Porträt von Arthur Cope, das einen Ehrenplatz in seinem Haus bekam. Es zeigt ihn in seinem Labor in Sudbury, rüstig und stolz in einer Samtjacke, einen Strang mauvefarbener Wolle in der Hand. Mit seinem wild wuchernden weißen Bart sieht er ein bisschen aus wie der liebe Gott persönlich. Er versprach, das Porträt nach seinem Tode der Öffentlichkeit zu hinterlassen. Auch die Büste von F.W. Pomeroy gefiel ihm; sie wurde in der Bibliothek der Chemical Society aufgestellt, wo Perkin die meisten seiner Forschungsergebnisse vorgetragen hatte. Als er der Gesellschaft 1856 beigetreten war, hatte er die Mitgliedsnummer 261 erhalten. Inzwischen waren es mehr als 2700 Mitglieder. Am Ende seiner Rede erklärte Perkin, die große Anerkennung sei besonders beglückend »in dem Abschnitt des Lebens, wo sich die Sonne im Westen senkt und der Abend naht …«

Draußen, auf den Straßen von Kensington, war Mauve wieder in Mode gekommen. In der Kirche Brompton Oratory fand die Hochzeit von Lord Gerard und Miss May Gosselin statt, bei der die sechs Brautjungfern weiße Chiffonkleider trugen, die mit Empiregürteln und breiten Bändern in Mauve geschmückt waren. Jede trug einen weißen Emaillestab mit einer goldenen Kugel an der Spitze, und an ihm waren Büschel von mauvefarbenen Alexandra-Orchideen und Federspargel mit Satinschleifen, ebenfalls in Mauve, befestigt. In einer Zeitung war von einer »übermütigen Farbkavalkade« die Rede.

Unterdessen machte sich im Hotel Metropole ein Journalist des *Daily Telegraph* Notizen. Er beschäftigte sich mit dem deutschen Problem, der »Schattenseite dieses Farbepos«, wie er schrieb. Es war wohl die bislang wehleidigste und klischeehafteste Kritik an Großbritanniens Unfähigkeit, Nutzen aus seinen Erfindungen zu ziehen. »England hat, wie üblich, mit Sir William Perkin das Genie gestellt. Deutschland hat, wie üblich, eine disziplinierte Organisation in Gestalt einer Heerschar von gut ausgebildeten Chemikern ins Feld geführt, die sich der Idee bemächtigten und sie in all ihren praktischen Anwendungen ausarbeiteten.« Der Autor erinnerte an die Prognose, die Hofmann vor vierzig Jahren abgegeben hatte: Nichts könne England davon abhalten, der größte Farbenproduzent der Welt zu werden. Stattdessen exportiere England nun die rohen Abfälle seiner Kohle in riesigen Mengen nach Deutschland und in die Schweiz und bekomme die Fertigprodukte zurück. »Wir haben unser Erbe vergeudet, und die Leistung eines Engländers diente als Fundament für die Errichtung einer alles beherrschenden wissenschaftlichen Industrie in Deutschland.«

Trotzdem gab es Grund zum Staunen. Der Korrespondent des *Telegraph* war unlängst in Indien gewesen und hatte festgestellt, dass Perkin einen unsichtbaren Zauberstab über die »Farbenpracht« der asiatischen Städte geschwungen habe.

> Indien verliert seine althergebrachten Farben, die gedämpft und ruhig sind, weil die Textilien von den eigenen Webstühlen stammten und in die eigenen Färbekessel getaucht wurden. Überall stößt der Besucher auf die metallischen, auffälligen Töne, die vom Siegeszug der Anilinfarben künden. Niemand, der den Durbar in Delhi erlebt hat, wird die überwältigende Farbensymphonie vergessen, die sich dem Besucher darbietet … Die Einführung der Anilinfarben hat Asiens Farbenwelt zum Crescendo gesteigert.

Einige Monate nach den Jubiläumsfeiern, im Januar 1907, fand in Sudbury zu Perkins Ehren eine kleine Abendveranstaltung mit musikalischem Rahmen statt. Ein Posaunenchor spielte, als Perkin und viele seiner anglikanischen Freunde in die New Hall kamen, die von Perkin selbst gegründete Mission. An diesem Abend wollten die Kirchenleute das Engagement des Erfinders für religiöse und pädagogische Aufgaben würdigen. Ein gewisser Mr. Wood, der ein wichtiges Amt in der Evangelisation Society bekleidete, wies darauf hin, wie ungewöhnlich es seit der Zeit von Darwins Entdeckungen geworden sei, dass ein herausragender Wissenschaftler sich auch in der Liebe zum Evangelium hervortue. Wood pries auch das Wirken von Lady Perkin und überreichte den beiden eine kolorierte Grußadresse von ihren Bewunderern in den Missionen New Hall und East Lane. In der *Harrow Gazette* hieß es dazu, außer dem Gold seien »alle Farben, die in dieser kolorierten Grußbotschaft verwendet worden sind, von Perkin entdeckt worden, und er weiß wahrscheinlich besser über sie Bescheid als irgendjemand sonst in der großen weiten Welt«.

Lady Perkin erhielt zum Andenken eine silberne Teekanne. Am Ende der Veranstaltung hielt sie eine kleine Ansprache, erklärte, ihr Mann habe auf vielen Festveranstaltungen eine Fülle von Auszeichnungen und Geschenken erhalten, aber diese hier sei die einzige, an der sie habe teilnehmen dürfen.

Perkin war von den Feierlichkeiten erschöpft und freute sich, dass er nun sein normales Leben wieder aufnehmen konnte. Als Raphael Meldola ihm Mitte 1907 begegnete, glaubte er ihn bei bester Gesundheit. Perkin war erst kürzlich aus Oxford zurückgekehrt, wo man ihm, zusammen mit Mark Twain, die Ehrendoktorwürde verliehen hatte. »All die Aufregungen und Strapazen ertrug er ohne das geringste Anzeichen von Erschöpfung«, notierte Professor Meldola. Perkin hatte sich jedoch irgendein Virus zugezogen und verspürte einen unangenehmen, kriechenden Schmerz.

Trotzdem widmete er sich wieder der Untersuchung von ungesättigten Säuren, bis er am Morgen des 11. Juli 1907 im Bett bleiben musste. »Obwohl er sich über starke Schmerzen beklagte, äußerte er sich sehr zuversichtlich über seinen Gesundheitszustand«, vermerkte Meldola, »und rechnete damit, sein Krankenzimmer schon bald wieder verlassen zu können.« Doch Perkin hatte eine doppelseitige Lungenentzündung und eine Blinddarmentzündung. Er war viel kränker, als er oder seine Angehörigen ahnten. Über seine Todesstunde berichtete das Blatt *The Christian*: Lady Perkin sagte ihrem Mann, dass sie sich nun eine Zeit lang trennen müssten. Er erwiderte: »Möge dir die Freude des Herrn zuteil werden.« Einer der Bediensteten meinte: »Sir William, nun werden Sie bald das ›Ei, du frommer und getreuer Knecht‹ vernehmen.« Perkin sagte: »Die Kinder sind in der Sonntagsschule. Bestelle ihnen, dass ich sie liebe und dass sie immer auf Jesus vertrauen sollen.« Dann sang er die erste Strophe des Kirchenliedes »When I Survey the Wondrous Cross« (Wenn ich das wunderbare Kreuz erblicke), und als er zum letzten Vers kam – »und gieße Geringschätzung auf all meinen Stolz« –, bemerkte er: »Stolz? Wer könnte denn stolz sein?«

Dann schlief er ein. Er wachte noch einmal auf und starb am Abend des 14. Juli 1907 im Alter von 69 Jahren. Seine Freunde waren sich einig, dass sein Tod in Anbetracht all seiner Verdienste nicht als verfrüht anzusehen war.

Beim Begräbnis in Roxeth, zwei Tage später, gab es ein Meer von Blumen, zumeist in Mauve. Wie die Zeitschrift *Gas World* ihren Lesern mitteilte, war der Name des Verstorbenen mit mauvefarbenen Blüten auf weißen Grund geflochten worden. Der Trauerzug bestand aus zwölf Kutschen, von denen eine nur den Kränzen und Gebinden vorbehalten war. Die Einwohner von Sudbury entblößten das Haupt und neigten es in Trauer, als der Zug vorbeikam. Alle Perkins und alle Chemiker waren gekommen, mit Ausnahme der ältesten Tochter Annie, die in Tanger weilte, als sie die Nachricht vom Tod des Vaters erreichte, so dass sie zu spät in England eintraf. Seine jüngste Tochter Helen Mary hatte in derselben Kirche erst ein Jahr zuvor geheiratet.

Perkins Grab war mit Maiglöckchen umrahmt und der solide Eichensarg mit Blei ausgekleidet. Auf der Messingtafel begnügte man sich mit seinen Daten, doch der Grabstein, der später aufgestellt wurde, hatte wieder religiösen Charakter. An den Blumenarrangements hingen beschriftete Schleifen: »In Liebe und Freundschaft«, »In tiefer Trauer«, »Unserem lieben Großvater von Wilfred und Isabel«. Eine Inschrift lautete: »Der lieben Lady Perkin. Bitte nehmen Sie diese Lilien von meinem armen, kleinen Charlie, der untröstlich ist und der sie aus seinem Garten als kleines Zeichen seiner Liebe schickt. Von Mrs. Cattermole«.

Beim Trauergottesdienst zog Mr. Wood einen Vergleich zwischen dem Leben von Perkin und Enoch. Die *Harrow Gazette* hielt vier entscheidende Punkte fest: »(1) Warum hat Gott Enoch zu sich genommen; (2) wie; (3) wo und (4) für wie lange«. Kurz darauf, als die Menge der Trauergäste sich auflöste, sang der Mädchenchor der Sudbury Hall »The Glory Song«, von Mrs. Swaffield am Harmonium begleitet.

Am darauffolgenden Sonntag sprach J. W. P. Silvester, Vikar in der Kirchengemeinde Wembley, über Perkins große Erfindungen und sagte, er sei stolz, ihn gekannt zu haben. »Zu den schönsten Erinnerungen gehört für mich, dass einer seiner letzten Briefe, wenn nicht gar der letzte, den er auf Erden geschrieben hat, unter anderem eine lobende Erwähnung meines Artikels über die Beerdigungsreform in der Juliausgabe des *Wembley Parish Magazine* enthielt.«

In seinem Testament vermachte Perkin seiner Frau seinen gesamten Besitz, auch seine Uhren, Juwelen, Kleidungsstücke, vergoldeten Gegenstände, Möbel, Gläser, Chinoiserien, alles lebende und tote Inventar, Medaillen, Musikinstrumente und 500 Pfund. Seine Bediensteten erhielten zehn Shilling für jeden Monat, den sie bei ihm in Diensten gewesen waren. Den Kindern setzte er eine jährliche Summe in einheitlicher Höhe aus, und die Söhne erhielten zusätzlich seine chemischen Geräte, Bücher und Proben. Der Nettowert seines Anwesens einschließlich der dreißig Grundstücke, die er im Laufe der Zeit erworben hatte (und die ihn bei weitem als den größten Grundbesitzer in Sudbury auswiesen), wurde auf 73 444 Pfund veranschlagt, doch der Verkauf vieler Immobilien erzielte weit höhere Preise, als sie bei dieser Schätzung zu Grunde gelegt worden waren.

Zu den vielen Kondolenzschreiben, die Lady Perkin erhielt, gehörte auch eines von J. W. Bruhl vom November 1907, der in Heidelberg einen Lehrstuhl innehatte. »Im Juli las ich in der Zeitung, welch traurigen Verlust Sie – und mit Ihnen die ganze Welt – erlitten haben ... Das plötzliche Hinscheiden Ihres lieben Gatten hat ebenso große Trauer wie Überraschung in mir hervorgerufen. Kurz zuvor hat er mir noch einen ausführlichen

Brief geschrieben, in dem er sich sehr zufrieden über seine Gesundheit geäußert und sich über verschiedene wissenschaftliche Themen ausgelassen hat. Wenige Tage vor seinem Tod hat er mir mit außerordentlich liebenswürdigen Worten eine Kopie seines letzten Forschungsberichts geschickt.«

Und auch von dem alternden Heinrich von Caro kam im Januar 1908 ein Brief:

Liebe Lady Perkin,
es ist mir ein aufrichtiger Trost, dass der bittere Schicksalsschlag, der Sie und Ihre liebe Familie getroffen hat, nicht das enge Band zerrissen hat, das mein Herz und meinen Verstand ein Leben lang mit dem unsterblichen Namen »Perkin« verbindet, und dass meine Gedanken noch immer nach Chestnuts in Sudbury wandern dürfen …

Die Krankheitsattacke, die so unglücklich verhindert hat, die wunderbaren Tage des Perkin-Jubiläums ungetrübt zu genießen, konnte ich durch einen vierzehntägigen Aufenthalt im schönen Folkestone endgültig abschütteln. Aber natürlich macht sich die Last meiner 74 Jahre immer stärker bemerkbar, und der Verlust fast aller meiner alten Freunde und Zeitgenossen ist für ein wachsendes Gefühl der Einsamkeit verantwortlich. Der härteste Schlag war das frühe Hinscheiden von Sir William, der mein ganzes Leben hindurch mein Leitstern und einer der besten und größten Männer seiner Zeit war.

Die Zeitungen brachten lange, teilnahmsvolle Nachrufe auf Perkin. Im *Daily Telegraph* wurde seine Freundlichkeit und liebenswürdige Bescheidenheit hervorgehoben. Der *Daily Express* würdigte, dass die Welt Perkin eine neue Industrie verdanke. Dem *Daily Mirror* war es ein Trost, dass Perkin nur drei Tage gelitten habe. Blumig feierte die *Harrow Gazette* Perkin als »Befreier der Geister des Regenbogens aus ihrem chemischen Kerker«. Nach Schätzung der *Daily Mail* gab es inzwischen mehr als 500 Farben, die ihre Existenz dem Mauve verdankten. Der *Manchester Guardian* staunte, dass Perkin damals den genialen Einfall hatte, mit jenem schwarzen Schlamm Experimente anzustellen, den die meisten Chemiker weggegossen hätten. Zu Recht habe sich seine Intuition auch wirtschaftlich bezahlt gemacht. Laut *New York Times* verdankte Perkin seinen Ruhm den »schwarzen Diamanten, den die britischen Insulaner aus ihren Kohlenminen graben«. Obwohl Perkin gerade erst in den Vereinigten Staaten gewesen war, wurde seine Geschichte dort etwas anders erzählt: Der Chemiker habe mit den Molekularformeln gerungen, als er »eines Tages in seiner Enttäuschung über das Scheitern eines Experiments beschlossen habe, der Wissenschaft den Rücken zu kehren und sich auf anderen Gebieten zu versuchen ... Am nächsten Tag überlegte er es sich noch einmal und tat gut daran, denn später gründetete er mehr Industriezweige als irgendein Mensch vor ihm ... So eröffnete er einer Armee von Arbeitern die Möglichkeit zu friedlichem Tagwerk, einer Armee, die das stehende Heer Großbritanniens zahlenmäßig übertrifft.« In eben diesem Großbritannien schrieb die *Tribune*, Sir Williams Leistung werde solange unübertroffen bleiben, bis es den Chemikern eines Tages gelänge, künstliche Lebensmittel herzustellen.

Viele Leser erfuhren bei dieser Gelegenheit zum ersten Mal von diesem Wissenschaftler. Vielleicht hielten einige die vielen Lobreden für ein bisschen übertrieben, wie es oft der Fall ist, wenn ein tüchtiger Mensch stirbt. Wenige dürften eine Vorstellung davon gehabt haben, wie er in den nächsten Jahren gefeiert werden sollte und wie wichtig und dauerhaft die Auswirkungen seiner Arbeit waren. Aber auch, wie sehr man ihm den angeschlagenen Zustand des Industriezweigs zum Vorwurf machen würde, zu dessen Entstehung er beigetragen hatte.

Acht Kilometer außerhalb des Zentrums von Bristol befindet sich die Forschungsstelle der Firma Long Ashton, auf einem Gelände, wo früher Lebensmittelchemiker die Getränke herstellten, die unter der Markenbezeichnung Ribena and Babycham auf den Markt kamen. Heute entwickeln hier zwei Biologen Methoden zur Wiedereinführung des traditionellen Färberwaids. In einem Treibhaus bauen David Cooke und Kerry Gilbert 300 kleine Pflanzen an, keine höher als einen halben Meter, und extrahieren mit modernsten Methoden Indigo für Textilien und Tinten. Damit bedienen sie einen expandierenden Markt: Draußen bebauen Landwirte fünfzehn Hektar, um den Bedarf zu decken.

In der zweiten Januarwoche 2000 befindet sich Dr. Cooke in seinem Labor und teilt einem belgischen Besucher mit, welche historische Bedeutung seine Arbeit habe. »Zur Zeit von Königin Boudicca haben sich die Soldaten die Gesichter mit Färberwaid eingerieben, um Furcht erregender auszusehen.« Obwohl Cooke keine rechten Anhaltspunkte dafür hat, ist er auch der Überzeugung, Färberwaid sei ein Antiseptikum. Wer sich vor der Schlacht damit einreibe, verhindere also, dass sich die Wunden entzünden.

Cooke ist ein drahtiger Mann von 53 Jahren, mit einem jungenhaften Auftreten. Seit dreißig Jahren arbeitet er bei Long Ashton und hat sich auf die Spannungsregulierung bei pflanzlichen Zellmembranen spezialisiert. Er hegt keine große Sympathie für Produkte oder Methoden der modernen chemischen Industrie.

Die Philosophie, die seiner Beschäftigung mit Färberwaid zu Grunde liege, umfasse drei Teile, sagt er. Viele Materialien, die wir heute verwenden, darunter auch Farbstoffe, kommen aus der Erdölindustrie, der Nachfolgerin der Teerindustrie als wichtigste Lieferantin von Chemikalien. Aber natürlich sind die Ressourcen nicht unbegrenzt. Sobald der Vorrat zur Neige geht, würden die Preise steigen, meint Cooke, bis schließlich der Verbrauch staatlich reglementiert werde. Das werde zu einem Rückgang unseres Lebensstandards führen. »Wenn Sie in Urlaub nach Spanien wollen, aber kein Flugzeug fliegt, dann werden Sie ein bisschen ärgerlich sein. Wenn Sie im Auto nach London fahren wollen, aber nicht können, werden Sie auch ein bisschen ärgerlich sein.« In tausenderlei Hinsicht wird unser Leben durch eine Knappheit der fossilen Brennstoffe beeinträchtigt werden, allerdings will Cooke keine Prognose abgeben, wann es soweit sein wird.

Um zu verhindern, dass zu viele Menschen zu ärgerlich werden, forscht er mit Geldern der Europäischen Union nach alternativen Quellen für Chemikalien. Für Farbstoffe hat er sich entschieden, weil sie der offenkundigste und einfachste Fall sind: Eine Farbe aus einer Pflanze zu gewinnen ist erheblich einfacher, als eine Vielzahl anderer, komplizierterer Verbindungen zu extrahieren. Schließlich ist es in der Vergangenheit schon gemacht worden.

Das Färberwaidprojekt würde auch den Landwirten nützen. Angesichts sinkender Gewinne und einer europäischen Überproduktion bei vielen Agrarprodukten geben immer mehr von ihnen auf. »Das ist schlimm«, meint Cooke. »Man muss ihnen also eine Alternative zur Lebensmittelproduktion bieten, und der Anbau von Pflanzen für die industrielle Produktion könnte die Lösung sein.«

Im dritten Element von Cookes Philosophie geht es um den Versuch, den Verbrauchern Alternativen zu bieten. Viele Menschen tragen lieber natürliche Textilien als Polyester oder Nylon, müssen aber feststellen, dass die künstlichen Farbstoffe die Haut reizen. Früher hat die Waschmittelindustrie viele Allergien hervorgerufen. Heute hat sie ihre Produkte soweit verbessert, dass sie kaum noch für Unverträglichkeiten verantwortlich sind, aber jetzt werden neue Allergien auf synthetische Farbstoffe zurückgeführt. Es gibt eine wachsende Liste von Farbstoffen, deren Verwendung bei Textilien verboten ist.

Durch die Lieferung von natürlichen Farbstoffen können wir also eine neue Marktlücke besetzen.«

Hinter Dr. Cooke hängt eine Tafel, auf der die in Großbritannien angebauten Färbepflanzen abgebildet sind: Färberwaid, Färberwau, Krapp, gelbe Kamille, Goldrute, gelbes Schöllkraut. Färberwaid wurde für das Projekt ausgewählt, weil weltweit 80 000 Tonnen Indigo pro Jahr verkauft werden, rund zehn Prozent des Weltfarbenmarktes, die zum größten Teil für Jeans verwendet werden. Es gibt also eine beträchtliche Nachfrage, und dadurch fällt es leichter, die Färber zu einem Naturprodukt zu überreden.

»Es ist anders, als wenn wir Gelb herstellen würden«, sagt Kerry Gilbert, Cookes Forschungsassistentin, dreißig Jahre alt und wahrscheinlich der einzige Mensch im ganzen Land, der über den Anbau von Färberwaid promoviert hat. Ihr erstes Indigoprojekt dauerte von 1994 bis 1997, und am Ende konnten sie zeigen, dass es finanziell und industriell möglich ist, den Farbstoff wieder natürlich zu produzieren. Dann wurden sie vom Landwirtschaftsministerium beauftragt, eine natürliche Indigotinte für Computerdrucker zu entwickeln. Gegenwärtig beherrschen diesen Markt Farben aus Methylethylketon, einer Chemikalie, die als Allergen und Karzinogen gilt. Im Ministerium befürchtete man, der Aufdruck des Haltbarkeitsdatums mit solcher Tinte könne von den Nahrungsmitteln absorbiert werden, besonders bei Produkten mit hohem Fettgehalt, die Lösungsmittel besonders reichlich aufnehmen. »Computertinten sind im Augenblick das einzige Produkt auf dem Markt, das mehr als sein Gewicht in Gold wert ist«, sagt Cooke. »So verdienen die Computergesellschaften ihr Geld – die Drucker verkaufen sie spottbillig, aber sie rupfen uns mit den Tintenpatronen. Es ist zwar nur eine Marktnische, aber eine außerordentlich gewinnträchtige.«

Cooke zeigt seinen Besuchern die Ergebnisse seiner Arbeit, eine große Flasche mit blauer Tinte und eine andere mit öliger gelber Lösung, die erst blau wird, wenn sie mit Luft in Berührung kommt.

»Es hat in jeder Hinsicht sehr gut geklappt«, meint Dr. Gilbert. »Wir haben eine bessere Extraktionsmethode entwickelt, im Labor haben wir die Zellen gezüchtet und uns mit der Genetik befasst, die für die Farbmerkmale verantwortlich ist.« Sie hat ausgerechnet, dass 200 000 Hektar Land erforderlich wären, um mit Färberwaid den gesamten Bedarf Großbritanniens an Blau zu decken.

»Wenn die Leute von natürlichen Farben hören, stellen sie sich immer diese ausgewaschenen Braun-, Beige- und Grüntöne vor«, sagt die Biologin, deren Sweatshirt mit dem Aufdruck United Colours of Benetton verziert ist.

Sie holt eine Schachtel mit Woll- und Baumwollstoffen hervor, die mit natürlichem Indigo gefärbt worden sind, einige in tiefen und satten Tönen. Ihr Bildschirmschoner, ein Muster von Rohrleitungen, ist mit einer Fotografie dieser natürlichen Farben koloriert. »Es bedarf schon einer gewissen Überzeugungsarbeit, um die Leute zu der Einsicht zu bringen, dass man fast das gleiche Farbspektrum aus natürlichen Quellen gewinnen kann, nicht zuletzt, weil die chemische Industrie uns zu einem weit besseren Verständnis der Farbformeln verholfen hat. Heute können wir die Erkenntnisse der Chemie auf natürliche Weise anwenden. Dieses Wissen war im neunzehnten Jahrhundert nicht vorhanden.«

Sie erläutert den Herstellungsprozess. Dazu nimmt sie die Blätter und extrahiert sie mit heißem Wasser, das die Zellen zum Platzen bringt. Dabei wird die Vorläufersubstanz des Farbstoffs freigesetzt. Dann kühlt man die Flüssigkeit ab und erhöht durch Zugabe von Kalk den pH-Wert, so dass sie alkalisch wird. Man belüftet die Flüssigkeit, trocknet und fermentiert sie. Bei der traditionellen Methode gab es hier erheblichen Verlust, weil die Vorläufer häufig mit anderen Stoffen reagierten und unerwünschte Nebenprodukte bildeten. Das moderne

Verfahren wird chemisch so reguliert, dass die basischen Moleküle, aus denen Indigo entsteht, nur mit den gewünschten Stoffen zusammenkommen. Da Indigo unlöslich ist, sinkt es auf den Boden eines Behälters, so dass die darüber befindliche Flüssigkeitsschicht leicht abgegossen werden und die zurückbleibende Farbe zu Pulver getrocknet werden kann.

»Natürlich wollen wir nicht alle synthetischen Chemikalien ersetzen«, sagt Gilbert, »aber ich glaube, die Menschen sind erleichtert, dass das Pendel wieder zur anderen Seite ausschlägt.«

»Damit ist ein Anfang gemacht«, fährt Cooke fort. »Es zeichnet sich ab, dass das Leben, wie wir es kennen, fortdauern kann, auch wenn Kohle und Öl verbraucht sind. Dass wir nicht völlig vergessen haben, wie man Dinge auf nichtkünstliche Weise herstellt.

Es wird ablaufen wie bei all diesen Neuerungen. Zunächst beginnt es als Mode. Einige Designer stellen natürlich gefärbte Modelle als Teil ihrer Pariser Kollektion vor, dann wird der Trend von den Gutbetuchten aufgegriffen, anschließend wird er von den großen Modeketten kopiert, immer mit diesem Naturtouch, und schließlich stürzen sich alle darauf.«

Und es gibt noch eine zweite Tendenz, die Färberwaid wieder zu Ehren bringen könnte. »Levi's hat bereits mit der Herstellung von maßgeschneiderten Jeans begonnen – man ruft an oder klickt die Levi's-Website an, nennt seine Maße, wählt die Machart und wie gebleicht die Hose sein soll. Das kostet irgendwas zwischen 100 und 200 Dollar. Und eine Option, die Levi's sehr gerne anbieten würde, wären natürlich gefärbte Jeans. Das könnte für den Träger etwas ganz Besonderes sein, etwas, das ihn gegenüber anderen auszeichnet. Vielleicht würde man sie als die grünere Alternative ansehen, und dafür würde mancher etwas mehr ausgeben. Levi's müsste für Jeans, die mit natürlichem Indigo gefärbt werden, rund 50 Pence mehr pro Stück ausgeben, könnte aber 20 Dollar auf den Preis aufschlagen. Sobald sich das als Mode durchgesetzt hat, wird es automatisch vom Mainstream aufgesogen. Vor kurzem waren die Hosen von militärischen Kampfanzügen in Mode, doch das ist vorbei. Die Leute kommen wieder auf Bluejeans zurück. Und bei Levi's hat man gesagt, man will uns Indigo abnehmen, sobald wir genügend produzieren können.«

KAPITEL ELF

Selbstzerstörung

Wie William Perkin bin auch ich bestrebt, Niederes in Höheres zu verwandeln. Seine Umformung von Kohlenteer in strahlende Farben wurde mir in letzter Zeit zum Symbol der Chemie in ihrer tiefsten und wahrhaftigsten Form, nämlich der Kraft, die Schönheit aus Abfall gebiert. Unendlich befriedigend ist der Anblick von schwarzem Dreck, der der Kunst des Färbens dient.

Das sind die Verfahren und Kräfte, die erforderlich sind, damit die westliche Welt nicht dem Vergessen anheim fällt. William Perkins raffinierter Verwandlungsprozess hätte der britischen Nation nützen können. Doch leider bezieht Großbritannien noch immer alle synthetischen Farbstoffe aus Deutschland. Der Kohlenteer von Ruhr und Rhein massenhaft verwandelt in Anilin. Wenn sich mehr von uns Engländern um die Prozesse bemüht hätten, die William Perkin entwickelt hat, wären wir jetzt als Nation nicht abhängig von Deutschland und seinen synthetischen Farbstoffen.

Wie manch eine physikalische oder chemische Erfindung, die auf das Konto von Engländern geht, werden auch Perkins hoch geschätzte synthetische Farbstoffe, die für meine Wenigkeit immer ein Symbol für den Zauber der Chemie bleiben werden, jetzt von Deutschen monopolisiert.

Sir William Crookes,[1]
Historiker, Physiker und Chemiker,
in dem Theaterstück *Square Rounds* von Tony Harrison,
Erstaufführung 1992 im National Theatre.

[1] Crookes, ein Schüler von August Hofmann, entdeckte das Element Thallium und führte wichtige Experimente über Kathodenstrahlen und Wärmestrahlung durch.

Im Dezember 1914 hielt William Perkins dritter Sohn, Frederick Mollwo Perkin, eine Rede vor der Society of Dyers and Colourists, in der er darlegte, dass ein bestimmtes Problem der Farbenherstellung von außerordentlicher Bedeutung für die Kriegsanstrengungen sein könnte. Doch die Konferenz, auf der er sprach, war spärlich besucht, weil viele Führungskräfte der Branche auf einem Dringlichkeitstreffen im Handelsministerium waren, um über die Farblieferungen für die Uniformherstellung zu beraten.

Bislang hatten die Briten 80 Prozent ihrer künstlichen Farben aus Deutschland bezogen. Dort wurden die riesigen Farbenfabriken jetzt noch erweitert, um aus den gleichen Ausgangsmaterialien, nämlich Benzol, Toluol, Salpeter- und Schwefelsäure, etwas andere Produkte herzustellen: Sprengstoffe.

»Ein verheerender Krieg ist ausgebrochen und hat die Einfuhr von Farben gestoppt, und was ist das Ergebnis?«, fragte Perkin. »Es herrscht Mangel an Farbstoffen. Die Färbereien können ihren Verträgen nicht nachkommen, weil sie keine Farbstoffe bekommen, obwohl sie bereit sind, fast jeden Preis zu zahlen.« Die importierten Farbstoffe wurden auf einen Wert zwischen zwei und drei Millionen Pfund pro Jahr geschätzt, und die Textilindustrie, die 100 Millionen Pfund umsetzte, war vollkommen abhängig von ihnen. Auch andere Branchen wurden nachhaltig in Mitleidenschaft gezogen: Die Papier-, Leder-, Korsett-, Lack-, Holz- und Lebensmittelherstellung war in zunehmendem Maße auf synthetische Farben angewiesen. Bei Kriegsbeginn stellten die englischen Produzenten nur etwa fünfzehn Prozent aller in Großbritannien verwendeten Farbstoffe her, und obwohl die Priorität nun von der Mode zum Militär überging, war nicht zu übersehen, dass dieser einst so ruhmreiche Industriezweig sein Volk im Stich ließ. Die triste und farblose Mode während des Krieges wird häufig damit erklärt, dass die Menschen angesichts der kämpfenden Soldaten zu Bescheidenheit und Zurückhaltung neigten. Tatsächlich gab es einfach keine Farbstoffe. Ein Chemiker aus der Branche erinnerte sich: »Die Farbenknappheit und der dadurch bedingte Preisanstieg waren so groß, dass es für einen Färber häufig einträglicher war, seinen Farbenvorrat zu verkaufen, als ihn zu verwenden.« Die Begrenztheit der britischen Farbenindustrie hatte auch zur Folge, dass der Vorrat an Nitroverbindungen, die man zur Herstellung von Sprengstoffen brauchte, völlig unzureichend war. Was war die Ursache für die Krise? Perkins Erklärung war umfassend und vernichtend. Im Kern war es der Versuch, den Ruf seines Vaters zu verteidigen. »Ich habe in der Presse gelesen«, erklärte Dr. Mollwo Perkin, »und in Gesprächen gehört, dass es nicht sehr patriotisch gewesen sei, eine erfolgreiche Arbeit mit 36 Jahren aufzugeben.« Aber sein Vater habe keine Wahl gehabt. Wie andere Industriezweige auch habe die Farbenbranche unter dem Zwang zu ständiger Veränderung gestanden: Nur die Unternehmen mit den besten Farben und den effizientesten Herstellungsmethoden hätten sich auf dem Markt behaupten können. »Ein Einzelner, und mochte er noch so energiegeladen und einfallsreich sein, konnte all die erforderliche Forschungsarbeit nicht leisten ...« Und Forschungschemiker seien nicht zu finden gewesen, weil die britischen Universitäten sich weigerten, sie auszubilden. Natürlich gab es deutsche Chemiker, doch die meisten gingen wieder nach Deutschland, sobald sie genügend Erfahrung in englischen Firmen gesammelt hatten. England habe sich nie um eine gute Zusammenarbeit zwischen seinen Universitäten und der Industrie bemüht, man habe nichts vorzuweisen gehabt, was den Vergleich mit den prächtigen Forschungslabors in Deutschland und der Schweiz standgehalten hätte. Bei Kriegsbeginn arbeiteten für Hoechst mehr als 200 Forschungschemiker, während Levinstein und Read Holliday nur eine Hand voll gehabt hätten. Und in Deutschland habe man ganz von vorn beginnen können, weil es nur ein paar kleine Firmen gegeben habe, die die Richtung vorgezeichnet hätten. Am Rhein hätte sich eine neue Industrie entwickelt, ohne die Last von einhundert Jahren Textilindustrie auf den Schultern zu spüren.

Aber es gab noch andere Gründe für die deutsche Vorherrschaft, von denen Perkin nicht ohne einen gewissen Zorn zu sprechen vermochte. »Sicherlich hat es viel Piraterie gegeben«, behauptete er und verwies auf das britische Patentrecht. Diese Gesetze hätten in den ersten Jahrzehnten so gut wie keinen Schutz geboten, daher hätten sich die Chemiker in Berlin und München die besten ausländischen Methoden aneignen können. Ausländische Chemiker hätten in England Patente anmelden können, ohne sie dort zu nutzen, was englischen Erfindern in Deutschland stets verweigert worden sei.

Perkin nannte noch andere Erklärungen, die sich verdächtig nach Entschuldigungen anhörten: Die englische Industrie erhalte weit weniger Investitionen von Banken und anderen Institutionen. Den englischen Kapitalgebern fehle der Weitblick, um in neue Herstellungsverfahren und Maschinen zu investieren, sie hätten den unmittelbaren Gewinn der langfristigen Forschung vorgezogen; das englische Kapital habe größere Gewinne gemacht mit der Schifffahrt, den Häfen, den Bergwerken und mit ausländischen Investitionen wie dem Ausbau des nordamerikanischen Eisenbahnnetzes. Auch die Vermarktung sei ein Problem: Ausgerüstet mit umfangreichen Musterbüchern, könnten die deutschen Farbenvertreter davon ausgehen, jedem potenziellen Kunden jeden gewünschten Farbton preiswerter als die Konkurrenz zu liefern. Und schließlich sei der reine Alkohol, der für einige der neueren Farbstoffe in großen Mengen erforderlich war, in England durch Zoll- und Steuergebühren fast unerschwinglich teuer, während er in Deutschland reichlich und billig zur Verfügung stehe.

In Perkins Analyse klingt eine gewisse Verzweiflung an. Der Krieg hatte die englische Schwäche gnadenlos offenbart, doch die Gefahr hatte sich schon deutlich abgezeichnet, als sein Vater noch lebte. Auf den Jubiläumsfeiern für das Mauvein hatte Kriegsminister Richard Haldane eingeräumt, dass an seinem Kabinett Kritik geäußert werde. Haldane war der Hauptredner im Hotel Metropole, und zu Beginn seiner Ansprache wandte er sich an die ausländischen Gäste: »Ich habe oft gedacht, dass es Ihnen etwas merkwürdig erscheinen muss, wie wir uns hier um diese Dinge kümmern.« Woraufhin einer der englischen Chemiker rief: »Oder nicht kümmern.«

Haldane sagte, er sei begeistert von der Globalisierung der Industrie. Bewundernd sprach er von der »großartigen Organisation« der Farbenindustrie im Ausland und davon, dass »Ihre Regierungen es in weit höherem Maße als die unsere verstehen, die Wissenschaft zu fördern«. Er nannte auch einen Grund für die ganz andere Haltung Großbritanniens: »Wir sind eine sehr praktische Nation und wursteln uns irgendwie durch.« Einige seiner Zuhörer begannen zu lachen. »Es ist wohl wahr, dass unser Staat sich nur wenig für die Wissenschaft interessiert.« Von Seiten eines Ministers war das ein ganz außerordentliches Eingeständnis. »Wir organisieren unser Land nicht, wir verabscheuen abstrakte Ideen, und wir machen den Entdeckern eher Schwierigkeiten, als dass wir sie ermutigen.« Eine besondere institutionelle Unterstützung sei aber gar nicht notwendig: Die großen Wissenschaftler, Baumeister und Ingenieure hätten es bisher immer aus eigener Kraft geschafft, und im Zentrum dieses Abends stehe schließlich ein Musterbeispiel für einen solchen Mann. Bei der Erwähnung von Perkins Namen brandete der unvermeidliche Applaus auf, doch Perkin selbst dürfte wenig glücklich ausgesehen haben.

Der Minister fuhr mit einer interessanten Analyse fort, in der er den beklagenswerten Zustand der Farbenindustrie auf den Tod von Prince Albert zurückführte. »Ich dachte oft, dass Hofmann, wenn der Prinzgemahl länger gelebt hätte, wahrscheinlich bei uns im Lande geblieben wäre ... und dass unter dem Einfluss dieses großen Geistes das Zentrum der Teerindustrie mit all ihren Produkten und – was uns vor allem interessiert – mit all den vielen Millionen, die ihre Produkte eingetragen haben [Gelächter], in Großbritannien geblieben und nicht nach Deutschland abgewandert wäre.«

Es sei eine Schande, meinte der Minister, dass englische Universitäten nicht Fabriken mit hohen Schloten ähnelten, wie die deutschen, oder zwölf Chemieprofessoren zu bieten hätten. Er sprach als Kriegsminister in Friedenszeiten und dürfte kaum geahnt haben, welch weitreichende Konsequenzen seine Worte kaum sieben Jahre später haben sollten.

Kurze Zeit später war es an Carl Duisberg, dem Generaldirektor von Bayer, zu erklären, warum sein Land das britische Farbengewerbe so deutlich in den Schatten stellte. Es liege nicht an den Finanzen: Großbritannien sei nach wie vor das reichste Land der Welt, während Deutschland, als es vor kaum dreißig Jahren mit dem Aufbau seiner chemischen Industrie begonnen habe, eines der ärmsten gewesen sei. Auch die unzureichenden Patentgesetze seien nicht der entscheidende Faktor für Deutschlands Expansion gewesen.

Vielmehr machte Duisberg grundlegende ethnische Eigenschaften dafür verantwortlich – eine jener Verallgemeinerungen, die in Zeiten nationaler Spannungen so gern bemüht werden. Die Engländer hätten einfach nicht genügend Geduld und jenen Glauben an sich selbst, der erforderlich sei, wenn man auf den Erfolg warte. »Der Engländer erwartet, dass er für alles, was er tut, mit barer Münze entschädigt wird.« Vielleicht dachte Duisberg dabei an die konservativen englischen Bankiers, die lieber ihre ausländischen Kollegen in risikoreiche wissenschaftliche Unternehmen investieren ließen. Die potenzielle Gewinnspanne chemischer Entdeckungen lasse sich beim besten Willen nicht berechnen. »Sie setzen vor allem die besondere Fähigkeit voraus, mit unendlicher Geduld der Dinge zu harren, die da kommen sollen, und mit großem Fleiß auf sie hin zu arbeiten. Uns Deutschen liegt es in besonderem Maße, gleichzeitig zu arbeiten und abzuwarten und uns an wissenschaftlichen Ergebnissen zu erfreuen, ohne den sofortigen technischen Erfolg zu verlangen.«

Das beste Beispiel sei Indigo. Der entscheidende Faktor für Deutschlands Erfolg sei nicht Hofmanns Weggang aus Großbritannien, sondern Baeyers Durchbruch, und der habe sich nach zwanzig Jahren geheimer und intensiver Forschungsarbeit eingestellt, an der Hunderte von Wissenschaftlern verschiedener großer Unternehmen teilgenommen hätten. Es habe kaum einen Zweifel daran gegeben, dass ein Erfolg dieser Anstrengungen Reichtum und Ruhm bringen und sich als Sprungbrett für weitere technische Fortschritte erweisen würde. Das habe sich dann auch für BASF und Hoechst bewahrheitet. 1905, zwei Jahre vor William Perkins Tod, bekam Baeyer für seine Entdeckung den Nobelpreis.

Sobald Deutschland das Monopol auf Indigo gehabt habe, meinte Duisberg, sei nichts mehr zu machen gewesen. England habe das bereits in Indien zu spüren bekommen, aber viel größer seien die Verluste, die es im eigenen Land noch werde hinnehmen müssen. Der Ausstoß der deutschen Indigo-Industrie umfasste zehn Jahre nach ihrer Entstehung vermutlich das Hundertfache der Mauveinmenge, die in den sechzig Jahren zuvor produziert worden war, und näherte sich rasch der gesamten Herstellungsmenge, die alle anderen künstlichen Farben zusammen bisher erreicht hatten.

Die englischen Farbenhersteller reagierten mit organisiertem Widerstand. Ihre Wortführer waren ironischerweise Deutsche – Ivan und Herbert Levinstein, die eine einst florierende Fabrik in Blackley besaßen. Levinsteins eigene Bestrebungen, Indigo herzustellen, wurden durch die erwähnte Großzügigkeit des englischen Patentrechts zunichte gemacht. Denn die ausländischen Firmen konnten ein Patent besetzt halten, ohne im Land selbst zu produzieren, und festigten auf diese Weise ihre

Monopolstellungen: Die Levinsteins behaupteten, von rund 600 britischen Patenten, die zwischen 1891 und 1895 von ausländischen Gesellschaften erworben wurden, sei nicht eines genutzt worden.

Was die englischen Unternehmer vor allem wurmte, war die deutsche Arroganz (die aus heutiger Sicht eher als Voraussicht erscheint). 1900 hatte Heinrich Brunok, der leitende Direktor von BASF, vorgeschlagen, die Produktion von indischem Indigo zu Gunsten von Nahrungspflanzen einzustellen. Die englische Regierung rang sich zu halbherzigen Fördermaßnahmen durch, so der Anordnung, die Militäruniformen nur noch mit natürlichen Farbstoffen zu färben, und als sie 1907 endlich die ganze Tragweite der Situation begriff, hatten Großbritanniens Konkurrenten längst einen uneinholbaren Vorsprung errungen.

In diesem Jahr begann David Lloyd George, damals Handelsminister, das Patentrecht zu reformieren. Damit trug er, wie man später rühmen sollte, entscheidend zur Rettung der chemischen Industrie Großbritanniens bei. Denn von nun an waren ausländische Unternehmen gehalten, ihre englischen Patente zu nutzen, oder sie liefen Gefahr, sie zu verlieren. Diese Gesetzesänderung beschleunigte die Errichtung der Hoechst-Indigowerke in Ellesmere Port bei Liverpool im folgenden Jahr deutlich. Eines der dort abgefüllten Indigofässer wurde an Lloyd George geschickt und trug ein kleines Goldrelief: »Made in England«.

Aber der Profit blieb ganz in deutscher Hand. Hoechst, das damals noch unter dem Namen seiner Gründer Meister, Lucius & Brüning firmierte, beschäftigte vorwiegend deutsche Arbeiter, die strengsten Sicherheitsvorkehrungen unterworfen waren. Levinstein beklagte, dass deutsche Firmen, selbst wenn sie ihre Patente offen legten, vorsätzlich entscheidende Informationen unterschlügen und die Tatsache verheimlichten, dass sie einen unentbehrlichen Bestandteil – Phenylglycin – aus Fabriken am Rhein einführten. Davon abgesehen reichte die Indigoproduktion in Ellesmere Port, obwohl sie von neun Tonnen im Jahr 1908 auf 293 Tonnen im Jahr 1913 anwuchs, bei weitem nicht aus, um den britischen Bedarf zu decken. 1913 wurden immer noch 1194 Tonnen aus Deutschland eingeführt, und das, obwohl unlängst eine BASF-Fabrik in Merseyside errichtet worden war. 1914 stellten die drei führenden britischen Firmen Ivan Levinstein, Read Holliday und British Alizarine zusammen rund 4000 Tonnen Farbstoffe her, die großen deutschen Unternehmen dagegen 140 000 Tonnen.

Vor Ausbruch des Krieges hatten die Deutschen nur eine vernichtende Antwort auf alle Bestrebungen der britischen Farbenbranche: Regt euch nicht auf und findet euch damit ab! Die anderen Nationen sollten Deutschland nicht beneiden, sondern es in Ruhe lassen. Nach Meinung von Carl Duisberg hatte England wirklich »keinen Grund, sich über Deutschlands Erfolg und Stellung in der Welt zu beklagen, und vor allem keinen Anlass zu dem Vorwurf, ein Land habe das andere in diesem oder jenem Industriezweig verdrängt«. England verfüge über eine hoch entwickelte Kohle- und Eisenindustrie und die weltweit führenden Textilunternehmen. Und es habe mehr Kolonialbesitz als irgendein anderes Land. Nur in der Teerfarbenindustrie müsse es sich mit dem fünften Platz hinter Deutschland, der Schweiz, den Vereinigten Staaten und Russland zufrieden geben. »Warum sollte Deutschland in diesem einen Fall nicht eine führende Position innehaben dürfen?«, fragte der Bayer-Chef.

Man vertrat die Auffassung, die deutsche Farbenindustrie sei bereits so mächtig geworden und habe eine so beherrschende Position errungen, dass ihr nicht mehr beizukommen sei. Selbst in Jahrzehnten intensiver Konkurrenz könnte es höchstens gelingen, ein paar Steine aus dem Riesengebäude herauszubrechen. Wie sich herausstellen sollte, änderte der Krieg einiges an dieser Situation, trotzdem war es eine interessante Aussage: Niemand bestritt, dass England das Kricketspiel erfunden hatte, doch selbst eine stolze Nation muss sich damit abfinden, dass die anderen Länder es darin unter Umständen überflügeln können.

All das wäre durchaus vernünftig gewesen und hätte keinen irreparablen Schaden angerichtet – eben ein weiteres Beispiel für englische Erfindungsgabe, deren Früchte durch Ignoranz und viel Geld ins Ausland gelangten. Doch in der Farbenbranche ging es mittlerweile nicht mehr nur um Farben. 1914, zu Beginn des ersten industrialisierten Krieges, war die Chemie, die die Farben hergestellt hatte, in ein Stadium getreten, in dem sie Schmerzen lindern und Leben retten konnte. William Perkins ursprüngliches Herumprobieren mit der Formel für Chinin trug auf unerwartete Weise Früchte – wenn auch nicht in Gestalt von künstlichem Chinin, das erst während des Zweiten Weltkrieges synthetisiert werden sollte. Sobald man Mauve und Alizarin herstellen konnte, vermochte man auch, wie Perkin noch zu seinen Lebzeiten gezeigt hatte, künstliche Parfüms und Saccharin herzustellen. Das waren komplexe Stoffe, aber für die meisten erfahrenen Forschungschemiker ergab sich das eine aus dem anderen. Je besser diese Chemiker unterstützt und bezahlt wurden, desto größer war der Nutzen, den sie brachten. Man war einfach auf eine gewisse Qualifikationsstruktur angewiesen. Daher war es unvermeidlich, dass die nächsten großen chemischen Fortschritte in Deutschland erzielt wurden.

Da die sechs großen deutschen Unternehmen einen riesigen Anteil am Weltmarkt erobert hatten, gerieten sie schon bald in heftige Konkurrenz zueinander. Man unterbot sich gegenseitig in den Preisen, schaltete dadurch weitere Konkurrenz aus, reduzierte aber auch die Gewinne. Die Lösung lag in der Bildung lockerer Kartelle, die sich große Marktsegmente sicherten, eine hohe Produktivität erzielten und die Preise absprachen. 1904 tat sich Hoechst mit Leopold Cassella in Frankfurt und drei

Jahre später mit Kalle in Biebrich zusammen. Bayer machte gemeinsame Sache mit BASF und Agfa, eine Gruppe, die als kleine IG (Interessengemeinschaft) bekannt wurde. Die treibende Kraft bei diesen Zusammenschlüssen war Carl Duisberg. Er hatte 1903 die Vereinigten Staaten besucht, um eine Bayer-Fabrik in New York zu errichten, und dort die boomende Trustbewegung kennen gelernt, vor allem den Standard Oil Trust von John D. Rockefeller.

Das Modell bewährte sich in Deutschland gut und machte den Dumpingpreisen und Patentmogeleien ein Ende, während es gleichzeitig die Autonomie aller beteiligten Unternehmen unangetastet ließ. Zudem sorgte es dafür, dass die Firmen ihren anderen Geschäftsinteressen ungehindert nachgehen und ihre Expansion betreiben konnten.

Agfa wurde Europas größter Hersteller von Fotozubehör. Bayer machte Aspirin, das seit 1899 aus Salicylsäure, einem Zwischenprodukt der Farbenindustrie, erzeugt wird, zum weltweit meistverkauften Schmerzmittel. Außerdem produzierte das Unternehmen Heroin und Methadon und finanzierte aus den Einnahmen seiner Farbenproduktion die Einführung von Atebrin, einem neuen Malariamittel. BASF war führend bei der Entwicklung von synthetischem Ammoniak und beendete dadurch Deutschlands Abhängigkeit von den Importen aus Chile, das ein Monopol auf diesen natürlichen Dünger hatte. Im Übrigen gab es für Ammoniak noch eine andere Verwendung – es diente als Ausgangsmaterial für alle modernen Sprengstoffe. Die synthetische Herstellung gelang als Erstem Fritz Haber durch die Verbindung von Stickstoff und Wasserstoff, und Carl Bosch brachte sie 1913 zur industriellen Anwendung. Haber hat 1915 auch als Erster Giftgas für den massenhaften Kriegseinsatz aus Chlor entwickelt.

Bei Hoechst wurde ein Großteil des Geldes aus der Farbenherstellung auf die Forschungsarbeit von Paul Ehrlich verwendet, der mit Hilfe von William Perkins Farben die Entwicklung der Medizin entscheidend voranbrachte. Ehrlich studierte in Breslau und Straßburg und trat zunächst eine Stellung in einem Berliner Krankenhaus an. Der kleine, drahtige Mann, der zwanzig Zigarren am Tag rauchte, beschäftigte sich hier mit Typhus und Tuberkulose, wobei er sich letztere Krankheit selber zuzog. Schon seine frühesten Studien hatten ihn davon überzeugt, dass die Verwendung von Teer- und anderen Farben fast unbegrenzte Möglichkeiten für die Entwicklung in Biologie und Medizin eröffnete. Diese Überzeugung brachte ihn dazu, die frühesten Formen der Chemotherapie zu erproben.

Um 1860 hatten Forscher erstmals Zellen mit Anilinfarben gefärbt. F. W. B. Beneke in Marburg verwendete dafür Mauvein, und Joseph Janvier Woodward, ein Chirurg in der US-Armee, benutzte Fuchsin und Anilinblau für die Untersuchung menschlichen Darmgewebes. Das wurde durch zwei Faktoren ermöglicht. Zum einen hatte die Mikroskopie enorme technische Fortschritte gemacht. Das erste Mikroskop, 1590 von einem holländischen Brillenmacher gebaut, bestand nur aus einer Vergrößerungslinse in einem Holzrahmen. Der englische Arzt und Architekt Robert Hooke, der auch am Wiederaufbau Londons nach dem großen Brand von 1666 mitgewirkt hatte, betrachtete mit Hilfe eines verbesserten Geräts als Erster die abgeteilten Elemente im Kork, eine Beobachtung, die zur Entdeckung der lebenden Zelle führte. Große Fortschritte erzielte der Delfter Tuchhändler Anton van Leeuwenhoek, der bei seinem Tode 247 Mikroskope hinterließ, viele mit fixierten Proben seiner »kleinen Animalculae«, den Protozoen, die er in Regenwasser und Samenflüssigkeit gefunden hatte. Er entwickelte auch eine der frühesten Methoden des natürlichen Färbens in der Biologie, indem er die Sichtbarkeit der Muskelfasern von Kühen durch eine gelbe Safranlösung verbesserte. Der Engländer Sir John Hill ergründete später die mikroskopische Struktur von Holz mit Hilfe eines Blauholzextraktes. Einige Jahre vor der Entdeckung der Anilinfarbstoffe gelang

Joseph von Gerlach mit Karminrot eine wichtige Analyse von Hirngewebsproben. Viele seiner Mikroskope verfügten bereits über einen einfachen Einstellknopf zur Justierung der Brennweite, aber die Ergebnisse wurden durch die schlechte Glasqualität der Linsen und starke Farbverzerrungen beeinträchtigt. Nach und nach wurden Verbesserungen erzielt – auswechselbare Okulare, die Beseitigung von fehlgelenkten Farbstrahlen, Linsen aus verbessertem Glas –, bis die Mikroskope 1869 soweit entwickelt waren, dass sie erste wichtige Erfolge in der Genforschung ermöglichten.

In diesem Jahr entdeckte der Schweizer Chemiker Friedrich Miescher mit Hilfe von Anilinfarben das »Nuklein«, den Teil des Zellkerns, der nicht aus Protein besteht. Das phosphorhaltige Nuklein bekam später den Namen Nukleinsäure. Nach seiner großen Entdeckung, deren Tragweite er möglicherweise gar nicht erkannte, verbrachte Miescher den Rest seines Lebens damit, die Befruchtungsmuster und das Nuklein im Sperma des Lachses zu untersuchen. In der Folgezeit machten Walter Flemming und andere Forscher mit ganz einfachen Anilinfarbstoffen die fadenartigen Strukturen im Zellkern sichtbar, die später als Chromosomen bezeichnet wurden. Flemming entwickelte in seiner Arbeit über Salamander frühe Theorien zur Zellteilung und prägte den Terminus »Mitose«, der die Teilung der Chromosomen entlang ihrer Längsachse in zwei gleiche Hälften bezeichnete.

Paul Ehrlich erkannte nun, dass die chemischen Farbstoffe, die aus Steinkohlenteer gewonnen wurden, die Zellen oder Gewebeproben nicht nur färbten, sondern häufig auch mit einem anderen Stoff reagierten. Die Anilinfarbe Methylgrün ließ beispielsweise den Kern grün, färbte aber das Zytoplasma einer Zelle rot. 1875 hatte Ehrlichs Vetter Carl Weigert nachgewiesen, dass das Fuchsinderivat Methylviolett Bakterien in Gewebeproben färbte, nicht aber das Gewebe selbst. Vermutlich wurde Ehrlich durch diese Beobachtung dazu angeregt, sich zu

Beginn seiner Laufbahn intensiv mit der neuen Wissenschaft des Färbens zu befassen, und er zeigte, dass diese Kunst entscheidend zur Identifizierung von Nukleinsäuren, Zuckern und Aminosäuren beitragen kann.

Die große Bedeutung dieser Erkenntnisse zeigte sich zuerst in den Berliner Laboratorien von Robert Koch. Der Bakteriologe hatte sich mit den neuesten Färbetechniken von Ehrlich vertraut gemacht und wies nun mit Hilfe der Anilinfarbe Methylenblau die Existenz und Wirkung des winzigen stäbchenförmigen Bazillus im Gewebe von Tuberkulosekranken nach. Ähnliches gelang ihm auch im Falle der Cholera.

Der Abend im Jahr 1882, als Koch die Ursache der Tuberkulose bekannt gab, sei sein größtes wissenschaftliches Erlebnis gewesen, meinte Paul Ehrlich. Er arbeitete daraufhin zusammen mit Koch an der Entwicklung des Medikaments Tuberkulin, das bei der Behandlung der Krankheit nicht sonderlich wirksam war, sich aber als ihr Indikator als äußerst zuverlässig erwies. Durch diese Forschungen gelangte Ehrlich zu eigenen praktischen Entdeckungen, mit denen er den Grundstein zur neuen Disziplin der Biochemie legte, der Nahtstelle zwischen Chemie und Physiologie. Seine Arbeit beruhte noch auf einem anderen Zusammenspiel – dem zwischen Medizin und chemischer Industrie. Obwohl in den achtziger Jahren des neunzehnten Jahrhunderts die Molekularstrukturen vieler Farbstoffe in rascher Folge entdeckt wurden, wartete Ehrlich nicht auf die exakten Formeln, bevor er mit den eigenen Experimenten begann. Neue Textilfarben wurden umgehend für das Färben von Geweben und Zellen verwendet, was zu einigen außergewöhnlichen Ergebnissen führte.

So stellte sich heraus, dass Methylenblau sich nicht nur zur bakteriologischen Diagnose eignet (unter anderem bei Malariafällen, die nicht auf Chinin ansprachen), sondern auch selbst nützliche medizinische Eigenschaften besitzt. Es wirkt keimtötend und war daher neben anderen Teerderivaten für

Joseph Listers Forschungen zur Wundantisepsis von großer Bedeutung. Die Fähigkeit des Farbstoffs, Hämoglobin in Methämoglobin zu verwandeln (bei dem das Eisen oxidiert ist und keine Rolle mehr für den Sauerstofftransport spielt), kam der Behandlung von Cyanidvergiftungen zugute. Mit Hilfe von Methylenblau führte Ehrlich auch seine bahnbrechenden Untersuchungen an lebenden Zellen durch, während man bislang nur mit totem Gewebe gearbeitet hatte. Als er den Farbstoff Fröschen injizierte, zeigten die Nervenzellen eine kräftige Färbung, eine Entdeckung von unschätzbarem Wert für anatomische Studien des Nervensystems.

Im Laufe der Zeit stellte man auch bei anderen Farbstoffen Heilwirkung fest und nahm sie in die offiziellen Arzneimittellisten auf. Kongorot bewährte sich bei der Behandlung von rheumatischem Fieber und als Gegengift bei Diphtherie. Der Farbstoff Biebricher Scharlach regt das Wachstum bestimmter Zellen an und hilft bei chronischen Magengeschwüren und Verbrennungen. Acridingelb wurde seit 1916 als antibakterieller Wirkstoff eingesetzt, das orangerot fluoreszierende Mercurochrom vielfach als Desinfektionsmittel für kleine Wunden, Gentianaviolett half gegen Bakterien und Pilze. Wie der deutsche Biochemiker Gerhard Domagk herausfand, wirkt der ebenfalls organgerote Farbstoff Prontosil heilsam bei Streptokokkeninfektionen, und später wurden daraus die Sulfonamide entwickelt, mit denen man Kindbettfieber, Lungenentzündung und Lepra behandelte. 1917 schrieb der *Manchester Guardian*: »Von nun an bilden Farbstoffe und Medikamente eine Einheit. Alles, was den modernen Farbenherstellern nutzt, kommt auch unmittelbar dem Gesundheitswesen zugute.« Domagks Erkenntnisse über Prontosil und die Sulfonamide sollen das Leben von Winston Churchill und Franklin D. Roosevelt jr. verlängert haben, und Alexander Fleming sah sie als so bedeutsam an, dass er Anfang der dreißiger Jahre der Erforschung des Prontosils zeitweilig Vorrang einräumte gegenüber der Entwicklung des Penizillins. Für seine Arbeit erhielt Domagk 1939 den Nobelpreis für Medizin.

Durch die weit verbreitete Verwendung von Farbstoffen als Heilmittel, aber auch zur Färbung pharmazeutischer Produkte, wurde eine neue Standardisierung der deskriptiven Farbnamen erforderlich. Als 1939, 83 Jahre nach Mauve, ein solcher Index in den Vereinigten Staaten aufgestellt wurde, enthielt er die Namen von über 7500 synthetischen Farben.

Es war ein hübscher Einfall des Schicksals, dass sich Ehrlich bei der Textilindustrie revanchierte, indem er ihr neue Farben schenkte. Die Farbstoffe, so hatte seine Arbeit gezeigt, gelangten als winzige Teilchen über die Blutbahn in die Zellen. Er wollte wissen, ob dieser Vorgang auf den Schwefel in der Farbe zurückzuführen war, daher ersetzte er sie durch eine andere, in der anstelle des Schwefels Sauerstoff enthalten war. Heinrich Caro, mit dem er zusammenarbeitete, fand bei der Suche nach einem Ersatz die neuen Farben auf Rhodaminbasis, die noch heute weithin für die biologische Färbung verwendet werden.

Seinen überdauernden Ruhm verdankt Ehrlich der Arbeit über Blutzellen und Immunität, für die er den Nobelpreis erhielt. Zudem entwickelte er 1910 das Salvarsan, ein synthetisches Mittel zur Behandlung von Syphilis, das auch Präparat 606 genannt wurde, da Ehrlich zuvor 605 ähnliche Verbindungen getestet und verworfen hatte. Zunächst bekam Ehrlich dafür wenig Anerkennung, denn man war weithin der Ansicht, wer Syphilis habe, sei selber schuld und verdiene keine Heilung. Doch allmählich setzte sich die Erkenntnis durch, dass sich mit Salvarsan ganz neue Möglichkeiten eröffneten, um durch die chemische Veränderung von Farbmolekülen krankheitsverursachende Mikroorganismen auszumachen und zu bekämpfen. Mit dieser »Zauberkugel«, wie Ehrlich es nannte, war die Grundlage für die Chemotherapie gelegt. Schon vor der Einführung des Penizillins in den dreißiger Jahren und viele Jahre, bevor sie für die Krebsbehandlung angewandt wurden, waren Chemotherapeutika die wichtigsten (wenn auch nur begrenzt wirksamen) Mittel gegen Blutvergiftungen, Lungenentzündungen und Gehirnhautentzündungen. Außerdem entwickelte Hoechst nach demselben Prinzip Novocain, ein revolutionäres Mittel zur örtlichen Betäubung, das noch heute von Zahnärzten verwendet wird. Der Erfolg von Salvarsan führte auch zu neuen Medikamenten gegen Tropenkrankheiten, und Präparate wie Mepacrin und Proguanil lösten zwischen den Weltkriegen das Chinin als häufigstes Malariamittel allmählich ab.

Durch den Ersten Weltkrieg veränderte sich die Farbenbranche weltweit. Viele Länder, die ihre Farben bisher aus Deutschland bezogen hatten, waren jetzt durch Handelsbarrieren und Isolationismus gezwungen, sich andere Bezugsquellen zu erschließen, und das gelang erstaunlich rasch. In England erweckte der Krieg die gesamte Industrie zu neuem Leben.

Die Lösung lag in Übernahmen und Fusionen. Auf Geheiß der Regierung übernahmen Ivan Levinstein und sein Sohn Herbert das Indigowerk von Hoechst in Ellesmere Port, während die BASF-Fabrik in Birkenhead an Brotherton in Leeds fiel.

Read Holliday fusionierte mit der Bradford Dyers Association und der Calico Printers Association zur British Dyes Ltd., einem Unternehmen, das sich 1919 mit Levinstein Ltd. und kleineren Firmen zusammenschloss und die British Dyestuffs Corporation bildete. Gemeinsam lieferten diese Unternehmen nicht nur genügend Farbstoff für Uniformen und andere Produkte, sondern auch genügend kriegswichtige Zwischenprodukte, wie etwa Nitroverbindungen, die für das Abfeuern von Granaten erforderlich waren. C.M. Whittaker, ein leitender Farbenchemiker bei Read Holliday in Huddersfield, erinnerte sich, wie während des Krieges die Leute in der Farbenbranche von schlecht bezahlten und wenig angesehenen Angestellten zu gesuchten Fachkräften avancierten. »Der Erste Weltkrieg wurde für uns zu einer Zeit großer moralischer Versuchung … Über Nacht wurden wir zu kleinen Göttern und von allen Seiten umworben.« Bei Kriegsende wurden die Mitarbeiter von British Dyes mit einer prächtigen Abendgesellschaft gefeiert, »bei der ihnen in einer überschwänglichen Rede versichert wurde, sie hätten entscheidend mitgeholfen, den Krieg zu gewinnen. Am Samstagmorgen erhielten mehr als fünfzig Chemiker ihr Kündigungsschreiben.« Der Erfolg der Zusammenschlüsse – der auf der schmerzlich gewonnenen Erkenntnis beruhte, dass die Entwicklung der organischen Chemie in jeder modernen Gesellschaft eine entscheidende Rolle spielen musste – bildete die Voraussetzung für die Gründung von Imperial Chemical Industries im Jahr 1926, einer Fusion von United Alkali Co. Ltd., Brunner, Mond and Co., Nobel Industries Ltd. und der British Dyestuffs Corporation. Auf diesen Konzern entfielen rasch 40 Prozent der gesamten chemischen Produktion in Großbritannien. Die ICI verleibte sich auch die British Alizarine Company ein, die alles übernommen hatte, was noch an Materialien und Patenten von Perkin and Sons übrig geblieben war. Auf diese Weise reichten die Ursprünge von ICI über einen Abstand von siebzig Jahren direkt bis zur Entdeckung des Mauvein zurück. Die Engländer hatten ihre Lektion gelernt: Im Zweiten Weltkrieg waren sie, was die Sprengstoffe für ihre Waffen und die Farbstoffe für ihre Uniformen anging, autark.

In den Vereinigten Staaten, wo die Abhängigkeit von deutschen Farben ebenfalls zu Beeinträchtigungen geführt hatte, fand ein ähnlicher Wandel statt. Auf der National Silk Convention 1916 erklärte der Vorsitzende von W. Beckers' Aniline and Chemical Works, jedes Land, das Wert auf seine nationale Verteidigungsfähigkeit lege, müsse über eine leistungsfähige Farbenindustrie verfügen. In den Vereinigten Staaten habe schon vor dem Kriegseintritt ein enormes Wachstum stattgefunden: 1914 hätten nur fünf Fabriken an der Produktion von

Anilinfarben teilgenommen, während nun schon mehr als achtzig Firmen mit Teerprodukten zu tun hätten, entweder mit Zwischensubstanzen der Farbstoffe oder mit diesen selbst. Das sei eine Sache der nationalen Ehre, und die Verbraucher müssten auch etwas unzulängliche Farben akzeptieren, sofern sie in Amerika hergestellt worden seien. Der Redner berichtete von den speziellen Problemen, die ihm das Färben von Seidenstoffen mit Methylenblau bereitet hatte: »Wenn Sie nicht so großzügig gewesen wären und uns immer wieder Mengen von Farbstoffen abgenommen hätten, die nicht ganz dem Standard entsprachen, hätten wir gleich zu Anfang pleite gemacht.« Vielleicht hat auch der Krieg ein bisschen dazu beigetragen – die Verbraucher hatten ja keine Wahl mehr.

1916 spielte England eine entscheidende Rolle bei der Gründung der DuPont-Farbenwerke, denn Herbert Levinstein lieferte den Amerikanern wichtige Informationen über die Indigoproduktion. 1914 beschäftigte die Farbenindustrie in den USA lediglich 214 Chemiker, 1919 war die Zahl auf 2600 angewachsen.

In der Schweiz, die ihre Farbproduktion erheblich gesteigert hatte und den größten Teil der englischen Importe stellte, bildeten Ciba, Geigy und Sandoz gemeinsam die Baseler Chemische Industrie. Ähnliche Kartelle entstanden auch in Frankreich und Italien. In Deutschland schlossen sich 1916 acht Unternehmen zur Interessengemeinschaft der Deutschen Teerfarbenfabriken – IG Farben – zusammen, darunter BASF, Bayer, Agfa und Hoechst. Ihr Ziel war es, sich gegen die zu erwartende Konkurrenz des Nachkriegsmarktes zu wappnen. Bei der offiziellen Gründung 1925 hatte sie bereits fünfzig Firmen geschluckt und kontrollierte mehr als hundert Fertigungsstätten und Bergwerke. Von Anfang an war dieses Konglomerat das größte Chemieunternehmen der Welt, und schon bald schickte es sich an, sie zu erobern.

KAPITEL ZWÖLF

Neue Anwendungen

Den Körpern werden auf mancherlei Weise die Farben entzogen, sie mögen dieselbe von Natur besitzen, oder wir mögen ihnen solche mitgeteilt haben. Wir sind daher imstande, ihnen zu unserm Vorteil zweckmäßig die Farbe zu nehmen, aber sie entflieht auch oft zu unserm Nachteil gegen unsern Willen.

Johann Wolfgang von Goethe, *Farbenlehre*, 1810

Er, Mertens, war ein junger Chemiker, Deutscher und Katholik, und ich war ein junger Chemiker, Italiener und Jude. Potentiell zwei Kollegen: Wir arbeiteten sogar in derselben Fabrik, aber ich innerhalb und er außerhalb des Stacheldrahts. Vierzigtausend von uns arbeiteten in den Buna-Werken in Auschwitz. Dass wir beide uns jemals begegnet sind, er ein Oberingenieur und ich ein zwangsverpflichteter Chemiker, ist unwahrscheinlich …

Primo Levi, *Die Atempause*, 1991

Lady Perkin starb neunzigjährig im Frühjahr 1929. Nach dem Tod ihres Mannes hatte sie dessen karitative Arbeit für örtliche Kirchenorganisationen und die Heilsarmee fortgeführt. Sie war stolz auf ihre Töchter, von denen eine als Missionarin tätig war und die andere Krankenschwester wurde. Ein Lokalblatt nannte sie eine »freundliche, noble und liebenswerte Lady Freigebig« und erwähnte, wie sehr sich das kleine abgeschiedene Dorf, in dem sie einst geheiratet hatte, seither verändert hatte. 1929 gab es kaum noch Einheimische, die etwas von den bahnbrechenden Entdeckungen ihres Mannes wussten oder von den Entwicklungen, die er damit in Gang gesetzt hatte.

Neun Jahre später wurde Perkin noch einmal gefeiert, zumindest in den Hallen der chemischen Gesellschaften. Aus Anlass seines hundertsten Geburtstags hielten die Leute aus der Farbenbranche Reden, verklärten die Vergangenheit und trugen Frackschleifen. Im Londoner Patentamt gab es deutliche Anzeichen für das Wiedererstarken der englischen Farbenindustrie, obwohl die Häufigkeit, mit der die Buchstaben IG vertreten waren, noch immer von der Übermacht der deutschen Konkurrenz zeugte. Zu den Patentbeschreibungen gehörten neue Anwendungen der Farbstoffe – farbige Formartikel, Caseinkunststoff, Chemiefasern aus Zelluloseazetat. Neue Farben wurden auf neue Art für neue Kunststoffe und Kunstfasern verwendet. Und an der Ostküste Amerikas hatte DuPont gerade ein Material zum Patent angemeldet, das den Namen Nylon erhielt.

Wie die meisten Jubiläen so sind auch die Feiern zum hundertjährigen Geburtstag von William Perkin ein interessantes Lehrbeispiel in Sachen Ruhm. Perkin wurde jetzt dafür geehrt, dass er den Weg zu den Errungenschaften des modernen Zeitalters gewiesen hatte, zur Kunstfaser, zum synthetischen Gummi und ähnlichen Erzeugnissen. In der Leathersellers' Hall des Victoria Hotels in Bradford stand Kunststoff auf den Tischen, als man das Heldenepos dieses Selfmade-Wissenschaftlers vernahm.

Der Belgier Leo Baekeland war eine Mischung aus William Perkin und dem verrückten Professor der Kolportageliteratur. Er hatte in Gent Chemie studiert und dachte ursprünglich an eine akademische Laufbahn, aber während seiner Hochzeitsreise nach Amerika wurde ihm bewusst, wie sehr die Chemieindustrie den Bedürfnissen der Konsumgesellschaft entgegen kam. 1899 verdiente er seine erste Dollarmillion, als er George Eastman seine Erfindung namens Velox verkaufte, ein fotografisches Papier, das die Entwicklung bei künstlichem Licht ermöglichte.

In einer Hütte auf seinem Grundstück, von dem aus man den Hudson überblickte, richtete sich Baekeland ein Labor ein und trachtete, sein Vermögen zu vermehren, indem er elektrische Isolatoren entwickelte. Dafür verwendete man bisher Schellack, die bernsteinfarbene harzige Ausscheidung der Lackschildlaus, die in Südasien beheimatet ist. 15 000 fleißige Tierchen brauchten ein halbes Jahr, um ein Pfund Schellack zu produzieren. Schon im Jahr 1900 überstieg die Nachfrage das Angebot bei weitem, daher hatte Baekeland den Entschluss gefasst, in seinem Labor künstlichen Schellack herzustellen.

Sein Ausgangsstoff war eine Substanz, die ein Farbenchemiker einmal auf dem Boden eines Becherglases vorgefunden und weggeschüttet hatte. Einige Jahre vor der Synthese von Indigo hatte Adolf von Baeyer mit zwei Stoffen experimentiert: mit Phenol (dem terpentinartigen Lösungsmittel, das aus Steinkohlenteer destilliert wird) und mit Formaldehyd (der desinfizierenden und konservierenden Flüssigkeit, die man aus Holzgeist gewinnt). Mehrere bayrische, österreichische und englische Chemiker hatten später aus verschiedenen Versionen der Phenol-Formaldehyd-Reaktion eine weiche Spielart des Caseinkunststoffs namens Galalith oder Eronoid gewonnen. Und nun, dreißig Jahre später, entdeckte Baekeland, dass der Rückstand, den Baeyer verschmäht hatte, die Basis für künstlichen Schellack abgeben könnte – Polyoxybenzylmethylenglycoanhydrid oder, wie es die meisten Menschen schlicht nennen, Bakelit.

Entscheidend war sein Bakelizer, ein Eisenkocher, der die Phenol- und Formaldehydreaktion unter extremer Hitze aus einer flüssigen Gummimasse in einen harten, lichtdurchlässigen und formbaren Stoff verwandelte, der die Entwicklung von Plexiglas, Vinyl und Teflon vorzeichnete.

1909 wurde Bakelit der Öffentlichkeit mit großartigen Ankündigungen vorgestellt, die sich größtenteils bewahrheiteten: Es war ein besserer Isolator als Schellack, es brannte nicht und verlor seine Farbe nicht. Es war zwar nicht der erste Kunststoff – diesen Rang hatte das Zelluloid inne –, aber das erste hundertprozentig synthetische Material. Innerhalb von zwanzig Jahren wurden daraus Gehäuse für elektrische Spulen, Radioröhren und Telefonklingeln gefertigt. Das Unternehmen, das als erstes Billardkugeln aus Bakelit herstellte, verdiente ein Vermögen. Baekeland bekam mehrere Auszeichnungen für seine Arbeit, von denen er eine besonders schätzte: die Perkin-Medaille.

Einer der Redner zum hundertjährigen Geburtstag von Perkin war Herbert Levinstein, der der Chemical Society mitteilte, Perkin sei »wie ein Fuchshundwelpe« gewesen, der auf der Suche nach Erkenntnis überall herumgeschnüffelt habe. Er habe, wie Faraday, keine der Eliteschulen besucht und daher das Glück gehabt, dass sein Denken nicht frühzeitig in bestimmte Bahnen gelenkt worden sei. Die Chemiestudenten neuerer Zeit hätten Unrecht, wenn sie meinten, er sei nur durch einen glücklichen Zufall auf Mauve gestoßen, vielmehr sei »die Entdeckung alles andere als zufällig erfolgt«, denn er habe sie seiner unersättlichen Neugier und seinen systematischen Forschungsmethoden verdankt. Levinstein schloss mit dem Wunsch, dass Perkins Arbeit auch weiterhin der Bekämpfung der Tropenkrankheiten zugute komme: »Durch die biochemische Forschung leistet die organische Chemie ihren größten Beitrag in dieser von Krankheiten gequälten Welt.«

Einige Wochen später sprach der gelehrte Chemiker F. M. Rowe vor der Manchester Literary and Philosophical Society. Er sagte, es gebe gegenwärtig eine Tendenz, Perkin als Opportunisten zu diffamieren. Wie im Jahre 1856 seien die Vertreter der reinen Forschung geneigt, ihm seine kommerziellen Instinkte zum Vorwurf zu machen. Auf Perkins Tod eingehend, berichtete Rowe, der Sterbenskranke habe eine unerklärliche Abneigung gegen die Schulmedizin gehabt. Als sich die Symptome der Lungenentzündung bemerkbar machten, habe er seinen Arzt fortgeschickt und seinen Ernährungsberater rufen lassen. Angesichts dessen, was die Farbstoffe inzwischen bewirkt hätten, sei die Ironie dieses Vorgangs nicht zu übersehen.

Der Geburtstag wurde mit einem gewissen Optimismus gefeiert, denn die englischen Farbenhersteller hatten im Windschatten der Schutzzölle ihre Produktion erweitert und technische Neuerungen entwickelt. 1938 kontrollierte ICI rund 60 Prozent des englischen Marktes und hatte wichtige neue Farbstoffe für die Zellulosefabriken entdeckt. Vor dem Zweiten Weltkrieg hatten englische Firmen ihre Beziehungen zur IG Farben verstärkt, vor allem in dem Bemühen, die neuen Märkte aufzuteilen und an der Entwicklung der neuen Polymere teilzuhaben. Die deutsche Expansion führte zur Wiederbelebung der alten Kartelle und zu der Einsicht, welchen Zwecken riesige Farbenwerke dienstbar gemacht werden konnten.

1939 produzierte ICI jede Woche rund 200 Tonnen seiner großen neuen Entdeckung Polyethylen. Teilweise lieferte dieser Stoff den Mantel für die Kabel, die die Nachrichtentechnik revolutionierten. 1940 ermöglichten die Polyethylengehäuse des Bordradars der Royal Airforce, deutsche Bomber zu entdecken und abzufangen. In Deutschland, wo die Kriegsproduktion anfangs keine solchen Privilegien genoss, konzentrierte sich die Herstellung synthetischer Materialien auf Gummi und Öl.

Die IG Farben war nicht offiziell Eigentum der nationalsozialistischen Regierung, aber ohne das Unternehmen wäre an einen Krieg nicht zu denken gewesen. Schon Gustav Stresemann hatte einmal gesagt, ohne die IG Farben und ohne die Kohle könne er keine Außenpolitik machen. Ursprünglich hatte Hitler entschiedene Einwände gegen den Internationalismus des Unternehmens und die Beschäftigung der vielen jüdischen Chemiker, erkannte dann aber, dass die angestrebte synthetische Autarkie nur mit Hilfe der IG Farben zu erreichen war. 1937 gelangten umgekehrt die Direktoren und führenden

Wissenschaftler des Unternehmens, die noch keine Nationalsozialisten waren (oder das Unternehmen noch nicht verlassen hatten), zu der Einsicht, dass sie Hitler für die künftige Expansion brauchten. Das Konglomerat von Farbenfirmen hatte seine Produktion mit strategischen Rohmaterialien wie synthetischem Gummi und Öl diversifiziert, doch die Rezession und hohe Entwicklungskosten hatten das Unternehmen Anfang der dreißiger Jahre fast in die Knie gezwungen. Allerdings eigneten sich diese Stoffe ideal für die moderne Kriegsmaschinerie, und die Nazis legten großen Wert auf sie. Wie eng die Partnerschaft war, zeigte sich in Auschwitz.

Das grausig im Gedächtnis der Welt fortlebende Motto »Arbeit macht frei«, das über den Toren zu den Konzentrations- und Vernichtungslagern angebracht wurde, war zuerst auf Plakaten der Buna-Werke von IG Farben zu lesen, vor allem um die Arbeiter vom Eintritt in die Gewerkschaft abzuhalten. Buna, ein Kürzel für seine Hauptbestandteile Butadien und Natrium, war eine der bedeutendsten Erfindungen der IG Farben und diente zum Beispiel zur Ummantelung von Panzerketten. Bei Ausbruch des Krieges kam man zu dem Ergebnis, dass die beiden Buna-Werke den Bedarf nicht decken könnten; 1941 endete die Suche nach einem neuen Standort mit der Gründung des Werks Monowitz-Buna, einem Arbeitslager, das acht Kilometer von Auschwitz entfernt lag. Dort wurden 40 000 Gefangene, vor allem Juden, als Zwangsarbeiter beschäftigt, von denen mindestens 25 000 ums Leben kamen. Primo Levi, einer der ausgebildeten Chemiker des Lagers, berichtet in seinem bewegenden Testament *Ist das ein Mensch?*, es sei nie ein Gramm synthetisches Gummi über die Fabrikmauern hinausgelangt. Degesch, eine Tochterfirma der IG Farben, hat Zyklon B hergestellt, das ursprünglich als Insektizid auf den Markt kam, aber schon bald in grauen Kisten nach Birkenau gesandt wurde und zum Hauptmittel für die Ermordung der europäischen Juden mutierte.

KAPITEL DREIZEHN

Feiern und Morden

Englische Wissenschaftler haben das erste elektronische Farbenverzeichnis entwickelt, eine digitale Palette, die mehr als 16 Millionen Farbtöne enthält. Sie können nun elektronisch übermittelt werden, so dass Designer, Kosmetikhersteller und Modeschöpfer erstmals in der Lage sind, Bilder in exakt definierten Farben auszutauschen.

Das neue System wurde am Institute of Science and Technology der Universität Manchester entwickelt und wird von der Regierung als eines der wichtigsten Industrieprojekte des kommenden Jahrtausends angesehen. Es findet bereits Verwendung bei Kosmetikherstellern und der Kaufhauskette Marks and Spencer. In Zukunft kann man dort sehen, wie das Hemd, das man kaufen möchte, auf der Straße aussehen wird – und muss sich nie mehr darüber ärgern, dass ein dezentes Mauve sich im Tageslicht in krasses Rosa verwandelt.

Robin McKie, *Observer*, Dezember 1998

Im Jahr 1956 kamen zahlreiche Menschen, die eine Vorliebe für Farben und ihre Wirkung in der Welt hatten, mit Mitarbeitern der Textil-, Pharma-, Parfüm- und Kunststoffbranche zusammen, um das hundertjährige Jubiläum des Mauvein zu begehen. Die Redner wussten nur Gutes zu berichten über William Perkin und die Veränderungen, die er in die Wege geleitet hatte.

Zu dieser Zeit ging es nicht um die Farben an sich. Neue Farbtöne waren keine Sensation mehr. Es ging um technische Fragen: Wie ließen sich neue Azetate und Kunstfasern färben,

Stoffe, die schmolzen, wenn man sie bügelte? 1956 war Schwarz die große Mode.

Die bedeutenden synthetischen Erfindungen des Jahres dienten vorwiegend friedlichen Zwecken. Der Schweizer Erfinder George de Mestral ließ Velcro patentieren, Procter and Gamble beglückte die Babys mit Wegwerfwindeln, und Vernon Krieble, ein Arzt aus Connecticut, erfand den Sekundenkleber Loctite. 1956 fand die Werbefachfrau Shirley Polykoff von der New Yorker Agentur Foote, Cone and Belding einen zündenden Slogan für ihren Klienten Clairol und sein neues Produkt: Miss Clairol war die erste Haartönung für den Hausgebrauch, die man wie ein Shampoo anwenden konnte. Sie war preiswerter und schneller als das Färben beim Friseur und sollte bald überall das Straßenbild beleben. Polykoffs Slogan lautete: »Does she oder doesn't she?« – Tut sie's oder tut sie's nicht?

1956 fing Lawrence Herbert bei dem kleinen Unternehmen Pantone in Manhattan an und entwickelte wenig später den Pantone-Farbfächer, die meistverwendete Farbstandardisierung der Welt, ein Eichsystem für Textilien, Kosmetika, Lacke und Tinten. Bei ICI erreichte man im selben Jahr den wichtigsten Fortschritt auf dem Gebiet der Farbenchemie: die Entwicklung der reaktiven Farben. Diese Farben reagierten unter Zugabe von Natriumchlorid und Alkali chemisch mit dem Material, das sie färbten. Durch die Verbindung mit den gefärbten Fasern wurde vor allem das Verblassen von Baumwolle und Wolle vermieden.

1956 produzierte Großbritannien 90 Prozent des Eigenbedarfs an Farben. Doch das hundertjährige Perkin-Jubiläum im Mai begann mit einer leichten Verstimmung. In einem Leitartikel der Zeitschrift *The Dyer and Textile Printer* hieß es, während sich die Chemiker überall anschickten, daraus ein rauschendes Fest zu machen, scheine in der Welt der Nichtchemiker niemand das Ereignis so recht zur Kenntnis zu nehmen. »Wir halten es für bedauerlich, dass so wenig getan wird, um Gedenktafeln an Gebäuden anzubringen, die in Perkins Leben eine Rolle gespielt haben. Das ist ein übliches Verfahren, um das Interesse auf sie zu lenken und wachzuhalten. Gerade London ist voll von solchen Tafeln, die vielfach an weit unbedeutendere Menschen als Perkin erinnern. Trotzdem hat das London County Council vor fünf Jahren abgelehnt, eine Tafel an seinem Geburtshaus anzubringen, wobei der Zustand des Gebäudes als Grund genannt wurde.« Die Zeitschrift hielt dieses Argument für naiv: Warum denn nicht jetzt eine Tafel und, wenn das Gebäude abgerissen worden sei, eine weitere mit der Inschrift: »In einem Haus an dieser Stelle ...«?

Im Umfeld der Fabrik war die Begeisterung nicht viel größer. »In den Verwaltungsbezirken Greenford und Sudbury haben die lokalen Behörden nie besonderes Interesse an Perkin gezeigt (der Stadtrat von Wembley hat sogar eine Sport- und Freizeitanlage an der Stelle in Sudbury, wo Perkin einst Krapp anbaute, nach einem gewissen Butler, einem ehemaligen Bürgermeister, benannt ...).« Zur Ehrenrettung von Wembley muss erwähnt werden, dass die historische Gesellschaft der Stadt eine Perkin-Ausstellung in der öffentlichen Bibliothek Barham Park organisierte und dass die Methodistenkirche Sudbury eine Bronzetafel anbringen ließ: »Diese Tafel erinnert ... an das hundertjährige Jubiläum der Entdeckung der ersten Anilinfarbe Mauve durch Sir William Perkin, dem Gründer des ursprünglichen Gotteshauses, das von 1856 bis 1956 an dieser Stelle stand.«

In der Woche, da die Kritik in *The Dyer* erschien, hatte Perkin die Festsäle Englands erobert. Sein Ruhm hatte gigantische Ausmaße angenommen: In den 50 Jahren seit dem ersten Jubiläum und in den 49 seit seinem Tod hatte seine Entdeckung mehr bewirkt, als er sich hätte träumen lassen, und wahrscheinlich mehr, als er sich gewünscht hatte. Nun schien letztlich alles auf sein Wirken zurückzugehen. Die Gäste trugen mauvefarbene Krawatten, saßen an mauve gedeckten Tischen, trugen Kleidungsstücke aus synthetischen Stoffen und tanzten zu Schellackplatten.

Zu den großen Londoner Veranstaltungen gehörten Vorlesungen an der Royal Institution, eine Abendgesellschaft zu Ehren der ausländischen Besucher aus vierzehn Ländern in Gegenwart des Handelsministers, ein Empfang in der wieder aufgebauten Guildhall und ein Aufsatzwettbewerb, der von der Londoner Sektion der Society of Dyers and Colourists (SDC) durchgeführt wurde. Die Teilnehmer, die nicht älter als 26 Jahre sein durften, schrieben über das Thema »Der Einfluss von Perkins Entdeckung und der synthetischen Farbstoffe, die in der Folgezeit entwickelt wurden, auf eine Branche nach Wahl des Kandidaten«. Sechs Monate später berichtete die SDC, die Reaktion auf den Aufsatzwettbewerb sei »enttäuschend« gewesen, weshalb man sich nur zu einem Trostpreis von fünf Guineen habe verstehen können.

An einem Festbankett in Dorchester nahmen 400 Gäste teil. Ehrengast war die Marquess of Salisbury, die meinte, die Rolle von Perkins Vater sei bisher nicht gebührend gewürdigt worden, schließlich habe er seine Ersparnisse riskiert, um den Einfall eines Jugendlichen zu verwirklichen. Man gedachte auch des Bruders Thomas, der 1891, mit sechzig Jahren, einer Gehirnblutung erlegen war. Es gab Telegramme und Sendschreiben aus Indien, Japan, Norwegen und Pakistan. H. Inouye, Präsident der chemischen Gesellschaft Japans, sprach von dem Dank, den die Industrie dem »Mauve-Mann« schulde, und von der Bedeutung aller neuen Chemiebranchen, die er ermöglicht habe. »All dies sichert, wie wir glauben, Perkins unsterblichen Ruhm … Wir möchten die Gelegenheit ergreifen und versichern, dass wir alles Menschenmögliche für den Weltfrieden und das Glück der Menschheit tun und gemeinsam mit allen Chemikern und Wissenschaftlern dieser Welt daran arbeiten werden.«

Perkins Name wurde für verschiedene Zwecke instrumentalisiert. Er wurde zu einem Symbol für jeden englischen Pionier, dessen Arbeit nur im Ausland wirklich genutzt wurde. Da gab es die Mauve-Geschichte, die Penizillin-Geschichte und viele andere Geschichten, die nach Ende des Empires erzählt wurden. Es war viel Wahres daran, und sie wurden in erster Linie zur Warnung und zur Stärkung der Moral erzählt. Die modernen Wissenschaftler und Ingenieure sagten: »Hier ist wieder eine neue Entwicklung, die wir uns nicht durch die Finger gehen lassen dürfen.« 1956 war Perkin das klassische Beispiel.

In Manchester fand im Midland Hotel eine Veranstaltung statt, bei der die Färber aus der Umgebung Nylontaschentücher in Mauve trugen. Die Sektion Midlands der SDC traf sich zu einer Abendgesellschaft im Welbeck Hotel in Nottingham, bei der die Damen mit mauvefarbenen Spitzentaschentüchern beschenkt wurden. Die Sektion Huddersfield beteiligte sich an einem Beitrag über Perkin in der BBC-Sendung *The Week Ahead*. Bei der Feier der nordirischen Sektion im Restaurant Thompson in Belfast sprach der Farbenspezialist John Bouton vom Chemiekonzern Courtaulds. »Mich hat die Frage beschäftigt, was für eine Sorte Mensch dieser Perkin ist«, begann er. »Wie kommt es, dass es so wenige davon gibt?« Er kam zu dem Ergebnis, dass Perkin zu jenen Menschen gehöre, die großen Nutzen aus den Dingen ziehen, die ihnen begegnen. Er habe keinen Unterschied zwischen Wissenschaft, Industrie und Kunst gemacht, sondern habe das alles als Einheit verstanden. »Jemand mit größerer Erfahrung als Experimentator und umfassenderen Kenntnissen als Wissenschaftler hätte Perkins Entdeckung leicht übersehen können, hätte ihm diese Eigenschaft von William Perkin gefehlt ... er war ein großer Mann, weil er war, wie er war, und nicht weil er die Entdeckung gemacht hat, deren hundertste Wiederkehr wir mit unserer Zusammenkunft heute Abend feiern.«

Das British Colour Council, das Perkins Mauve die Nummer 225 in seinem Farbenindex gegeben hatte, vertrat die Auffassung, es gebe sieben aktuelle Modefarben, die unmittelbar auf Perkins erster Farbe beruhten: Wilde Orchidee, Seidelblastrosa, Kleerosa, süßer Lavendel, Purpurlila, Purpurhuldigung und Violett.

Der Chemiker Patrick Linstead, Rektor des Imperial College, hatte die Struktur des wichtigen Phthalocyanins entdeckt, einer blaugrünen Klasse rasch färbender und glänzender Farben mit einem Metallkern. Er eröffnete eine kleine, ursprünglich auf einen Monat begrenzte Ausstellung im Science Museum: Proben natürlicher Farbstoffe, das Bild einer Waidmühle bei Wisbech, Briefe von Perkin, einige seiner Farbstoffe, eine Informationstafel über die Arbeit des British Colour Council. Die Ausstellung war ein großer Erfolg und wurde um zwei Monate verlängert.

Doch nicht alle Veranstaltungen waren so beliebt. Nach der Hauptfeier in London erhielt W. Ronald Kirkpatrick, einer von Perkins Enkeln, einen Brief von John Nicolls, Sekretär der Londoner Hundertjahrfeiern: »Ich persönlich hätte ein größeres Publikumsinteresse begrüßt … Innerhalb und außerhalb der Branche scheint man nicht recht zu verstehen, welchen Wert die Farbe für unser aller Lebensfreude besitzt. Auf jeden Fall hatten wir bei allen Veranstaltungen eine erlesene – wenn auch keine sehr zahlreiche – Schar von Gästen.«

Die Wissenschaftszeitschriften würdigten das Ereignis ausführlich. *Nature* äußerte zwar die Vermutung, dass möglicherweise auch andere Chemiker einige Jahre nach Perkin auf die Anilinfarben gestoßen wären, betonte aber, dass das seine Leistung keineswegs schmälere. Die Zeitschrift pflichtete Perkin bei, der in einem Vortrag im Jahr 1868 die Auffassung vertreten hatte: »Eine neue Teerfarbe einzuführen war nach der Entdeckung des Mauvein eine vergleichsweise einfache Angelegenheit. Die Schwierigkeiten, die die Rohstoffe anfangs bereitet hatten, waren wie alle anderen Hindernisse überwunden.« Weiter hieß es in *Nature*, Perkin habe nicht einfach Glück gehabt, sondern auch über Initiative, fundierte Kenntnisse, Fantasie und Entschlossenheit verfügt, die ihn zum führenden Technologen seiner Zeit gemacht hätten. Die Eigenschaften, denen er seinen Ruhm verdanke, »sind genau diejenigen, die heute wieder dringend erforderlich sind, da Großbritannien sich den sozialen und industriellen Herausforderungen eines Zeitalters gegenübersieht, in dem die Kohle nicht mehr die einzige Grundlage der Energiegewinnung und der Technik darstellt«.

Im Zeitalter des Öls machte *Nature* eine wachsende Gleichgültigkeit gegenüber den Leistungen eines Steinkohlehelden aus. In den überregionalen Zeitungen habe man versäumt, die Hundertjahrfeier zu nutzen, um jungen Menschen technische Berufe schmackhaft zu machen. »Wenn man vergleicht, wie die Presse die Feierlichkeiten von 1956 behandelt und wie sie einst im Jahre 1906 reagierte, kann man ihr heute den Vorwurf mangelnder Verantwortung nicht ersparen.« Die *Times* überging das Ereignis bis auf eine kleine Notiz über die Ausstellung im Science Museum fast vollständig. Auch der *Daily Telegraph* zeigte wenig Interesse an Perkin oder seinen Jüngern. Nur der *Manchester Guardian* trug dem Jubiläum mit einer Sonderbeilage Rechnung, in der verschiedene britische Spezialisten darlegten, wie vielfältig Perkins Arbeit das moderne Leben beeinflusst habe – »von den lebendigen Farben eines Frühlingskleids bis zum Antibiotikum, das einem todkranken Menschen das Leben rettet«.

Hier kam auch Paul F. Spencer zu Wort, leitender Chemiker von Cussons Sons and Company. Er berichtete, dass Perkins synthetisches Kumarin weithin in der Parfümindustrie verwendet werde, dass man dem Tabak damit eine besondere Geschmacksnote gebe und dass ein Kumarinderivat in der Waschmittelindustrie als superweißes Bleichmittel diene. (Seit es auf Grund von Rattenexperimenten als Karzinogen angesehen wird, verzichten viele Zigarettenhersteller heute auf die Verwendung von Kumarin.)

Der wichtigste Beitrag stammte von Frank L. Rose, dem Forschungsdirektor von ICI Pharmaceuticals, der meinte, es gebe berechtigte Gründe für die Annahme, »dass sich wichtige Fortschritte in der Medizin ohne Perkins Leistungen um bis zu eine Generation verzögert hätten«. Er verwies auf die Entdeckungen von Ehrlich und Domagk, auf Methylenblau und die Behandlung mit Sulfonamiden und äußerte die Vermutung, dass ohne Perkin und seine wissenschaftliche Neugier die Welt möglicherweise erst jetzt, im Jahr 1956, begänne, die Beziehung zwischen Chemie und Krankheitsbekämpfung zu ergründen.

Die Werbung in der Jubiläumsbeilage schlug einen ähnlichen Ton an und hat wahrscheinlich erstmals die Farbe Mauve als vorherrschendes Motiv verwendet. In einer Anzeige waren vier Zahlen auf einer Wandtafel zu sehen: 328, 238, 434 und 27,6 Prozent – die Koordinaten des international einheitlichen CIE- oder Normvalenzsystems; sie entsprechen in etwa dem Wert, den Mauve bei den Farben Rot, Grün, Blau sowie der Helligkeit erreicht. »Dieses Beispiel zeigt, welche Fortschritte in jüngerer Zeit auf dem Gebiet der Farbtechnologie erzielt worden sind. 100 Jahre sind seit Sir William Perkins Entdeckung vergangen. Seit mehr als 80 Jahren verwendet Chadwicks in Oldham Farbstoffe von immer größerer Echtheit …«

Ein Unternehmen mit vertrautem Namen schaltete eine Anzeige, in der von Perkins Besuch im Jahr 1856 berichtet wurde: »Pullars in Perth darf nicht nur mit Recht behaupten, wesentlichen Anteil an der Einführung der größten Entdeckung in der Geschichte der Farbenbranche gehabt zu haben, sondern kann sich auch rühmen, zehn Jahre später das Verfahren der chemischen Reinigung entwickelt zu haben …« Die Shell Chemical Company warb mit der Strichzeichnung eines Stehkolbens über einem Bunsenbrenner und daneben der Skizze einer Ölraffinerie, der Quelle moderner Petrochemikalien. »Sicherlich hätte sich Sir William nicht träumen lassen, dass es einmal diese Ausmaße annehmen würde ...«

Die letzte der bedeutenden Festlichkeiten fand im September im New Yorker Waldorf Astoria statt. Die American Association of Textile Chemists and Colorists und die Vertreter von 26 verwandten Branchen versammelten sich eine Woche lang und hörten Vorträge über Themen wie »Die Farbe – der Katalysator des Handels«. Mitte der Woche wurde die fünfzigste Perkin-Medaille an Edgar Britton überreicht, weil ihm die erste Synthese von Phenol (Karbolsäure) gelungen war, einer Substanz, deren Derivate in Unkrautvernichtungsmitteln, Fungiziden und anderen landwirtschaftlichen Chemikalien große Bedeutung erlangten. Ferner wurde eine Perkin-Medaille für die Entdeckung des Nylons posthum an Wallace Carothers verliehen. Zu den früheren Preisträgern gehörten Irvin Langmuir wegen der Entwicklung von gasgefüllten Glühlampen, Thomas Midgley wegen seiner Arbeit über klopffeste Brennstoffe für Verbrennungsmotoren, Robert Williams wegen der Synthese von Vitamin B_1 (Thiamin) und Charles Hall wegen der industriellen Herstellung von Aluminium. 1999 ging die Auszeichnung an Dr. Albert Carr für die Entdeckung des Terfenadin, des ersten nichtsedierenden Antihistamins (Heuschnupfengeplagten als Teldan, Seldan oder Triludan bekannt).

Während die Festredner ihre Papiere einsammelten, bat man ihre Zuhörer zu einer Führung durch Manhattan und einer Show namens *Cavalcade of Color*, »eine musikalische Revue ... die hundert Jahre Farbentwicklung auf die Bühne bringt und ihren dynamischen Einfluss auf die Schöpfung, die Verbreitung und den lustvollen Konsum von Mode vor Augen führt«. Andere Räume des Hotels enthielten Dioramen, in denen die Kunststoff- und die Pharmaindustrie dargestellt wurde. Im nahe gelegenen Grand Central Terminal zeigte die Eastman

Kodak Company eine ständige Diaschau über die Herstellung und Entwicklung moderner Farbfilme.

Um die seriöse Seite der Veranstaltung kümmerten sich die Fachleute im Hotel. Von Lebensmittelfarben bis zur militärischen Forschung, von der Augenheilkunde bis zu den grafischen Künsten – wieder erwies sich die Anilinfarbe als die Mutter aller Dinge. Einige Redner erzählten amüsante Geschichten. So erinnerte Morris Leikind vom Armed Forces Institute of Pathology in Washington an den bedeutenden holländischen Arzt Hermann Boerhaave. Er hinterließ bei seinem Tod im Jahr 1738 ein Büchlein, in dem er, so sein Versprechen, alle Geheimnisse der Medizin aufgezeichnet hatte. Es war leer bis auf die Anweisung: »Haltet den Kopf kühl, die Füße warm und den Darm unverstopft.« In den folgenden 118 Jahren sei, so meinte Leikind, nur weniges in dieses Büchlein geschrieben worden, etwa durch Edward Jenners Pockenimpfung 1798, die Entdeckung der Säugereizelle durch Baer im Jahr 1827, die zahlreichen Fortschritte, die der Mikroskopie zu verdanken waren, und die Entwicklung der Anästhesie 1846. Doch seit 1856 hätten sich die leeren Seiten rasch gefüllt. Die Geheimnisse seien »in den Farben des Regenbogens geschrieben worden, in Anilinpurpur, Bismarckbraun, Magenta, Methylenblau«.

So war der Tenor der Veranstaltungen: Kräftige Übertreibung für die gute Sache. Einige Gäste wurden dabei allzu lyrisch. Einer pries Perkin, weil er die Farbpalette des Krieges erweitert habe: »Da sind die Farben, die durch das Mündungsfeuer der Waffen hervorgerufen werden, durch die Explosion der Napalmbomben, die Detonationen der Phosphorgranaten, die hellen Farben, welche die Bombenabwürfe markieren, und das strahlende Weiß der Lenkraketen, wenn sie rasch und majestätisch in die blaue Atmosphäre aufsteigen.«

Die interessanteste neue Analyse stammte von Deane B. Judd vom National Bureau of Standards in Washington, der Perkin und seinen Nachfolgern einen wichtigen Beitrag zur englischen Sprache bescheinigte. Von den 7500 damals registrierten Farbbezeichnungen stammten über 100 direkt vom Labortisch der Chemiker, darunter Anthrazengrün, Naphthalingelb. Zu den anderen Quellen gehörten 528 Blumen (von Amaryllis bis Wistaria), 427 Ortsnamen (von Antwerpenbraun bis Sansibarbraun), 350 reine Farbbezeichnungen (Schwarz, Blau, Rot), 290 Farbpigmente (Chromgrün), 254 Obstsorten (Aprikose, Banane), 239 Lebensmittel (Braunzucker, Dottergelb), 221 Völker (tyrischer Purpur, Hollandblau), 214 Substanzen (Amber, Asphalt), 200 Eigennamen (Robin-Hood-Grün, Salome-Pink), 183 Pflanzen (Akazie), 149 Alltagsgegenstände (Ziegelrot), 144 natürliche Farbstoffe (Indigo, Krapp), 133 Vögel (*Bluejay*, der Blauhäher) und 133 andere Tiere (*Buff* von *Buffalo*, dem Büffel), außerdem 125 Edelsteine (Amethyst), 123 Metalle (Messing), 121 geographische Begriffe (Gletscherblau), 117 alkoholische Getränke (Absinthgrün), 104 atmosphärische Erscheinungen (Auroragelb), 83 Wettermerkmale (Smog), 82 Stimmungen (*Blue Funk*), 79 Abstrakta (Triumphblau), 72 Begriffe romantischer und leidenschaftlicher Natur (*Golden Rapture* oder »Goldene Verzückung«), 64 Mineralien (Achat), 60 Bezeichnungen, die auf Alter schließen lassen (Antikbraun), 59 Gebrauchsgegenstände (*Battleship Grey* oder »Schlachtschiffgrau«), 56 Wesen aus Sage und Aberglauben (Koboldrot), 55 Tageszeiten (Mitternachtsblau), 50 Erscheinungen des Meereslebens (Korallenrot), 50 ungefärbte Textilien (Ekrü), 46 mythologische Gestalten (Bacchus), 36 Keramiken (Wedgwoodblau), 31 religiöse Berufe (Kardinalspurpur) und 20 menschliche Eigenschaften (Hautfarbe).

Es gab viele Hundert andere. Von den 108 registrierten Bezeichnungen für synthetische Farbstoffe waren die beiden mit dem höchsten Bekanntheitsgrad Magenta und Mauve.

Im März 1981 traf ein gewisser Edward G. Jefferson im Plaza Hotel in Manhattan ein, um William Perkin Tribut zu zollen und einige Geschichten über ihn und seine Entdeckungen zum Besten zu geben. 500 Chemiker hatten sich versammelt, augenscheinlich, um Ente zu essen und einem bedeutenden Menschen die Perkin-Medaille zu verleihen. Als Präsident der amerikanischen Sektion der Society of Chemical Industry hielt Jefferson die Eröffnungsansprache.

Jeder kannte Jefferson. Einige Monate zuvor hatte er in seiner Eigenschaft als Präsident des Unternehmens DuPont viel Unruhe in den Wirtschaftsblättern gestiftet, als er bekanntgab, dass sich DuPont aus dem Farbengeschäft zurückziehe. Seit der Erfindung von Lycra seien die Farben nicht mehr die interessanteste oder gewinnträchtigste Produktsparte der Firma, daher habe sie beschlossen, sich von diesem Unternehmensbereich zu trennen.

DuPont war seit 1917 im Farbengeschäft, als der Krieg die Importe aus Deutschland unterbrach. Besonders gut verkaufte das Unternehmen Schwefelschwarz und Indigo, lieferte aber auch andere Farben und war führend auf dem Gebiet der Kosmetika und Haarfärbemittel.

Heute gibt es kaum einen Haushalt in den westlichen Industrieländern, der nicht zumindest einen Markenartikel von DuPont hat – und wenn es Nylon ist. Vielleicht aber auch Teflon, Lycra, Zellophan oder irgendeines der vielen hundert Arzneimittel und Produkte auf Erdölbasis. Doch DuPont ist kein Phänomen des zwanzigsten Jahrhunderts: Es heißt, ohne DuPont wäre Amerika nicht Amerika.

Éleuthère Irénée du Pont de Nemours, ein französischer Edelmann und Verleger, lernte 1784 in Paris Präsident Thomas Jefferson kennen und half ihm, den Friedensvertrag aufzusetzen, der den amerikanischen Unabhängigkeitskrieg beendete. Als du Pont später vor den politischen Unruhen mit seinem Sohn nach Amerika floh, ließ dieser sich von Jefferson überreden, seine chemischen Kenntnisse zur Herstellung von Schießpulver zu nutzen. Schon bald hatte die Familie du Pont eine riesige Fabrik, versorgte die Nordstaaten während des Bürgerkriegs mit Pulver und gründete ein Imperium, das 1999 Jahreseinnahmen von fast 30 Milliarden Dollar erzielte und 84 000 Mitarbeiter in siebzig Ländern beschäftigte.

Beim Perkin-Festbankett mussten die Männer noch immer mauvefarbene Fliegen tragen (inzwischen waren bei diesen Veranstaltungen auch Frauen zugelassen, von denen sich einige mit Bändern in Mauve geschmückt hatten). Den Farbstoff für die Fliegen hatte DuPont geliefert, aber das hatte sich als schwere Prüfung erwiesen. »Die DuPont Company wurde vor zwei Jahren aufgefordert, einen neuen Posten Mauve herzustellen, und wir haben diese Aufgabe wohlgemut unseren Farbenexperten bei Chambers Works übertragen«, erläuterte Edward Jefferson, ein Nachfahre des amerikanischen Präsidenten. »Leider schlug unser erster Versuch, diesen prachtvollen Farbton herzustellen, so kläglich fehl, dass das Material vom Normenausschuss der Gesellschaft glatt abgelehnt wurde und wir das Ganze noch einmal versuchen mussten. Abermals gelang es uns nicht; erst beim dritten Versuch hatten wir Erfolg, obwohl mir berichtet wurde, auch dieses Mal seien wir nur mit Ach und Krach durchgekommen. Jedenfalls hat uns diese Erfahrung so entmutigt, dass DuPont beschloss, ganz aus der Farbenherstellung auszusteigen.«

Dröhnendes Gelächter der versammelten Chemiker, die ihm die Geschichte nicht abkauften. Nach dem Bankett wurde Ralph Landau aus Philadelphia für wichtige Arbeiten über Nylon und Polyester mit der Perkin-Medaille ausgezeichnet.

Zwanzig Kilometer westlich von Landaus Heimatstadt an der Route 3 liegt Newton Square, ein unscheinbarer Ort, für den sich kein Tourist interessiert. An seinem Rand, hinter mehreren Kirchen und einem Schild, auf dem zu lesen steht, dass das Schießen in der Stadt verboten ist, steht auf einem gut 300 Hektar großen Anwesen eine Villa, die bei den Einheimischen Big House heißt. Hier wohnt John Éleuthère du Pont, der reichste und verrückteste Mann in der Stadt. Zumindest war er das, bis er 1997 mit 58 Jahren ins Gefängnis gesteckt wurde, weil er am Fuße seiner Auffahrt einen Ringer aus der amerikanischen Olympiamannschaft erschossen hatte. »Wir haben gedacht, er macht all die verrückten Sachen nur, um Aufmerksamkeit zu erregen«, berichtet mir Kurt Angle, ein ehemaliger Amateurringer, der inzwischen Profi geworden ist. Angle gehörte früher zu dem Foxcatcher-Team, das du Pont in den achtziger Jahren gegründet hatte und mit dem er auf seinem Besitz trainierte. »Er wollte, dass die Leute ihn beachteten und sagten: ›Donnerwetter, das ist du Pont – der kann alles tun, wozu er Lust hat.‹ Ich glaube, niemand hat damit gerechnet, dass er eines Tages jemand umbringen würde.«

Die du Ponts haben schon vor langer Zeit die Herrschaft über ihr chemisches Imperium verloren, doch der Reichtum blieb in der Familie. John du Ponts Privatvermögen wurde auf 125 Millionen Dollar geschätzt. Wie viele Menschen, die so reich sind, dass sie nicht zu arbeiten brauchen, hat du Pont lange einsame Jahre damit verbracht, seinen Leidenschaften zu frönen – Schießen, Schwimmen und Ringen –, und sein Geld für seine Hobbys hinausgeworfen: Er hat den besten Amateurringerklub Amerikas aufgebaut und sich eine imposante Sammlung von Handfeuerwaffen und Sturmgewehren zugelegt.

Du Ponts exzentrisches Verhalten lieferten dem Städtchen seit Jahren reichlich Gesprächsstoff. So glaubte er, Nazis säßen in seinen Bäumen. Der Polizei erklärte er, er habe die Gänse in seinen Teichen erschossen, weil sie ihn mit einem bösen Fluch belegt hätten. Ein Bauunternehmer, der früher auf dem Grundstück beschäftigt war, erzählt, dass du Pont der festen Überzeugung gewesen sei, seine Villa sei mit einem Ölsprühgerät ausgerüstet, das Dinge verschwinden lassen könne. Niemand weiß, warum er den Ringer David Schultz im Januar 1996 erschossen hat, doch seine Anwälte sprachen in dem Prozess wegen widerrechtlicher Tötung von geistiger Verwirrtheit und einer »Störung des chemischen Haushalts«.

Im November 1999 ging Schultz' Witwe Nancy einen Vergleich über eine geschätzte Summe von 35 Millionen Dollar ein, die höchste Entschädigung, die in einem Prozess wegen widerrechtlicher Tötung jemals von einem Einzelnen gezahlt wurde – 1,5 Millionen Dollar mehr als die Schadenersatzzahlung, zu der O.J. Simpson verurteilt wurde.

Bei dem Prozess wegen Mordes dritten Grades, bei dem du Pont schuldig gesprochen und zu mindestens dreizehn Jahren Haft verurteilt wurde, hörten die Geschworenen so viele Zeugenaussagen, dass sie eine Woche brauchten, um sich auf einen Spruch zu einigen. Sie vernahmen, dass David Schultz bei den Olympischen Spielen 1984 die Goldmedaille gewonnen hatte, dass er ein wunderbarer Vater und ein vorbildlicher Botschafter des Sports war. Schultz trug einen gepflegten Bart und legte überhaupt viel Wert auf sein Äußeres. Während des Prozesses kam jede Einzelheit seiner Ringerkarriere zur Sprache, einschließlich seiner Lycra-Trikots, in den Farben rot – und mauve.

KAPITEL VIERZEHN

Fingerabdrücke

Eine Woche vor seinem Tod aß ich mit Quentin Crisp zu Mittag. Wir trafen uns in der Bowery Bar in der Lower East Side von Manhattan bei Krebsfleisch-Küchlein und Whisky, und zwei Stunden lang saß ich da und betrachtete staunenden Auges diesen alten Mann mit mauvefarbenem Haar, der sich selbst zum Kult-Schwulen Englands erklärt hatte.

Gyles Brandreth, *Sunday Telegraph*,
November 1999

Das eindrucksvolle Porträt, das Arthur Cope von William Perkin gemalt hat und das einst in Perkins Haus hing, gelangte 1921 in die National Portrait Gallery am Trafalgar Square. Doch heute hängt es nicht mehr neben Faraday oder Darwin in dem kleinen Raum im ersten Stock, der für bedeutende viktorianische Naturwissenschaftler reserviert ist. Auch im Postkartenständer des Museumsshops hat er keinen Platz zwischen Samuel Pepys und Beatrix Potter gefunden. Der Aufseher glaubt, das Bild befinde sich im Keller. Tatsächlich hat der Archivar es jedoch in einem Lagerraum südlich der Themse untergebracht, ein Schicksal, das es mit den Porträts Hunderter von Männern und Frauen teilt, denen man nicht mehr zutraut, die Fantasie des Publikums zu beschäftigen.

Der Großteil von Perkins Leben oder zumindest die materiellen Dinge, die ihn überlebt haben, liegen in Stoff und Plastiktaschen verpackt in mehreren großen Kartons in einem anderen Lagerraum – im Souterrain des Museum of Science and Industry in Manchester. Peter Crichton Kirkpatrick, ein Enkel von William Perkin, hat das Ganze »The Perkin Collection« genannt. Einige Jahre lang war sie bei Zeneca Specialities untergebracht, dem Farben- und Chemieunternehmen, das durch Entfusionierung aus der ICI hervorgegangen ist. Als der Archivar der Firma starb, gelangte die Sammlung nach Manchester. Sie enthält einige der hier zitierten Briefe, Fotografien, die bei offiziellen Anlässen aufgenommen wurden, Patenturkunden und eine Auswahl der Medaillen und Auszeichnungen, die Perkin bei den großen Jubiläen verliehen wurden. Es gibt aber auch ungewöhnliche Exponate: ein Stück gefärbten Betonfußboden aus einem nicht näher bezeichneten Labor von Perkin (wahrscheinlich in Greenford Green), Aufzeichnungen des Dreizehnjährigen aus dem naturwissenschaftlichen Unterricht an der City of London School, Proben von Chemikalien, von gefärbten Stoffen und Patentsiegel, eine Frackschleife, die er auf dem amerikanischen Jubiläumsbankett im Delmonico's getragen hat, und das Originalnotizbuch aus dem Jahr 1856, in dem Perkin die Entdeckung des Mauvein festgehalten hat. Dieses kleine Büchlein, ausgefranst, aber immer noch fest gebunden, enthält die Methode der Farbherstellung und einige Tests, die er mit ihr durchgeführt hat. Auf mehreren Seiten gibt es mauvefarbene Fingerabdrücke.

Auf dem Treppenabsatz im ersten Stock der Biochemieabteilung des Imperial College steht eine große Ausstellungsvitrine, in der die Studenten eine knapp gefasste Geschichte ihrer Institution lesen können. Sie erfahren, dass das Royal College of Chemistry 1873 umzog und den New Science Schools in South Kensington angegliedert wurde, heute der Henry-Cole-Flügel des Victoria and Albert Museum. Es wurde Huxley-Gebäude genannt, und die Verhältnisse waren so beengt, dass einige Vorlesungen in der Albert Hall stattfanden, wo sich die Studenten über den Lärm der Orgel beklagten. 1890 wurde es Teil des Royal College of Science, und dieses wiederum wurde

1907 in das Imperial College integriert. Die Vitrine enthält ein Bild von Professor Hofmann, aber nicht von William Perkin.

Darunter liegt eine aufgeschlagene Wissenschaftszeitschrift, die nicht datiert ist, aber offenkundig aus viktorianischer Zeit stammt und einen Aufsatz von Hofmann enthält: »Remarks on the Importance of Cultivating Experimental Science in a National Point of View« (Bemerkungen über die Bedeutung der Pflege der Experimentalwissenschaft aus nationaler Sicht). Der Anfang lautet:

> So reich das gegenwärtige Jahrhundert auch an Entdeckungen auf allen Gebieten der Wissenschaft ist, bemerkenswert ist es vor allem durch den Umfang an menschlichem Tätigkeitsdrang und durch den Erfolg bei dem Bemühen, allen materiellen Interessen der Gesellschaft gerecht zu werden. Es ist wahrhaft erstaunlich, wie rasch wir in dieser Hinsicht vorankommen. Jedes Jahr ist reich gesegnet mit wissenschaftlichen Entdeckungen, und fast jeder Tag bringt eine neue und nützliche Anwendung dieser Entdeckungen zur Erleichterung des Lebens. Die Industrie befindet sich in einem Zustand ununterbrochenen Fortschritts. Das Handwerk, von dem man meinte, es habe ein hohes Maß an Vollkommenheit erreicht, ist durch die Entdeckung neuer Prinzipien und die Einführung neuer, sich auf sie gründenden Methoden fast vollständig verdrängt worden. So lässt sich mit Fug und Recht behaupten, dass bisher noch in keiner Phase der Weltgeschichte jedes Gebiet menschlicher Tätigkeit eine so gründliche Umwälzung erfahren hat wie während der letzten fünfzig Jahre.

Drei Stockwerke höher arbeitet der sechzigjährige David Phillips. Sein Büro schmücken ein Segelschiffmodell und mehrere große Hologramme, unter anderem eines von ihm selbst. Professor Phillips ist Direktor des Fachbereichs Chemie am Imperial College, und im Herbst 1999 wurde er dort Hofmann-Professor, ein ehrenvoller Titel, der kein zusätzliches Gehalt, aber eine enge Verbindung mit der Geschichte bedeutet. »Man meinte, ich verdiente diese Bezeichnung«, erläutert er, »obwohl meine wissenschaftliche Leistung nicht mit der seinen zu vergleichen ist. Ich war sehr geschmeichelt und habe freudig zugesagt.«

Professor Phillips ist physikalischer Chemiker, das heißt, er interessiert sich für die quantitativen Aspekte von Reaktionen, für ihre Kinetik und Dynamik. Vor allem arbeitet er mit Licht und Lasern. Jedes Semester gibt er mehrere Kurse und hat dabei die Erkenntnis gewonnen, dass seine Studenten zwar außerordentlich intelligent und motiviert sind, aber nicht viel über die Geschichte ihrer Disziplin wissen, was er für höchst bedauerlich hält. »Perkin war einer der größten Chemiker«, meint Phillips. »Zwar gibt es keinen Lehrstuhl, der seinen Namen trägt, aber immerhin besitzt das College ein Perkin-Labor.«

In den letzten zehn Jahren hat sich Professor Phillips mit der Entwicklung von Farbstoffen für die Krebsbehandlung beschäftigt. Es handelt sich um Substanzen, die einem Patienten in die Blutbahn injiziert werden und die sich nach wenigen Herzschlägen im ganzen Körper verteilt haben. Anschließend werden sie auf normalem Wege – durch Leber und Milz – herausgefiltert und ausgeschieden. Doch die Farbstoffe werden vom Körper selektiv aufgenommen, das heißt, sie bleiben länger im Tumorgewebe als in normalem Gewebe. Zwei Tage nach der Injektion befindet sich daher mehr Farbstoff im Tumor als in der Umgebung. Nun kann man diesen Bereich mit einem energiereichen Laser beschießen und, wenn alles nach Plan geht, den Tumor zerstören.

Phthalocyanine heißen diese Verbindungen, die vorwiegend für Anstrichstoffe und Lebensmittelfarben verwendet werden.

In den siebziger Jahren wurde viel über die Synthese dieser großen, plättchenartigen Moleküle gearbeitet, vor allem über die Einführung neuer Substituenten an Ringen.

Basis der Phthalocyanine sind Substanzen, die 1913 entdeckt wurden, als ein gewisser Meyer-Betz mit so genannten Porphyrinen experimentierte, Farbstoffen, die vielfach in der Natur und im Hämoglobin vorkommen. Er injizierte sich selbst Hämotoporphyrine, ging dann aus Gründen, die nur ihm allein bekannt waren, ins Sonnenlicht hinaus und zog sich schwere Verbrennungen zu. Denn die Porphyrine hatten seine Haut sensibilisiert. Dem maß man keine sonderliche Bedeutung bei, bis man erkannte, dass diese Wirkung für die Krebsbehandlung nutzbar gemacht werden kann, indem sehr energiereiches Licht auf ein erkranktes Organ gelenkt wird. Erst der Mitte der neunziger Jahre entwickelte Diodenlaser ließ sich so genau fokussieren, dass er in optische Fasern geleitet werden konnte, die man in den Körper einführte.

Professor Phillips begann sich mit diesem Gebiet zu beschäftigen, als er für den Waschmittelkonzern Unilever arbeitete. Das Unternehmen wollte ein Kaltwasserwaschpulver entwickeln, ein Bleichmittel für die Dritte Welt.

»Uns wurde unter anderem klar, dass man Sonnenlicht verwenden kann«, berichtet Professor Phillips, »daher begannen wir nach einem Zusatz [einem farblosen Färbemittel] zu suchen, der im Sonnenlicht aktiv wird und die Verfärbungen zerstört. Das Färbemittel absorbiert Licht, wird in einen angeregten Zustand versetzt und verfügt daher über einen Energieüberschuss. Dieser wird auf den Sauerstoff übertragen, der sich im Wasser auf dem Stoffgewebe befindet, woraufhin auch der Sauerstoff angeregt und zu so genanntem Singulettsauerstoff wird. Der greift dann die chemischen Substanzen an, die für die Verfärbung verantwortlich sind.«

Doch Unilever wurde von Procter and Gamble aus dem Felde geschlagen, so dass Phillips und seine Arbeitsgruppe ihre

Arbeit einstellen mussten. »Damals machte mich ein Mediziner jedoch darauf aufmerksam, dass man einen Farbstoff für die fotodynamische Tumortherapie verwendete. Wir fragten uns: Wäre es nicht interessant, zu wissen, ob unser Bleichmittel auch diesen Effekt hat? Also begannen wir ein neues Projekt, und es erwies sich als eines dieser verblüffenden Unterfangen, die sich mit jeder neuen Wendung der Dinge als immer erfolgreicher herausstellen.«

Zehntausende von Patienten sind bereits auf diese Weise behandelt worden. Die Methode ist für Primärtumoren bestimmt und lässt sich bislang noch nicht auf einzelne Krebszellen anwenden, die im Körper streuen. Sie wird weithin bei Krebserkrankungen des Ohrs und des Nasenrachenraums eingesetzt und hat schon viele sehr entstellende Operationen vermeiden geholfen. Wenn Professor Phillips in seinen Vorlesungen auf diese Methode zu sprechen kommt, zeigt er seinen Studenten Dias von einer Frau, deren Nase von einem Melanom befallen war. Im Normalfall hätte die Patientin sich einer Operation unterziehen müssen, bei der der Nasenrücken und ein Teil der Wange entfernt worden wäre. Wahrscheinlich hätte sie auch ein Auge verloren. Die neue Behandlung dauerte eine halbe Stunde und hinterließ Narben, die nach zwei Wochen nicht mehr zu entdecken waren.

Vielfach findet die fotodynamische Therapie auch Verwendung bei Darmkrebs und wird – zur Nachbehandlung der eigentlichen Operation – bei Tumoren an der Hirnoberfläche eingesetzt. Besonders Erfolg versprechend ist sie bei Tumoren der Bauchspeicheldrüse, bei denen Operationen oft als hoffnungslos gelten. Auch die Ergebnisse bei Prostata-, Blasen- und Brustkrebs sind ermutigend.

»Sehr zufriedenstellend«, sagt Professor Phillips. Seine Farbenforschung bezeichnet er als »neue Anwendung einer Zufallsbeobachtung«, einen jener glücklichen Zufälle, die es auf diesem Gebiet so häufig gibt. »Ich denke, man kann eine Parallele zu Perkin entdecken, der nach einer medizinischen Anwendung suchte und einen Farbstoff fand, während wir mit Farbstoffen arbeiteten und eine medizinische Anwendung fanden.«

In jüngster Zeit hat er seine Aufmerksamkeit einer Reihe anderer, durch Mikroben verursachten Krankheiten zugewandt, die sich möglicherweise genauso behandeln lassen. »In sehr vielen Krankheitsfällen, an denen Bakterien und Pilze beteiligt waren, haben wir nachgewiesen, dass sich diese Keime unschädlich machen lassen, indem man den Farbstoff hinzufügt und mit Rotlicht bestrahlt. Wir haben in einer Zahnklinik gearbeitet und orale Mikroben ausgeschaltet, und im Labor haben wir Darmbakterien beseitigt. Wahrscheinlich kann man auf diese Weise auch viele Viren zerstören – einschließlich des HIV. Die fotodynamische Therapie wird auch zur Behandlung der altersabhängigen Makuladegeneration (AMG) verwendet, der Hauptursache für den Sehverlust älterer Menschen in den Industrieländern. AMG wird durch Austritt von Flüssigkeit aus den Blutgefäßen im zentralen Bereich der Netzhaut bewirkt und ist der wichtigste Faktor für die Erblindung und mehrere Millionen Fälle von Sehbeeinträchtigung pro Jahr. Die Therapie beruht auf dem lichtempfindlichen Farbstoff Verteporfin (Visudyne). Sobald er sich im Körper verteilt hat, wird ein Lichtstrahl in das Auge geschossen, der die lecken Blutgefäße zerstört.

»Die Chemie ist heute ein sehr dynamisches Gebiet«, meint Professor Phillips. »Bis etwa 1986 hieß es, die Chemie sei zwar noch nicht richtig tot, aber unsere Aufgabe bestehe doch vorwiegend nur noch in Aufräumarbeiten. Man glaubte, spektakuläre Entwicklungen seien nicht mehr zu erwarten, weil wir im Grunde genommen alles verstünden. So füllten wir kleine Wissenslücken aus und entwickelten entsprechende Anwendungen. Doch dann entdeckte Harry Kroto das Buckminsterfulleren-Molekül [ein Molekül, das aus 60 Kohlenstoffatomen besteht und wie eine geodätische Kuppel aufgebaut ist] und damit eine vollkommen neue Familie von Kohlenstoffverbindungen, deren Existenz uns total unbekannt gewesen war. Die Chemie ist also alles andere als tot.«

1999 wurden sechs neue Unternehmen gegründet, die ihre Existenz der Forschungsarbeit am Imperial College verdanken. »Das ist eine sehr begrüßenswerte Tendenz«, sagt Professor Phillips. »Als ich herkam, gab es noch Professoren, die entsetzt die Hände zusammenschlugen, wenn sich jemand allzu eng mit der Industrie einließ. Man meinte, gute Wissenschaftler dürften sich die Hände nicht schmutzig machen. Diesen Weg müsse man den Leuten aus dem zweiten Glied überlassen.«

Im April 1944, 88 Jahre nach Perkins erstem Fehlversuch, gelang Robert Woodward, dem wohl führenden Chemiker seiner Generation auf dem Gebiet synthetischer Stoffe, endlich die Herstellung von künstlichem Chinin. Diese Substanz war noch immer das wirksamste Malariamittel.

Seine Struktur – $C_{20}H_{24}N_2O_2$ – war 1908 von Paul Rabe an der Universität Jena entdeckt worden, doch erst die erfolgreiche Synthese bestätigte die Formel. Nie war die Notwendigkeit größer gewesen als im Zweiten Weltkrieg. Die Japaner hatten Holländisch-Ostindien besetzt und damit die wichtigste Chininquelle zum Versiegen gebracht, so dass die amerikanischen Streitkräfte erheblich unter der Krankheit litten. Wie sich herausstellte, war das Verfahren von Woodward (und seinem Assistenten William von Eggers Doering) zu kompliziert für eine industrielle Nutzung – es umfasste fünfzehn Schritte bis zum Chinotoxin, dem Hauptbestandteil des Chinins und Ausgangspunkt der Synthese. Doch ihre Arbeit trug zur Entwicklung anderer Mittel bei und gab Anlass zu der Hoffnung, dass der Sieg über diese hartnäckige und mörderische Krankheit in wenigen Jahren zu erringen war.

Die Ursache der Malariaübertragung war 1897 mit Hilfe

synthetischer Farbstoffe entdeckt worden. In der indischen Stadt Secunderabat hatte der englische Dichter und Arzt Ronald Ross den Malariaerreger im Körper einer Stechmücke nachgewiesen, die zuvor Blut eines infizierten Patienten aufgenommen hatte. Wie sich herausstellte, wird Malaria durch vier Arten von einzelligen Parasiten hervorgerufen, unter denen *Plasmodium falciparum* besonders gefährlich ist. Die Parasiten werden durch den Speichel der weiblichen Stechmücke Anopheles übertragen, die vor allem in Afrika südlich der Sahara vorkommt, und können den Patienten bereits einen Tag nach Einsetzen der Symptome zu Tode bringen.

Der erste dokumentierte Fall einer Heilung durch einen Chininersatz führt uns zu keinem Geringeren als Paul Ehrlich zurück. Er beobachtete, dass das Methylenblau, mit dem er die Malaria bei einem deutschen Seemann nachgewiesen hatte, die Krankheit auch beseitigte. Doch es gab keine brauchbaren Laborversuche, um die Wirkung des Mittels zu überprüfen. Die eigentliche Ära der synthetischen Malariamittel begann erst, nachdem man die Vogel-Malaria entdeckt hatte und damit über die Möglichkeit kontrollierter Tests verfügte. Der Durchbruch kam 1930 mit dem Mepacrin, das Paul Rabe fand, nachdem er rund 14 000 verschiedene Verbindungen auf ihre Ähnlichkeit mit Methylenblau und der Molekularstruktur von Chinin getestet hatte. Das Mittel kam allen Parteien des Zweiten Weltkrieges zugute: Die Chemiker von ICI entschlüsselten die Formel 1938 und stellten jährlich rund zwei Milliarden Tabletten für die Soldaten in Fernost her. Doch es gab viele Nebenwirkungen: Mepacrin verriet seine ursprüngliche Bestimmung als Farbstoff und verfärbte die Haut der Patienten meist gelb. Bald folgten neue Spielarten: Chlorochinin, Nivaquin, Proguanil und Mefloquin (bekannt unter dem Markennamen Lariam) – doch auch die verursachten Nebenwirkungen, und im Laufe der Zeit wurde der Malariaerreger gegen sie alle resistent. Ende der neunziger Jahre des zwanzigsten Jahrhunderts wurde in Deutschland ein neues antibakterielles Mittel entwickelt, das Fosmidomycin, das zunächst viel versprechende Erfolge bei Mäusen erzielte. Durch eine Analyse des Genoms von *Plasmodium falciparum* könnte die Bildung eines entscheidenden Enzyms verhindert werden. Die Forschungsarbeit wird an der Justus-Liebig-Universität in Gießen durchgeführt.

In den Industrieländern meinen viele, die Malaria sei längst überwunden. Doch man hat die Krankheit nur teilweise in den Griff bekommen. Jedes Jahr gibt es 300 bis 500 Millionen neue Malariafälle, von denen 1,5 bis 2,7 Millionen tödlich enden werden, meist für Kinder unter fünf Jahren.

Mehrere große Pharmaunternehmen müssen sich den Vorwurf gefallen lassen, sie hätten kein Interesse an einem neuen Mittel, weil die meisten Opfer der Malaria zu arm sind, um ein teures Endprodukt der pharmazeutischen Forschung zu bezahlen. Doch es gibt viele Anhaltspunkte dafür, dass die Malaria in Europa und in anderen Gebieten, wo man sie bereits für ausgerottet hielt, wieder an Boden gewinnt. Manche Beobachter machen dafür das Verbot des giftigen und umweltschädlichen Pestizids DDT in den siebziger Jahren verantwortlich.

Anfang 2000 wurden einige Versuche mit Malariaimpfstoffen durchgeführt, einer der vielversprechendsten im Naval Medical Research Center in Rockville, Maryland. Wie in Gießen arbeitet man auch mit der DNS, speziell mit der DNS des Malariaerregers *Plasmodium falciparum*, die Menschen injiziert wird. Leiter des Forschungsprogramms ist Captain Steve Hoffman, seit fast zwanzig Jahren Spezialist für Tropenmedizin und langjähriger Mitarbeiter beim Malaria-Bekämpfungsprogramm der Weltgesundheitsorganisation. Die Versuchspersonen nehmen die DNS in ihre Körperzellen auf. Sie gelangt in den Zellkern, wo sie in RNS transkribiert wird. Anschließend wird sie aus dem Kern transportiert und in Protein übersetzt. Der Körper erkennt dieses Protein als Fremdsubstanz und ruft eine Immunantwort gegen sie hervor.

Die Malariabekämpfung ist vielleicht nur der Anfang; wenn die DNS-Impfung sich grundsätzlich bewährt, könnten ihr ähnliche Impfstoffe gegen HIV, Hepatitis C oder andere Infektionskrankheiten folgen. Den ersten Beweis für die Schutzwirkung bei Mäusen hat Dr. Hoffman 1994 veröffentlicht. Vorläufige Ergebnisse bei zwanzig freiwilligen Versuchspersonen erschienen 1998. Ein weit umfangreicherer klinischer Versuch begann im Januar 2000, und weitere sind geplant.

Künstliche Farbstoffe werden in jeder Etappe dieser Entwicklung angewendet – bei der Analyse der *Plasmodium*-Chromosomen, bei Bluttests, bei der Untersuchung der Impfergebnisse. »Wir verwenden die Wright-Giemsa-Färbung für Blutausstriche«, sagt Dr. Hoffman. »Früher haben wir zur Färbung und Diagnose von Malaria auch Acridinorange benutzt.«

Dr. Hoffman gefällt die symmetrische Beziehung zwischen seiner Arbeit und Perkins Suche nach dem Chinin. Langsam vollendet sich so ein Projekt, das in viktorianischer Zeit begonnen wurde.

Von allen modernen Anwendungen der synthetischen Farbstoffe hätte wohl keine William Perkin so amüsiert wie ihr Einsatz für die Aufdeckung von Verbrechen und ehelicher Untreue.

Im Oktober 1999 fand an drei Tagen im Queen Elizabeth II Conference Center in Westminster die erste internationale Konferenz über forensische Human-Identifizierung statt. Die Redner sprachen über die Beweiskraft von Fußspuren am Tatort, die Zuverlässigkeit von Ohrabdrücken und die DNS-Identifikation der Opfer des Swissair-Flugzeugabsturzes.

Im Ausstellungssaal bot Scott Higgins, der europäische Produktmanager von PE Applied Biosystems, seine Erzeugnisse für die Identifizierung von Menschen an. PE Applied Biosystems ist der biowissenschaftliche Unternehmensbereich der Perkin-Elmer Corporation, eines Unternehmens mit großer Erfahrung in der Genanalyse, der Molekulardiagnostik und mikrobiellen Identifikation. Die Forschungsabteilung von PE spielt eine wichtige Rolle auf dem Gebiet der Genomentschlüsselung und der genetischen Erkrankungen.

Grundlage der Technologie sind die Farbgele auf Rhodaminbasis, mit denen man Proteine und DNS isolieren kann. Das Unternehmen hat ein Verfahren entwickelt, bei dem fluoreszierend markierte DNS-Muster an einem Detektor vorbeigeführt werden, der bei jeder Base eine andersfarbige Spitze zeigt. Higgins erläutert: »Sie haben Ihr G, Ihr A, Ihr T und Ihr C (die Buchstaben des DNS-Codes), und jedes kriegt eine andere Farbe. Rot ist ein T, das Schwarz sollte eigentlich gelb sein, aber das Druckbild ist nicht so klar, das A ist grün, und das C ist blau.«

Diese Analyse wird in polizeilichen Datenbanken verwendet, um Profile von Verdächtigen zu entwickeln und zu speichern. Auch zur Analyse von Körperspuren am Tatort – Blut, Samen, Haar – bedient man sich ihrer. Das Verfahren ist so genau, dass man damit ein Profil aus einer Hautschuppe erstellen kann. Häufig wird es zur Untersuchung von Katastrophen und zunehmend im Sicherheitsbereich eingesetzt. »In den Vereinigten Staaten nehmen wohlhabende Eltern Speichelproben von ihrem Kind«, so Higgins. »Wenn das Kind dann entführt wird, kann man es leicht identifizieren.«

Ein weniger komplizierter Test für den Hausgebrauch ist in Tokio ein Verkaufsschlager. Dort können Ehefrauen, die vermuten, dass ihre Männer fremdgehen, zwei Spraydosen kaufen, die das Vorhandensein von Sperma in der Unterwäsche nachweisen. Man sprüht das Kleidungsstück nacheinander mit beiden Substanzen ein. Ist Sperma vorhanden, färbt es sich hellgrün.

Die genaue Formel der Sprays ist ein wohlgehütetes Geheimnis der Detektivagentur Tokyo Gull, aber man nimmt an, dass sie weitgehend dem forensischen Säure-Phosphatase-Test entspricht, den die Polizei heute in Fällen von Vergewaltigung durchführt. Dabei wird auf eine Probe Alpha-Naphthylphosphat gesprüht, ein Stoff, der sich, falls Sperma vorhanden ist, in Alpha-Naphthol verwandelt. Die Anwendung einer zweiten chemischen Substanz, häufig eines Diazofarbstoffs, ruft ein leuchtendes Lila hervor.

Im November 1999 gaben Bayer und Hoechst, die gemeinsam unter dem Namen DyStar auftreten, die Absicht bekannt, ihre Farbenproduktion mit BASF zu fusionieren. Das geplante Unternehmen würde über 4700 Mitarbeiter und einen Jahresumsatz von 2,2 Milliarden Mark verfügen, fast ein Viertel des Weltmarktes mit seinen 9 Milliarden Mark. Rund 30 Prozent seiner Produktion will der Farbengigant in Asien absetzen, während 40 Prozent für den europäischen Markt bestimmt wären. Zur Zeit dieser Ankündigung hatte man sich noch nicht auf einen Namen für das neue Unternehmen geeinigt.

»IG Farben in Liquidation«, lautet der offizielle Name des Unternehmens, das noch mehr als 50 Jahre nach Auflösung der Muttergesellschaft durch die Alliierten am Markt ist und über 200 Aktionäre hat. 1957 zahlte es eine Entschädigungssumme von 30 Millionen Mark an die Jewish Claims Conference, stritt sich aber Anfang 2000 noch immer über weitere individuelle Zahlungen an seine ehemaligen Zwangsarbeiter.

Am Valentinstag 2000 machte die Leiterin der Werbeabteilung von Yorkshire Chemicals PLC in Leeds eine sentimentale Mitteilung zum hundertsten Geburtstag des Unternehmens – so sentimental jedenfalls, wie es das moderne Farbengeschäft zulässt. Penny Netherwood erklärte, man habe eine neue Firmenfarbe gewählt: Mauve. Sie sprach das Wort auf altmodisch-viktorianische Weise aus: »Morv«.

Yorkshire Chemicals ist das viertgrößte Unternehmen für Textilfarben in der Welt, nur ein paar hundert Tonnen hinter der Allianz von Bayer, Hoechst und BASF sowie hinter Ciba und Clariant in der Schweiz zurück. Im November 1999 war es eine gegenläufige Fusion mit der Farbenabteilung der amerikanischen Firma C.K. Witco eingegangen und hatte dadurch seine Produktpalette erweitert: Neben Säurefarben für Wolle und Nylonfasern und kationischen Farbstoffen für Acrylfasern produzierte es jetzt auch reaktive Farbstoffe für Baumwolle. Der weltweite Umsatz betrug jetzt 170 Millionen Pfund, noch immer nur ein Viertel des deutschen Konkurrenten und lediglich fünf Prozent des Weltmarktes, aber zum ersten Mal seit vielen Jahren war Yorkshire Chemicals wieder ein ernst zu nehmender Marktteilnehmer.

Das Unternehmen entstand 1900 aus einer Fusion von elf Firmen, die vor allem mit natürlichen Farbstoffen arbeiteten und von den Fortschritten der letzten fünfzig Jahre scheinbar unberührt geblieben waren: Indigo kam noch immer aus Indien und Madagaskar, Blauholz aus der Karibik, Sandelholz aus Westafrika und Cochenille aus Teneriffa. In einer der Fertigungsstätten wurde Gelbwurz von Arbeitern »so gelb wie Kanarienvögel« zu einem Farbgemüse zermahlen. Die Tochter eines der Gründer heiratete Arthur George Perkin, einen Sohn von William Perkin.

Heute produzieren die Anlagen in der Hunslet Road und der Kirkstall Road modernste künstliche Farben für die neuesten Kunstfasern, doch Yorkshire Chemicals hat trotz seiner jüngsten Erwerbungen mit Schwierigkeiten zu kämpfen. Überkapazität. Dramatisch fallende Preise. Hohe Sicherheitskosten. Übermächtige Konkurrenz aus Fernost.

»Als ich in dieser Branche begann, war es einfach toll«, sagt John Shaw, Chef der Entwicklungsabteilung bei Yorkshire. »Ich konnte den Kunden alle paar Wochen neue Farben zeigen und sagen: Sind sie nicht wundervoll?«

Damals, in den sechziger Jahren, sei es in erster Linie um technische Betreuung, Innovation und Problemlösung gegangen. Obwohl er im Verkauf tätig gewesen sei, habe er nie über Preise reden müssen. Heute sei der Preis alles.

Shaw ist 55, kommt aus Wigan in Lancashire und arbeitete dreißig Jahre lang für ICI im Farbengeschäft. Kurz nachdem ICI Zeneca im Sommer 1996 seinen Farbenbereich an BASF verkaufte, verließ Shaw das Unternehmen. Der Verkauf an die Deutschen zeige, was aus der Branche geworden sei, meint er – nämlich ein Industriezweig, der von gnadenloser Konkurrenz bestimmt werde. Der Markt verlangt jetzt, dass die Farbe in granulierter Form geliefert wird, wie gefriergetrockneter Kaffee. Dann sei sie leichter zu messen und aufzulösen.

Die ersten Probleme bereitete Indien, dann Japan, Taiwan und China mit ihren Billigimporten, die möglich wurden durch eine Mischung aus niedrigen Löhnen, Technologie-Piraterie und einigen eigenen Innovationen. Fast alle großen europäischen Unternehmen gingen Partnerschaften in Indien und Fernost ein, mussten aber rasch feststellen, dass ihre Kenntnisse in den Besitz ihrer Konkurrenten gelangten. Shaw hat die Zahlen im Kopf, aber Mühe, sie zu glauben: In Indien gibt es mehr als 600 Hersteller von reaktiven Farbstoffen, »einen unter jeder Eisenbahnüberführung«. 1993 exportierten die Chinesen rund 5400 Tonnen Farbstoffe, Ende 1998 lag die Zahl bei fast 60 000 Tonnen. 1989 bewegte sich der Weltmarktpreis für synthetisches Indigo zwischen 22 und 24 Pfund pro Kilo, heute verlangt China sechs Pfund. Hinzu kommen die scharfen Umweltauflagen, die Testgebühren und die strengen Gesundheitsvorschriften, die dafür sorgen, dass das Bewilligungsverfahren für einen neuen Farbstoff zwischen 100 000 und 250 000 Pfund kostet. Die 200 000 Pfund, die das Moleküldesign bereits verschlungen hat, sind dabei nicht mitgerechnet.

Vor diesem Hintergrund scheint die jüngste Übernahme von Yorkshire Chemicals eher eine Überlebensmaßnahme als Expansionsbestreben zu sein. Shaw erinnert an das Schicksal von Ellesmere Port. Zunächst eine deutsche Fabrik, nach dem Krieg dann in englischer Hand, erlebte das Unternehmen in den sechziger und siebziger Jahren einen enormen Aufschwung, den es den Bluejeans verdankte. In den neunziger Jahren gelangte es wieder in deutschen Besitz und wurde im Juli 1999 endgültig geschlossen.

»Mit den gleichen Tiegeln und Töpfen, in denen Farben gekocht werden, stellt man auch Pharmaka her«, erläutert Shaw. »Wenn Sie eine neue Substanz entdecken, die ein grundlegendes Gesundheitsproblem löst, kann die Pharmaindustrie damit alle ihre Kosten decken und obendrein einen gewaltigen Gewinn erzielen. Früher war das auch im Farbengeschäft so – die Erfindung eines neuen Farbstoffs brachte so viel ein, dass damit die Entwicklungs- und Einführungskosten mehr als abgedeckt waren. Leider ist das heute nicht mehr der Fall.«

In der Oldfield Lane 425 in Greenford liest man auf der Speisekarte des Pubs Black Horse eine kleine Geschichte des Ortes. Der Pub liegt am Paddington-Arm des Grand Union Canal, der 1797 eröffnet wurde, um Limehouse Docks mit Birmingham zu verbinden. »Vernünftigerweise wurde beschlossen, alle zwei Stunden ein Wirtshaus zu errichten, wo sich die Kahnführer und ihre Pferde stärken konnten.«

Heute wird der Kanal nur noch von Hausbooten und gemächlichen Touristen in Anspruch genommen. Er ist durch Abwässer stark verschmutzt und hat schon lange nicht mehr die Farbe von Wein.

Im Pub gibt es keine Erinnerung an Perkin, kein Bild in Sepiabraun und keine Seidenprobe. Von der Farbenfabrik gegenüber existiert längst keine Spur mehr. Heute wird der Pub gern von den Mitarbeitern der neuen Unternehmen auf dem einstigen Grundstück der Perkins aufgesucht – einer Auslieferung von British Bakeries und des Unternehmens GlaxoWellcome.

Glaxo ist stolz auf den Besitz einer mauvefarbenen Bluse

aus dem neunzehnten Jahrhundert, deren Farbstoff in Greenford Green produziert wurde. Bei der Hundertjahrfeier des Unternehmens stellte man sie aus, und der Redakteur der Betriebszeitschrift zog topografische und wissenschaftliche Vergleiche zwischen damals und heute. Zum Teil war es durchsichtige Eigenwerbung: Perkin gründete sein Werk 1857, genauso wie Joseph Nathan sein Unternehmen im neuseeländischen Wellington, aus dem dann später Glaxo Laboratories wurde. Perkin verwendete Kohlenteerabfälle, um daraus Farbe herzustellen, Glaxo verwendete Abfälle der Sisalproduktion, um daraus Kortison zu erzeugen. Perkin entschloss sich, Chemie zu studieren, als er die Bildung »schöner Kristalle« beobachtete – und führte nicht die Isolierung einiger schöner rubinroter Kristalle durch ein Pharmaunternehmen viele Jahre später zur Entwicklung von Vitamin B_{12}?

1956 behaupteten die Glaxo-Mitarbeiter, sie seien auf dem gleichen Grund und Boden tätig, auf dem einst Perkin tätig gewesen sei. Die Direktoren aßen im *Cottage*, dem Haus von Perkins Neffen Alfred, zu Mittag, wo Perkin einst ausländische Besucher bewirtete, die gekommen waren, um seine Farbstoffe zu kaufen. »Als eingefleischter Gegner des Alkohols dachte Perkin nicht daran, seine Besucher in einem Wirtshaus zu beköstigen, obwohl das Black Horse nur ein paar Schritte entfernt lag …«

Den Pub gibt es noch, aber das *Cottage*, in dem Perkin einmal sein Labor hatte, ist verschwunden; dort befinden sich heute weitere Fertigungsstätten für Arzneimittel und ein Parkplatz.

Anderthalb Kilometer weiter, in Roxeth Hill, von der Harrow School ein Stück die Straße hinab, verkünden zwei große grüne Schilder: »Das Millennium ist der 2000. Geburtstag Jesu Christi. Huldige ihm hier und jetzt!«

Das ist die Christ Church, die Sir George Gilbert Scott entworfen hat, bevor er einige Jahre später das Albert Memorial gestaltete. Hier liegt William Perkin beerdigt. Doch die Suche nach seinem Grab ist schwierig. Viele Grabsteine, die meisten aus dem neunzehnten Jahrhundert, sind schon stark verwittert; einige sind von ihren Grabstellen genommen und an einer Wand aufgestapelt worden.

Der Vikar Ralph Goldenberg wohnt in einem Haus am Rande des Friedhofs. Er habe keine Ahnung, wer Perkin sei oder wo er gelebt habe, sagt der Geistliche. Er sei erst achtzehn Monate in Roxeth, aber in drei Tagen komme eine Dame von der Kirchenverwaltung, die könne alle Fragen beantworten.

Doch als Fran Caldecourt in den alten Friedhofsaufzeichnungen nachsieht, muss sie feststellen, dass Perkins Name fehlt.

»Merkwürdig«, sagt sie.

Allerdings taucht sein Name in einer Vermessung der Friedhofsfläche auf, die 1991 durchgeführt wurde. Daraus geht hervor, dass Sir William in seinem Grab Gesellschaft bekommen hatte von Frederick Mollwo Perkin (1928), Alexandrine Caroline Perkin, seiner zweiten Frau (1929), und Sacha Emilie Perkin, ihrer ältesten Tochter (1949) – man hatte sie wie Pfannkuchen übereinander gestapelt. Die Bestandsaufnahme ergibt weiterhin, dass dort ein großer gewölbter Grabstein mit weißer Marmoreinfassung und einem Vers aus der Offenbarung stand: »Selig sind die Toten, die in dem Herrn sterben von nun an.«

An einem Nachmittag Anfang Februar 2000 schreitet Fran Caldecourt die schmalen, lehmigen Friedhofswege auf der Suche nach Perkin ab, in der Hand einen Bericht dieser Vermessung und einen fotokopierten Lageplan der verfallenden Gräber längst vergangener Viktorianer.

»Er müsste genau hier liegen«, sagt sie, »an das Ende der Kirche anschließend.« Aber sie kann keine Spur von ihm entdecken.

Schlussbemerkung

Nach all den Jahren hat jeder sein eigenes Mauve.

Im Dutyfree-Katalog der Fluglinie Virgin Atlantic gibt es ein Bild von Eddie Izzard, wie üblich mit lackierten Fingernägeln, und die Aufforderung, ein Produkt namens Virgin Vie Spring Nail Polish zu erstehen: »Lassen Sie Ihre Freundinnen grün werden vor Neid und Ihre Fingernägel strahlend grün oder blau oder mauve.« Die Zeitschrift *Talk* berichtete über das Theater Old Vic in London, einst Schauplatz der Triumphe von Mimen wie John Gielgud und Laurence Olivier. Die verstaubten alten Künstlergarderoben sind von Vivienne Westwood, Stella McCartney und Tommy Hilfiger neu eingerichtet worden und haben dadurch, sehr zum Wohlgefallen der Theaterleiterin Sally Green, neuen Glanz und einen Hauch von Ironie erhalten. Zu McCartneys Arrangement mit vielen Spiegeln meinte die Chefin: »Das ist für die Zeiten, wo du dich fabelhaft fühlst.« Zu einem Vorzimmer in dunklen Rothko-Mauvetönen erklärt sie dagegen, das sei richtig, »wenn du gerade gestorben bist«.

In Filmen wird das Wort höchst fantasievoll verwendet. Der wollüstige Onkel Monty in Bruce Robinsons Drehbuch zu *Withnail and I* kennzeichnet Withnail mit dem verächtlichen Satz: »Er ist so mauve.«

In Büchern verhält es sich ähnlich. In der Kurzgeschichtensammlung *Tough, Tough Toys for Tough, Tough Boys* von Will Self sind einige der ganz toughen Jungs Drogendealer und wohnen eine Zeit lang in einer Suite im Ritz. Die Velourstapeten sind lila, die Bücher im Regal en gros antiquarisch erstanden und die Teppiche – wie zu der Zeit, da die Geschichte spielt, nicht anders zu erwarten – mauve.

Ich vermute ein abgekartetes Spiel, eine Wette, die bei einem Autorentreffen geschlossen wurde und in der sich alle Anwesenden verpflichteten, das Wort »mauve« im ersten Kapitel ihrer Romane unterzubringen. Im ersten Kapitel von John Lanchesters *Die Lust und ihr Preis* führt uns der Erzähler durch das Internat »oberer zweiter Wahl«, in dem sein Bruder untergebracht ist. Er beschreibt die Porträts der Direktoren, die im Speisesaal hängen und von denen eines »den Verdacht nahelegte, daß entweder der Künstler ein auf tragische Weise unfähiger dogmatischer Kubist oder aber der ehrenwerte Magister R.B. Fenner-Crossway in Wirklichkeit ein schwerverdauliches Gebilde aus malvenfarbenen Rhomboiden war …«

Im Eröffnungskapitel des Buches *England, England* von Julian Barnes berichtet der Erzähler von Kindheitserinnerungen und der Freude an einem Puzzle der englischen Grafschaften: »… sie versuchten, sich an die Farben der Teile zu erinnern … War Cornwall mauve gewesen und Yorkshire gelb und Nottinghamshire braun – oder war Norfolk gelb? Vielleicht aber auch die Nachbargrafschaft Suffolk?«

Im ersten Absatz der *Hexe von Exmoor* von Margaret Drabble erfahren wir: »Die Fenster zur Terrasse und zum Rasen hin sind geöffnet, und die herabhängenden Trauben der Glyzine verfärben sich von blassem Mauve zu Purpur. Die Rosen blühen.« Das ist das häufigste Mauve dieser Zeit, das Gartenmauve. Allerdings sind Gärtner genauso subjektiv wie Romanciers: Noch heute – besonders heute – ist Mauve nicht einfach eine einzige Farbe wie etwa Orange. Mauve kann zwischen zartem Lila und kräftigem Violett schwanken, je nach Licht, deskriptivem Vermögen, Gedächtnis und Erziehung. Jeder hat sein eigenes Mauve.

Auch am Anfang von Rose Tremains Roman *Wie ich sie fand* erinnert sich eine Person an eine angenehme Kindheit. »Es war der Tag, bevor wir unser Haus in Devon verließen und nach Paris flogen. Ich könnte auch sagen: Es war der Tag, an dem für mich das richtige Leben begann. Mum trug ein kleines mauvefarbenes, knappes Oberteil und einen weiten, faltigen Rock, den sie in einer indischen Boutique gekauft hatte.«

So ist Mauve oft eine Farbe aus der Erinnerung, eine Tönung der Vergangenheit. Nicht selten ist es auch eine Hightech-Farbe. Ein gewisser Geoffrey Hughes, ein Engländer, der bei San Francisco lebt und einem seltsamen Ehrgeiz frönt, gewann der Farbe Anfang 1999 eine neue Seite ab. Hughes hielt sich auf einem Flugplatz in der Mojave-Wüste auf, wo sein Unternehmen Rotary Rocket den so genannten Roton errichtet hatte, das erste private wiederverwendbare Raumschiff der Welt. Es sollte Satelliten ins erdnahe All befördern, wenige Stunden später zurückkehren und mit der nächsten Nutzlast wieder starten. Für die fernere Zukunft war geplant, mit dem Raumfahrzeug auch zahlungskräftige Passagiere zu befördern, die bereit waren, für eine vorübergehende Astronautenexistenz etwas tiefer in die Tasche zu greifen.

Der Prototyp war beeindruckend, verblüfft waren die Besucher aber auch beim Anblick des riesigen mauvefarbenen Vorhangs, der den unteren Teil der Raketenturbinen umhüllte. »Der Vorhang zeigt so etwas wie unsere Hausfarbe«, erläuterte Hughes, »die gleiche Farbe wie die Träger der Flugzeughalle. Der Vorhang soll den eher hässlichen Unterbau der Außentreppen verhüllen, über die wir an Bord des Fahrzeugs gelangen. Außerdem dient er als Sichtschutz für Menschen, die die Treppen mit Röcken besteigen.«

Das hätte Perkin gefallen: Seine Farbe leistet Frauen und Engländern auf dem Weg zum Mond wertvolle Dienste.

Wie nicht anders zu erwarten, habe ich ein paar Mal von Perkin geträumt. Einmal brachte er mir triviale Informationen: Seine Mitarbeiter hätten ihn *Stainchild*, Farbkind, genannt, Mrs. Swaffield sei auf dem Harmonium entsetzlich gewesen, die Fliegen im Delmonico's hätten einen falschen Farbton gehabt, und er sei außerordentlich glücklich, dass Koch und Ross den Nobelpreis erhalten haben. Er sagte, wie sehr ihm sein Vater fehle und dass er hoffe, man werde bald Chinin herstellen können. Gerne wäre er der Menschheit wegen seiner Arbeit über das magnetische Drehvermögen in Erinnerung geblieben.

Einmal berichtete er mir, dass sein Grab sich in entsetzlichem Zustand befinde. Der Krapp, den er gepflanzt habe, dringe durch den Sarg und dränge ihn zur Seite. Es hätten sich eigenartige Gase gebildet. Vor dem Begräbnis habe die Familie seinen Leichnam mit quadratischen Seidentüchern bedeckt, jedes mit einem von ihm hergestellten Farbstoff gefärbt. Das Magenta habe auf seinen Händen schlimme Ausschläge hervorgerufen, noch verstärkt durch Sickerwasser aus dem Kanal in der Nähe seiner Fabrik – Abwässer, die einst das Gras verbrannt hätten. Und jetzt drücke ihm die Kohle in die Seite, scharfe Brocken, die durchwachsen seien mit Blauholz, Saflor und Sandelholz. So bedrängt, sagte er, fühle er sich wie eine einzige große Wunde.

Bei meinen Besuchen im Imperial College zeigte sich, wie geringfügig die Berührungspunkte zwischen der heutigen Generation ehrgeiziger Chemiestudenten und ihren viktorianischen Vorfahren sind. Die Zukunft ist zu aufregend, um zurückzublicken. Wenn sie das Perkin-Labor betreten, um ihre neueste Analyse komplexer Kohlenstoffe vorzunehmen, scheinen sie auf die Objekte, von denen sie umgeben sind, kaum zu achten. Aber sie schreiben ihre Diplomarbeiten und Dissertationen auf blaubeerfarbenen iMacs, fotografieren ihre Freunde mit Einwegkameras von Kodak, sprühen sich mit Calvin Klein ein und bekämpfen ihre Kopfschmerzen mit Aspirin. Ihre Kleidung ist nicht nur schwarz. Einige tragen auch Blau, Grün, sogar Gelb, und das, als wäre es die natürlichste Sache der Welt.

Danksagung

Ich bin allen Menschen außerordentlich dankbar, die mir bei diesem Buch geholfen haben, besonders denen, die mir ihre Zeit geopfert haben, um sich interviewen zu lassen und mir ihre Gedanken mitzuteilen. Neben denen, die im Text erwähnt werden, bin ich Tony Travis vom Sidney-M.-Edelstein-Zentrum der Hebräischen Universität Jerusalem für seine kundige Hilfe und persönliche Beratung zu Dank verpflichtet. Auch die Informationen zur Lokalgeschichte, die ich David Leaback verdanke, waren sehr hilfreich.

Viel Archivmaterial, das William Perkin betrifft, ist Eigentum seiner Ur-Urenkel Helen Beaufoy und Michael Kirkpatrick; ihnen möchte ich dafür danken, dass sie meine Recherchen unterstützt und mich mit Fotografien versorgt haben.

Dank schulde ich auch Penny Feltham und Jean Horsfall vom Museum of Science and Industry in Manchester, wo die Perkin-Dokumente (die Kirkpatrick Collection) untergebracht sind, sowie Robert Bud für seine Vorschläge und Kontakte, Leo Slater und seinen Kollegen am Beckman Center für die Geschichte der Chemie in Philadelphia, Penny Netherwood bei Yorkshire Chemicals, Anne Barrett von der Archivabteilung des Imperial College, Sarah Burge vom Farbenmuseum in Bradford und den hilfsbereiten Mitarbeitern der Bodeleian Library in Oxford, der London Library, der Imperial College Library und der Radcliffe Science Library in Cambridge.

Professor Bill Griffith vom Imperial College und Andrew

Bud haben das Manuskript gelesen und viele wertvolle Vorschläge gemacht.

Gewonnen hat dieses Buch auch durch die Hilfe von Brad und Joy Auerbach, Spencer Pack, William Brock, Luke Vinten, Ted Benfey und Roald Hoffmann.

Bei Pat Kavanagh, Rosemary Scoular und Vanessa Kearns von PFD fand ich das gewohnte Maß an Professionalität und Begeisterung. Mein Lektor Julian Loose war stets anregend und hilfreich, und auch seiner Assistentin Carrie O'Grady schulde ich Dank für ihre klugen Vorschläge und die Fotorecherche.

Das Rezept für die Mauve-Synthese in kleinem Maßstab habe ich mit freundlicher Genehmigung der Autoren Rhonda L. Scaccia, David Coughlin und David W. Ball vom Fachbereich Chemie der Cleveland State University ihrem Artikel im *Journal of Chemical Education,* Bd. 75, Nr. 6, Juni 1998, entnommen.

Neben den Dokumenten, die in der Bibliographie aufgeführt sind, habe ich eine Anzahl von Zeitungsartikeln herangezogen, vor allem aus der Zeit des fünfzigjährigen und hundertjährigen Jubiläums der Mauvein-Entdeckung. Nützlich waren auch neuere Ausgaben des *Journal of the Society of Dyers and Colourists* und des *New Scientist*.

Literatur

Abkürzungen

BJHS *British Journal for the History of Science*
JSA *Journal of the Society of Arts*
JSDC *Journal of the Society of Dyers and Colourists*

Dokumente und Zeitschriftenaufsätze

Aus der Kirkpatrick Collection im Museum of Science and Industry in Manchester:
Brief von A. W. Hofmann an Perkin, Royal College of Chemistry, 23. Oktober 1856.
Briefe von R. Pullar an Perkin, Mill Street Dye Works, Perth, 12. Juni 1856, 14. Januar 1857.
Brief von J. Pullar an Perkin, Keirfield, Bridge of Allan, 14. Mai 1857.
Brief von L. Pasteur an Perkin, École Normal Supérieure, 5. September 1860.
Briefe von H. Caro an Perkin, Mannheim, 10. Dezember 1881, 14. Mai 1891, 28. Juni 1906; Freiburg, 31. Mai 1885.
Brief von H. Caro an Lady Perkin, Mannheim, 19. Januar 1908.
Patentschrift Nr. 1984, 26. August 1856.
Briefe von W. H. Perkin jr. an Perkin, Fair View, Fallowfield, 21. Februar und 10. März 1906.
Redemanuskript von C. Liebermann, Royal Institution, 26. Juli 1906.
Erinnerungen an Perkins Besuch in Amerika, darunter Zeitungsausschnitte und Fotografien.

Brief von J. W. Bruhl an Lady Perkin, 20. November 1907.
Perkins frühe Aufzeichnungen im naturwissenschaftlichen Unterricht an der City of London School, 1851/52.
Perkins Laborbuch, 1890–93.
Perkins Aufzeichnungen auf der RMS *Ombria*, September 1906.
Brief von Perkin an H. Caro, The Chestnuts, Sudbury, 25. Mai 1891.
Kirchenlieder bei Perkins Beerdigungsgottesdienst, 21. Juli 1907.
Aufruf der Chemical Society für den Perkin Memorial Fund.
Perkins und T. D. Perkins Antwort auf die Schadenersatzklage von Brooke, Simpson and Spiller, 2. Dezember 1874.
Presseausschnitte, die die Jubiläumsfestlichkeiten und Nachrufe auf Perkin betreffen, 1906/07.
Perkins Exemplar der Festschrift, die 1906 zum fünfzigjährigen Jubiläum erschien.
Perkins Notizbuch, in dem er die Entdeckung von Mauvein festhielt, 1856, mit freundlicher Genehmigung der City of London School.
Perkins Stammbaum, nicht datiert.
Broschüre der Chemical Society über das Leben und Werk von W. H. Perkin jr.
Verschiedene Schriftrollen, verzierte Tafeln, Ehrendoktorurkunden und Medaillen, die Perkin 1906 verliehen wurden.
Athenaeum, Nr. 1767, 7. September 1861.
Barrett, Anne, »Perkin's Green«, in *The Glaxo Volume*, 1956, S. 43–47.
Benfey, Theodor, »The Editor's Safari. Jerusalem's Edelstein Centre and Three Anniversaries«, in *Beckman Centre News*, Sommer 1992.
Bentley, Jonathan, *The Work in England of A. W. von Hofmann, Professor of Chemistry at the Royal College of Chemistry 1845–65*, Magisterarbeit im Fachbereich Wissenschaftsgeschichte, University of Leicester, 1969.
Berrie, John, »Specimens Illustrating New Methods of Dyeing and Finishing Silk«, in *Great Exhibition Catalogue*, 1862.
Boulton, John, »William Henry Perkin«, in: JSDC, Bd. 73, Nr. 3, 1957, S. 81–85.
Brightman, R., »Perkin and the Dyestuffs Industry in Britain«, in: *Nature*, Bd. 177, Mai 1956.
»Centenary Anniversary Tribute to Perkin«, in: *Manchester Guardian*, 7. Mai 1956.

Cliffe, W.H., »In the Footsteps of Perkin«, in: JSDC, Bd. 72, Nr. 12, 1956, S. 563–566.
ders., »The Dyemaking Works of Perkin & Sons. Some Hitherto Unrecorded Details«, in: JSDC, Bd. 73, Nr. 7, 1957, S. 312–328.
Cronshaw, C.J.T., »Through Chemistry, Adornment«, *The Royal Institute of Chemistry of Great Britain and Ireland*, London 1949.
Crookes, William, »Chemical Products. The Application of Waste«, in: *Popular Science Review*, London 1863.
Dawson, Dan, »On Azo Colouring Matters«, in: *The Society of Dyers and Colourists*, 1884, S. 12–19.
Dickens, Charles, Hg., »Perkins' Purple«, in: *All the Year Round*, London, 30. April 1859.
»Discussion on the Alleged Poisonous Action of Dyes on the Skin«, in: JSDC, 25. November 1884.
»Dyes on Historical and Archaeological Textiles«, 2nd Meeting, National Museum of Antiquities of Scotland, September 1983, S. 14ff., S. 20–25.
Finley, Alexander/Mills, William Hobson, »William Henry Perkin, Jr.«, in: *British Chemists*, London Chemical Society, 1947.
Gilbert, Kerry, *The Cultivation of Woad (Isatis Tinctoria): Agronomy, Physiology and Biochemical Aspects*, Dissertation, University of Bristol, 1997.
Homberg, Ernst, »The Emergence of Research Laboratories in the Dyestuffs Industry, 1870–1900«, in: BJHS, Bd. 25, 1992, S. 91–111.
Hooper, C.J.W., »Celebration of the Centenary of the Discovery of Mauve by W.H. Perkin«, in: JSDC, Bd. 72, Nr. 12, 1956, S. 566–573.
Hornix, Willem J., »From Process to Plant. Innovation in the Early Artificial Dye Industry«, in: BJHS, Bd. 25, 1992, S. 65–90.
Hummel, J.J., »Notes on the Application of Alizarine and Allied Colouring Matters to Wool Dyeing«, JSDC, November 1884.
Hurst, George H., »On The Use of Coal-Tar Colours in the Manufacture of Pigments for Painters, etc.«, in: JSDC, 25. Februar 1890.
Illustrated London News, 2. und 30. Januar, 6. Februar, 6. April 1858.
Johnson, A./Turner, H.A., »Synthetic Dyes from the Time of Perkin«, in: *The Dyer and Textile Printer*, 11. Mai 1956.
Kauffman, George B., »Pittacal. The First Synthetic Dyestuff«, in: *Journal of Chemical Education*, Bd. 54, Nr. 12, 1977.

Leaback, David, »What Hofmann Left Behind«, in: *Chemistry and Industry*, 18. Mai 1992.

ders., »Chemical enterprise from ›The Elephant‹«, in: *Chemists in Britain*, April 1992, S. 340–343.

ders., »Perkin's Pioneering Enterprise«, in: *Chemistry in Britain*, 24, Nr. 8, 1988.

ders., »Discovery in the East End«, in: *East End Record*, 12, 1989, S. 2–16.

Levinstein, Herbert, »Perkin's Adventure and What Has Become of It«, in: *The Dyer and Textile Printer*, Dezember 1938, S. 495f.

Levinstein, I., »On the Coal-Tar Colour Industry«, in: *The Dyer and Calico Printer*, 15. Oktober 1890.

Meldola, R., »Obituary Notices of Fellows Deceased. William Henry Perkin«, in: *Proceedings of the Royal Society of London*, Bd. 80, Juni 1908.

Meth-Cohn, Otto/Travis, Anthony S., »The Mauveine Mystery«, in: *Chemistry in Britain*, Juli 1995, S. 547ff.

Meth-Cohn, Otto/Smith, Mandy, »What Did W.H. Perkin Actually Make When He Oxidised Aniline to Obtain Mauveine?«, in: *Journal of the Chemical Society*, Perkin Transactions 1, 1994, S. 5ff.

Morris, Laurence E., »The Genius of Perkin«, in: *Dyer, Textile Printer and Finisher*, Bd. 115, 11. Mai 1956, S. 747–764.

Morris, Peter J.T./Travis, Anthony S., »A History of The International Dyestuff Industry«, in: *American Dyestuff Reporter*, November 1992.

Nieto-Galan, Agusti, »Calico and Chemical Knowledge in Lancashire in the Early Nineteenth Century. The Life and Colours of John Mercer«, in: *Annals of Science*, 54, 1997, S. 1–28.

Peel, R.A., »Perkin and the Scottish Alizarin Dyers«, in: *The Dyer and Textile Printer*, Mai 1956.

Perkin, Arthur George/Bluxam, W. Popplewell, »Some Constituents of Natural Indigo«, in: *Journal of the Chemical Society*, 91, 1907, S. 281–288.

Perkin, Arthur George, »Constituents of Natural Indigo«, in: *Journal of the Chemical Society*, 91, 1907, S. 435–440.

Perkin, F. Mollwo, »The Artificial Colour Industry and Its Position in this Country«, in: JSDC, Dezember 1914.

Perkin, William H., »On the Aniline or Coal Tar Colours«, Cantor

Lectures, in: JSA, 1. Januar 1869, S. 99–105; 8. Januar 1869, S. 109–114; 15. Januar 1869, S. 121–127.
ders., »The History of Alizarine and Allied Colouring Matters and Their Production von Coal Tar«, in: JSA, 30. Mai 1879.
ders., »On Mauveine and Allied Colouring Matters«, in: *Journal of the Chemical Society*, 1879, S. 717–752.
ders., »The Origin of the Coal-Tar Colour Industry and the Contributions of Hofmann and His Pupils«, Hofmann Memorial Lecture, in: *Journal of the Chemical Society*, Bd. 69, Part I, 1896, S. 596–637.
ders., »The Story of the Discovery of the First Aniline Dye«, in: *Scientific American*, 10. November 1906.
ders., »The Magnetic Rotation of Hexatriene and Its Relationship to Benzene and other Aromatic Compounds«, in: *Journal of the Chemical Society*, 1907, S. 806–817.
Perkin, William H. (Jr.), »The Position of the Organic Chemical Industry«, in: *Journal of the Chemical Society*, 25. März 1915.
Phipson, T.L., »The Aniline Dyes«, in: *Popular Science Review*, London 1864, S. 429–437.
»Presentations to Sir William Perkin. Official Notices«, in: *Journal of Science*, 31. August 1906.
»Proceedings of the Society«, in: JSDC, Bd. 72, Nr. 12, 1956.
Punch, 7. und 21. August, 18. und 25. September, 13. und 20. November 1858; 16. April, 7., 14. und 28. Mai, 4. und 18. Juni, 16. Juli, 6. und 20. August, 3. Dezember 1859.
Rawson, Christopher, »Valuation of Indigos«, in: JSDC, 25. Februar 1885.
Reed, Peter, »The British Chemical Industry and the Indigo Trade«, in: BJHS, Nr. 25, 1992, S. 113–125.
Reinhardt, Carsten/Travis, Anthony S., »The Introduction of Aniline to Paper Printing and Queen Victoria's Postage Stamps«, in: *Ambix*, Bd. 44, März 1997.
Robinson, Sir Robert, »The Perkin Family of Organic Chemists«, in: *Endeavour*, April 1956.
Rowe, F.M., »Tribute to Founder of Synthetic Dye Industry«, in: *Dyer, Textile Printer and Finisher*, November 1938, S. 392.
Schweitzer, Hugo, »The Influence and Effect of Perkin's Initiative«, in: *The Dyer and Calico Printer*, 10. Dezember 1906.
»Sir William Henry Perkin«, in: *Ciba Review*, Nr. 115, Juni 1956.

Taylor, G.W., »Identification of Dyes on Early William Morris Embroideries from Castle Howard«, in: *Textile History*, 16, 1985, S. 97–102.

The Times, 3., 6., 9., 12. und 13. September 1884.

Todd, Sir Alexander, »The Future of Organic Chemistry«, in: *Listener*, 17. Mai 1956.

Travis, Anthony S./Benfey, Theodor, »August Wilhelm Hofmann: A Centennial Tribute«, in: *Education in Chemistry*, 1992, S. 69–72.

Travis, Anthony S., »Science as Receptor of Technology. Paul Ehrlich and the Synthetic Dyestuffs Industry«, in: *Science in Context*, Bd. 3, Nr. 2, 1989, S. 383–408.

ders., »Perkin's Mauve. Ancestor of the Organic Chemical Industry«, in: *Technology and Culture*, Bd. 31, 1990, S. 51–82.

ders., »Science's Powerful Companion. A.W. Hofmann's Investigation of Aniline Red and its Derivatives«, in: BJHS, 25, 1992, S. 27–44.

ders., »August Wilhelm Hofmann«, in: *Endeavour*, Bd. 16, Nr. 2, 1992, S. 59–65.

ders., »The Man Who Put Science into Industry«, in: *Chemistry and Industry*, 20. April 1992.

ders., »Poisoned Groundwater and Contaminated Soil. The Tribulations and Trial of the First Major Manufacturer of Aniline Dyes in Basel«, in: *Environmental History*, 2. Juli 1997, S. 343–365.

Van Den Belt, Henk, »Why Monopoly Failed. The Rise and Fall of Société La Fuchsine«, in: BJHS, 25, 1992, S. 45–63.

Vetterli, W.A., »The History of Indigo«, in: *Ciba Review*, Nr. 85, April 1951.

Whittaker, C.M., »Some Early Stages in the Renaissance of the British, Dyemaking Industry«, in: JSDC, Bd. 72, Nr. 12, 1956, S. 557–563.

Bücher

Anissimov, Myriam, *Primo Levi. Tragedy of an Optimist*, London 1998.

Arnold, David, *Imperial Medicine and Indigenous Societies*, Manchester 1988.

Bedoukian, Paul Z., *Perfumery and Flavouring Synthetics*, 1967.

Beer, John Joseph, *The Emergence of the German Dye Industry*, University of Illinois 1959 (Neuausgabe 1981).
Birren, Faber, *History of Color in Painting*, 1965.
Breward, Christopher, *The Culture of Fashion*, Manchester 1995.
Brock, William H., *The Norton History of Chemistry*, New York 1993.
Brockington, C. Fraser, *Public Health in the Nineteenth Century*, Edinburgh/London 1965.
Bruce-Chwatt, Leonard Jan/Zulueta, Julian de, *The Rise and Fall of Malaria in Europe*, Oxford 1980.
Buck, Anne, *Victorian Costumes and Costume Accessories*, London 1961.
Bud, Robert/Roberts, Gerrylynn K., *Science Versus Practice*, Manchester 1984.
Christy, Cuthbert, *Mosquitos and Malaria. A Summary of Knowledge on the Subject up to Date*, London 1900.
Clements, Richard, *Modern Chemical Discoveries*, London 1954.
Cumming, Valerie, *Royal Dress. The Image and the Reality 1580 to the Present Day*, 1989.
Cunnington, C. Willett, *The Perfect Lady*, 1948.
Desowitz, Robert, *The Malaria Capers*, London 1991.
Duran-Reynals, M.L., *The Fever Bark Tree*, London 1947.
Fenichell, Stephen, *Plastic. The Making of a Synthetic Century*, New York 1996.
Fox, M.R., *Dye-Makers of Great Britain 1856–1976*, Manchester 1987.
Galdston, Iago, *Behind the Sulfa Drugs*, New York 1943.
Gernsheim, Alison, *Fashion and Reality*, London 1965.
Giles, Herbert M./Warrell, David A., *Bruce-Chwatt's Essential Malariology*, 1992.
Haber, L.F., *The Chemical Industry During the Nineteenth Century*, Oxford 1958.
Hall, G.K., *Du Pont and the International Chemical Industry*, 1984.
Harrow, Benjamin, *Eminent Chemists of our Time*, London 1921.
Hartnell, Norman, *Royal Courts of Fashion*, London 1971.
Hayes, Peter, *Industry and Ideology. I.G. Farben in the Nazi Era*, Cambridge 1987.
Heusser, Albert H., *The History of The Silk Dyeing Industry in the United States*, New Jersey 1927.

Hills, Richard L./Brock, W.H., Hg., *Chemistry and the Chemical Industry in the 19th Century*, 1997.
Hobson, W., *World Health and History*, Bristol 1963.
Holden, Angus, *Elegant Modes in the Nineteenth Century from High Waist to Bustle*, 1935.
Kendall, James, *Young Chemists and Great Discoveries*, London 1939.
Laver, James, *Taste and Fashion from the French Revolution to the Present Day*, 1945.
Leggett, William F., *Ancient and Medieval Dyes*, New York 1944.
Malaria. Parasites, Transmission and Treatment, London 1965.
Matthews, Leslie G., *History of Pharmacy in Britain*, Edinburgh/London 1962.
Megroz, R.L., *Ronald Ross. Discoverer and Creator*, London 1931.
Meldola, Raphael/Green, Arthur G./Cain, John Cannel, Hg., *Jubilee of the Discovery of Mauve and the Foundation of The Coal-Tar Industry by Sir W.H. Perkin*, London 1906.
Moore, Doris Langley, *The Woman in Fashion*, 1949.
Morgan, Sir Gilbert T./Pratt, David Doig, *British Chemical Industry. Its Rise and Development*, 1938.
Morris, Peter J.T./Russell, Colin A., *Archives of the British Chemical Industry 1750–1914*, Oxfordshire 1988.
Nye, Edwin R./Gibson, Mary E., *Ronald Ross. Malariologist and Polymath*, London 1997.
Felling, Margaret, *Cholera, Fever and English Medicine 1825–1865*, Oxford 1978.
Perkin, Arthur George/Everest, Arthur Ernest, *The Natural Organic Colouring Matters*, London 1918.
Perkin Centenary, London. 100 Years of Synthetic Dyestuffs, 1958.
Pilcher, Richard B/Buder-Jones, Frank, *What Industry Owes to Chemical Science*, London 1918.
Ponting, Ken, *A Dictionary of Dyes and Dyeing*, London 1981.
Portugal, Franklin H./Cohen, Jack S., *A Century of DNA*, Cambridge, Mass., 1977.
Proceedings of the Celebration of the Three Hundredth Anniversary of the First Recognised Use of Cinchona, St. Louis 1931.
Proceedings of the Second Annual Conference of the Costume Society. High Victorian Costume 1860–1890, London 1969.
Ramsey, Albert R.J./Weston, H. Claude, *Artificial Dyestuffs. Their Mature, Manufacture and Uses*, London 1917.

Reinhardt, Carsten/Travis, Anthony S., *Heinrich Caro. »A Wonderful Genius for Discovery, and a Marvellous Enthusiasm for Chemistry«*, 2000.
Rhys, Grace, *Modes & Manners of the Nineteenth Century*, London 1909.
Ross, Ronald, *Memoirs*, London 1923.
Routledge, Robert, *Discoveries and Inventions of the Nineteenth Century*, London 1900.
Rowe, Frederick Maurice, *The Development of the Chemistry of Commercial Synthetic Dyes (1856–1938)*, 1958.
Scott, H. Harold, *A History of Tropical Medicine*, London 1938.
Singer, Charles, *The Earliest Chemical Industry. An Essay in the Historical Relations of Economics and Technology Illustrated from the Alum Trade*, London 1948.
Spanier, Ehud, Hg., *The Royal Purple and The Biblical Blue. The Study of Chief Rabbi Dr Isaac Henog on the Dye Industries in Ancient Israel and Recent Scientific Contributions*, Jerusalem 1987.
Stephens, J. W. W., *Black-water Fever*, 1937.
Taylor, Norman, *Cinchona in Java*, New York 1945.
ders., *Plant Drugs that Changed the World*, London 1966.
Taylor, Lou, *Mourning Dress. A Costume and Social History*, London 1983.
The Life and Work of Professor William Henry Perkin (Jr.), London 1932.
Tordoff, Maurice, *The Servant of Colour*, Bradford 1984.
Tozer, Jane/Levitt, Sarah, *Fabric of Society*, 1983
Travis, Anthony S., *The Colour Chemists*, 1983.
ders., *The Rainbow Makers. The Origins of the Synthetic Dyestuff Industry in Western Europe*, London/Toronto 1993.
Venkataraman, K., *The Chemistry of Synthetic Dyes, Organic and Biological Chemistry. A Series of Monographs*, New York 1952.
ders., *The Analytical Chemistry of Synthetic Dyes*, New York 1977.
Waddington, Herbert, *The Story of a Family Business Expanded and Revived*, Leeds 1953.
Wagner, Rudolf von, *Manual of Chemical Technology*, London 1892.
Walkey, Christina, *The Way to Wear 'em. 150 Years of Punch On Fashion*, London 1985.

Watts, Henry, *A Dictionary of Chemistry, and the Allied Branches of Other Sciences*, London 1870.

Waugh, Nora, *The Cut of Women's Clothes 1600–1930*, New York 1968.

Weatherall, M., *In Search of a Cure*, Oxford 1990.

White, Howard J., Hg., *Proceedings of the Perkin Centennial*, New York 1956.

Whittaker, C.M./Wilcock, C.C., *Dyeing with Coal-Tar Dyestuffs. The Principles Involved and the Methods Employed*, London 1949.

Wingate, P.J., *The Colorful DuPont Company*, 1982.

Register

Abel, Frederick 35
Acordis 85
Agfa 101, 120, 180, 188
Albert, Prinz von Sachsen-Coburg-Gotha, Prinzgemahl der Königin Victoria 30, 35, 57, 101ff., 174
Alchimie 24
Alexander der Große 51
Alizarin 110–115, 129–134, 136, 142, 149, 179
All the Year Round 73, 79
Aminoazonaphthalin 95
Ammoniak 33, 180
Andersonian Institution 29
Anilin 34f., 46ff., 57, 60, 65, 69ff., 89f., 92, 98, 122, 126f., 129, 131, 147
Anthrachinon 112f.
Anthrazen 111ff., 132, 134
Antiseptikum 51, 152, 164, 183
Arbour Terrace School 26
Arsen 100, 119f., 122, 125f., 128f.
Aspirin 180, 232
Atebrin 180
Aurin 55
Ausbildung, wissenschaftliche 29f., 57, 172, 175, 179
Auschwitz 189, 194
Autochrome-Platten 19

Baekeland, Leo 152, 190f.
Baeyer, Adolf von 146, 148, 155, 176, 191
Bakelit 191
Bakteriologie 183
Balfour, A.J. 148
Bancroft, Edward 52
Barnes, Julian 229
Baseler Chemische Industrie 188
BASF (Badische Anilin- und Soda-Fabrik) 26, 112, 114f., 120, 128, 130f., 146f., 176ff., 180, 186, 188, 222ff.
Baumwollflanell 148
Bayer 152, 175, 178, 180, 188, 222f.
Bechstein, Karl 45
Beeton, Isabella und Samuel 74
Beizen 64, 66, 75, 110, 127, 154
Beneke, F.W.B. 181

Benzoesäure 18
Benzol 34, 37, 43, 69, 111, 152, 171
Betäubung, örtliche 186
Biochemie 183
Black Horse Pub 68, 96, 225f.
Black, James 77
Boerhaave, Hermann 204
Bosch, Carl 180
Bradford Dyers Association 186
Briefmarken 144
British Alizarine Company 142, 178, 187
British Association 29, 70, 90f.
British Colour Council 199f.
British Dyes Ltd. 186f.
British Dyestuffs Corporation 186f.
British Medical Journal 126
Britton, Edgar 203
Brooke, Edward 131, 133f.
Brooke, Simpson and Spiller 98, 131, 133–136, 150
Brotherton 186
Bruhl, J.W. 161
Brunok, Heinrich 177
Buckminsterfulleren-Molekül 216f.
Buller, Nicholas 20
Bunsen, Robert Wilhelm 16, 58, 146
Burt, Boulton and Heywood 142

C.K. Witco 233
Caesar, Gaius Julius 50
Calico Printers Association 186
Cambridge 29
Caro, Heinrich 26, 59, 101, 111, 114, 130, 144, 146, 151f., 155, 162, 185
Carothers, Wallace 203
Carr, Albert 203
Cassella und Co. 128, 179
Caventou, Jean Biename 42
Chandler, Charles 12, 15
Chaptal, J. 109
Chaucer, Geoffrey 51
Chemical News 100
Chemical Society 58, 96, 115, 150, 156, 192
Chemists' Club 13, 15
Chemotherapie 18, 181, 185f.
Chinarinde 42f., 54
Chinin 40, 42ff., 46, 140, 179, 183, 186, 217f., 220
Chlor 180
Cholera 18, 40, 183
Church, Arthur 37f., 48f., 55, 95
Churchill, Winston 184
City of London School 28, 147, 211
Clark, James 30
Cochenille 50, 92, 97, 110, 122, 124, 127, 144, 223
Colin, Jean Jacques 110
Columbia University 13
Cook, James 23
Cope, Arthur 156, 210
Crisp, Quentin 210
Cromwell, Oliver 41
Cronshaw, C.J.T. 56
Cyan 35
Cyanid 184

Dahlia 95
Daily Telegraph 157f., 162, 201
Dalton, John 56
Daubeny, Frank 58
Davy, Humphrey 109, 118
DDT 219
De la Rue 144
Delmonico's 12f., 211, 231
Desinfektionsmittel 33, 184
Deutsche Chemische Gesellschaft 153
Dickens, Charles 41, 79
Diphterie 184
DNS (Desoxyribonukleinsäure) 219, 221
Doering, William von Eggers 217
Dollfus, Daniel 83
Domagk, Gerhard 184, 202
Drabble, Margaret 229
Dreyfus, Charles 148
Druckertinte 166
Duisberg, Carl 152, 155, 175f., 178, 180
DuPont 85, 104, 188, 206f.
du Pont de Nemours, Éleuthère 206
du Pont, John Éleuthère 208f.
Dyer and Textile Printer 22, 64, 196f.
DyStar 222

Eastman, George 190
Edward VII., König von England 149
Ehrlich, Paul 18, 180–183, 185, 202, 218
Elemente 39
Elizabeth II., Königin von England 89
Englishwoman's Domestic Magazine 74
Erster Weltkrieg 171, 178f., 186ff., 206
Eugénie, Kaiserin von Frankreich 72–75, 81f.

Faraday Society 149
Faraday, Michael 28, 30, 49, 95, 118, 151f., 156, 192
Färberei 52ff., 64, 77, 86, 108, 127, 171
Farbstoffe, reaktive 196
Färberwaid 51ff., 145f., 164–168
feuerfeste Stoffe 148
Flaubert, Gustave 45
Flechten, Farbstoffe aus 75
Fleming, Alexander 184
Flemming, Walther 182
Formaldehyd 191
Fosmidomycin 219
Fotografie 16, 18f., 26, 98, 190, 204
Fowles, John 107
Franc et Cie 76
France, G.H. 128
Frankland, Edward 57
Fuchsin 84, 88, 94, 99, 111, 120, 181

Gagelin et Opigez 81
Garancine 110, 113f.
Gas World 160
Geigy, J.G. 120, 188
Genforschung 182, 220
Gerlach, Joseph von 182

Gladstone, William Ewart 30
Glasgow 29
GlaxoWellcome 225f.
Goethe, Johann Wolfgang von 189
Graebe, Karl 111, 114
Graham, Thomas 29
Greenford Green 68f., 76, 95, 112, 114, 132f., 151, 211, 226
Griess, Peter 101
Guinon, Marnas et Bonnet 75

Haarfärbung 17, 196, 206
Haber, Fritz 180
Haldane, Richard 174
Hall, Charles 203
Hall, Thomas 28, 30f.
Harrow Gazette 158, 160, 162
Harrow Observer 142
Herodot 51
Heron, Patrick 63
Heumann, Karl 147
Hilfiger, Tommy 228
Hill, John 181
Hitler, Adolf 193f.
Hoechst 146, 172, 176f., 179f., 186, 188, 222f.
Hoffman, Steve 219f.
Hofmann, August Wilhelm von 30f., 34ff., 38, 40, 43ff., 47f., 54–59, 65, 84, 89–92, 95, 97, 111f., 120, 128, 153, 157, 170, 176, 212
Hogg, Robert 113f.
Hooke, Robert 181
Human-Identifizierung, forensische 220

ICI (Imperial Chemical Industries) 117, 187, 193, 196, 202, 211, 218, 224
IG Farben 188, 190, 193f., 222
Illustrated London News 74
Immunologie 18, 185
Imperial College 200, 211ff., 217, 231
Indigo 51ff., 55, 92, 97, 108, 117, 122, 124, 145ff., 149, 166ff., 176f., 191, 206, 223
Inouye, H. 198
Isomerie 110
Izzard, Eddie 228

Jakob I., König von England 41
Jefferson, Edward G. 206f.
Jefferson, Thomas 23, 206
Jenner, Edward 204
Johns Hopkins University 13

Karl der Große 109
Kartellbildung 179f., 186ff., 193, 222
Keith, Thomas 66f., 69, 77
Kekulé, August 110
Kirkpatrick, Peter Crichton 210
Kirkpatrick, W. Ronald 200
Kleopatra 50
Knietsch, Rudolph 117
Koch, Robert 18, 183, 231
Kodak 190, 204, 232
Kodein 42
Koffein 42
Konservierungsmittel 18
Kortison 226

Krapp 51ff., 64, 97, 108ff., 113ff., 124, 130, 166
Krebs 18, 185, 213ff.
Kriminologie 220ff.
Krinoline 81f., 107
Kroto, Harry 216
Kumarin 18, 145, 201f.
Kunststoff 118, 190, 192, 195, 203
Kunz, George F. 12
Kutroff, Adolf 19

La Fuchsine 99f.
Lanchester, John 229
Landau, Ralph 207
Langmuir, Irving 203
Lavoisier, Antoine 33
Lebensmittelfarben 17, 123, 143f., 204
Leeuwenhoek, Anton van 181
Leonard, Sugar Ray 22
Letheby, Henry 28
Levi, Primo 189, 194
Levi's 85, 168f.
Levinstein, Herbert 176, 186, 188, 192
Levinstein, Ivan 101, 128, 172, 176f., 186
Liebermann, Karl 111, 114, 152
Liebig, Justus von 29f., 38, 57, 118, 144
Linstead, Patrick 200
Lister, Joseph 184
Livingstone, David 41
Lloyd George, David 177
London Commercial Record 127
Long Ashton 164
Lumière, Auguste und Louis 18f.
Lyocell 85

Macintosh, Charles 33
MacLennan, Sandy 86ff., 103–106
Magenta 88, 94ff., 99f., 110, 112, 119, 126, 128f., 131f., 152, 204f.
Malaria 40–43, 183, 186, 217–220
Malerei 27, 37, 63, 109, 143, 145
Manchester Guardian 163, 184, 201
Mansfield, Charles 34, 59
Marco Polo 145
Marks and Spencer 84f., 195
Martius, Carl Alexander 101
Matheson, William J. 13
Mayhew, Henry 25
McCartney, Stella 228
McClellan, George B. 13
Medlock, Henry 100
Meldola, Raphael 76, 150ff., 154, 159
Mepacrin 186, 218
Mestral, George de 196
Meyer-Betz, F. 214
Midgley, Thomas 203
Miescher, Friedrich 182
Mikroskope 181f., 204
Miller, W.A. 58
Mode 54, 72ff., 76, 78, 80–84, 86f., 97, 103–106, 112, 139, 146, 157, 168f., 195f., 200

Moleküle 39, 89, 110, 148, 183
Monnet et Dury 76
Morris, Laurence E. 64, 69
Morris, William 143
Müller, Hugo 144, 152
Müller-Pack und Co. 120f.
Murex 50
Murexid 38, 55, 75
Musik 27, 140

Naphtha 14f., 34, 43, 70f., 131, 156
Naphthalidin 43f.
Napier, James 75
Napoleon III., Kaiser von Frankreich 73
Nature 143, 200f.
Nesbitt, Anthony 128f.
Nesselrode, Karl Wassiljewitsch 61
Nesselrode-Pudding 15, 61f.
New York Globe 12
New York Herald 12
New York Times 163
Nicholson, Edward 19
Nitroglyzerin 18
Novocain 186
Nukleinsäure 182
Nylon 190, 203, 206, 223

Ostindische Kompanie 41f.
Owen, Richard 70
Oxford 29, 148, 159

Pantone 196
Parfümindustrie 16, 18, 98, 145, 179, 195, 201
Partridge, William 52f.
Pasteur, Louis 96
Patente 14, 71, 113, 190
Patentrecht 49, 76, 94, 130, 173, 175ff.
Patentstreitigkeiten 98ff., 114
PE Applied Biosystems 220
Peel, Robert 30
Pelletier, Pierre Joseph 42
Penizillin 185
Perkin and Sons 67ff., 93, 112–116, 129–133, 187
Perkin Collection 211
Perkin Library 15
Perkin-Medaille 19, 192, 203, 206f.
Perkin, Alexandrine Caroline Mollwo (Williams zweite Frau) 11, 141, 158f., 161, 189, 227
Perkin, Annie (Williams Tochter) 160
Perkin, Arthur George (Williams Sohn) 90, 149, 223
Perkin, Frederick Mollwo (Williams Sohn) 171ff., 227
Perkin, George Fowler (Williams Vater) 24, 31, 66, 102, 198
Perkin, Helen Mary (Williams Tochter) 160
Perkin, Jemima Lissett (Williams erste Frau) 90, 102
Perkin, Sacha Emilie (Williams Tochter) 227
Perkin, Sarah (Williams Mutter) 25

Perkin, Thomas (Williams Großvater) 24
Perkin, Thomas Dix (Williams Bruder) 31, 48, 67, 69, 112f., 131–135, 141, 198
Perkin, William Henry (Williams Sohn) 90, 148, 150
Phenol 36, 44, 55, 203
Philips, David 212–217
Phthalocyanine 200, 213f.
Pikrinsäure 55, 75, 94, 97, 123
Pittakal 55
Playfair, Lord Lyon 35, 57
Plinius der Ältere 50, 109
Polyethylen 193
Pomeroy, F.W. 156
Porphyrinen 214
Procter and Gamble 196, 214
Proguanil 186, 218
Prontosil 184
Proust, Marcel 61
Pullar, John 67
Pullar, Robert 48f., 55, 63–66, 78, 93, 142, 154
Punch 75, 78, 84, 97f.

Rabe, Paul 217f.
Randolph, Jane 23
Rawson, Charles 127
Read Holliday 172, 178, 186
Reinigung, chemische 142, 202
Renard Frères & Franc 76, 94, 99
Rheumatismus 82, 184
Ripley and Son 94
Roberts, Dale and Co. 101, 120, 144
Robinson, Bruce 228
Robiquet, Pierre 110
Rockefeller, John D. 180
Rogers, H.H. 13
Roosevelt, Franklin D. 184
Roosevelt, Theodore 13
Ross, Ronald 217, 231
Rowe, F.M. 192
Royal College of Chemistry 11, 30f., 33ff., 38f., 44, 47, 54, 95, 98, 102, 112, 149, 156, 211
Royal College of Science 211
Royal Institution 29f., 76, 151, 156, 198
Royal Society 90, 95, 98, 149
Runge, Friedlieb 47, 55

Saccharin 179
Salicylsäure 18
Salvarsan 185
Santa Ana Evening Blade 12
Sappington, John 43
Säure-Phosphatase-Test 221f.
Scheele, Karl Wilhelm 125
Schellack 191
Schmerzmittel 18, 180
School of Mines 38
Schunck, Henry Edward 110
Schwefel 33, 39, 185
Schwefelsäure 33, 36, 60, 70, 112f., 117, 131, 135, 171
Schweitzer, Hugo 16ff.
Science Museum (London) 116ff., 200f.
Scott, George Gilbert 226f.
Seifenbäder 77
Sekundenkleber 196
Self, Will 228
Shadwell (London) 22f., 25, 68

Shell Chemical Co. 202
Sicherheitszündhölzer 93
Simpson, Maule and Nicholson 95, 98ff., 131
Simpson, O.J. 119, 209
Simpson, Richard 134
Société Chimique de Paris 153
Société Industrielle de Mulhouse 83, 153, 156
Society of Arts 57, 70, 76, 109, 114f., 125
Society of Chemical Industry 56, 149, 154
Society of Dyers and Colourists 126f., 129, 143, 147, 149, 153, 171, 198
Sprengstoffe 16, 18, 171, 180, 187
Startin, James 121f., 126f., 129
Steinkohlenteer 17f., 20, 33f., 47, 69, 92f., 111, 141, 145, 182
Stresemann, Gustav 193
Strychnin 42, 148
Syphilis 185

Taine, Hippolyte 93
Takayama, Jintaro 153
Tapete 96, 120, 125f.
Tencel (Textilfaser) 85f., 104
Textilbranche 56ff., 83, 118, 124, 171, 173, 178, 185, 195
Thackeray, William 126
Therapie, fotodynamische 215f.
Thomson, Thomas 29
Times 78, 100, 121f., 124f., 201
Toluidin 34, 60
Toluol 43, 146
Traubensäure 96
Trauerkleidung 103
Tremain, Rose 230
Tribune 163
Tuberkulose 18, 25, 102, 181, 183
Turner, J.M.W. 109
Twain, Mark 159
Tyrus 49f.

Unilever 214
Unverdorben, Otto 47

Vergiftung 96, 99f., 119–126, 128ff., 135, 142f.
Verguin, Emmanuel 94
Victoria, Königin von England 30, 35, 45, 102f., 116
Vidler, Don 84–88

Walpole, Horace 40
Wardle, Thomas 153
Wasserfestigkeit 64, 66, 76, 120
Waters, Arthur H. (Neffe William Perkins) 26, 141, 145
Weigert, Carl 182
Weizmann, Chaim 148
Weltausstellung (1851) 38, 57, 116
Weltausstellung (1862) 58, 92f., 101
Wesley, John 23
Westwood, Vivienne 228
Wilde, Oscar 107
Williams, Charles Greville 98

Williams, Robert 203
Windeln 196
Witt, Otto 101
Woodward, Joseph Janvier 181
Woodward, Robert 217
Worth, Charles 81
Woulfe, Peter 55

Yorkshire Chemicals 222ff.

Zellfärbung 181–185
Zeneca 211, 224
Zimtsäure 146
Zweiter Weltkrieg 187, 217f.
Zyklon B 194

Jonathan Weiner

Zeit, Liebe, Erinnerung

Auf der Suche nach den Ursprüngen des Verhaltens

Aus dem Amerikanischen von Yvonne Badal

Die Geschichte der Genetik vom Beginn des 20. Jahrhunderts bis heute. Pulitzer-Preisträger Jonathan Weiner erzählt die Biografie Seymor Benzers, eines der größten Molekularbiologen unserer Zeit, und die Geschichte eines wissenschaftlichen Abenteuers – kenntnisreich, lebendig und auf höchstem Niveau unterhaltsam.

»Ein wunderbar geschriebenes Buch, das Naturwissenschaft, Geschichte und Persönlichkeiten nahtlos miteinander verwebt. Weiner erweckt die Genetik zum Leben.« Scientific American